国家科学技术学术著作出版基金资助出版

岩石磁学演绎

刘青松　姜兆霞　著

科 学 出 版 社

北 京

内 容 简 介

本书分为岩石磁学理论篇和应用篇。在理论篇，首先采用通俗易懂的叙述方式，从磁性的源头——能量出发，介绍了矿物具有磁性的原因，并进一步介绍了岩石磁学各参数的来龙去脉，以及测量各参数所采用的技术手段；其次介绍了几种常见磁性矿物的基本磁学特征。在应用篇，综合各磁学参数的复杂变化，探讨了其在利用陆相、海相介质解决环境气候问题及环境污染等方面的应用。

本书适合物理学、地质学等相关专业的高校师生和科研人员阅读，也可供对岩石磁学感兴趣的读者阅读。

图书在版编目（CIP）数据

岩石磁学演绎 / 刘青松，姜兆霞著. —北京：科学出版社，2024.3
ISBN 978-7-03-076746-2

Ⅰ. ①岩⋯ Ⅱ. ①刘⋯ ②姜⋯ Ⅲ. ①岩石学－磁学 Ⅳ. ①P58

中国国家版本馆 CIP 数据核字（2023）第 201394 号

责任编辑：郭勇斌　邓新平 / 责任校对：郝璐璐
责任印制：徐晓晨 / 封面设计：义和文创

科 学 出 版 社 出版
北京东黄城根北街 16 号
邮政编码：100717
http://www.sciencep.com

北京华宇信诺印刷有限公司印刷
科学出版社发行　各地新华书店经销
*
2024 年 3 月第 一 版　开本：787×1092　1/16
2024 年 6 月第二次印刷　印张：13　插页：7
字数：299 000

定价：118.00 元
（如有印装质量问题，我社负责调换）

前　　言

岩石磁学（rock magnetism）这门学问到底难不难？

难亦不难！

面前一架钢琴，七个音阶，八十八个键。初学者很快就能了解其音阶，弹奏出哆来咪发嗦拉西，进而可以弹奏一些简单的乐曲。可是，弹钢琴无止境，大部分人会半途而废，只有少数人成为钢琴大师。

岩石磁学这门学问类似于弹钢琴。我们会涉及几十到上百种参数，理解其中每一种参数的物理含义并不难，但想要把它们融会贯通，难度系数会大增，这是学习岩石磁学的第一个难点。想要达到随心所欲地解释出各种参数组合的物理意义，更是需要多年的积累与训练。于是乎，很多人就会停留在初学者阶段，满足于对几个参数的应用，比如磁化率、非磁滞剩磁等，不愿意进阶。所以，岩石磁学的最难之处在于解释多种参数组合，就如同弹奏贝多芬的名曲一样。

岩石磁学中的岩石（rock）是一种泛指，不是专指固体岩石，而是几乎包含我们所见的一切物质，比如宇宙来的陨石、地球上各种岩石、各类土壤、沙漠中的沙子、水体里的沉积物、空气中的粉尘、工厂的各种污染物等。我们可以形象地把岩石磁学看成是一条章鱼，伸出八只爪子，向各个学科渗透。所以，学岩石磁学可以和各个专业进行学科交叉，走到学科前沿。

岩石磁学中的磁学等同于物理学专业中的磁学，其物理理论基础和所用仪器是一样的。当然二者也有区别，最大的区别在于岩石磁学涉的磁性矿物都是自然界中的不规则矿物，其形状不规则，粒径分布不均一，晶格中含有杂质，大多是几种矿物的组合，非常复杂。而物理学所涉及的矿物大多是标准矿物。

实际上在最初构建基本模型时，岩石磁学还是要以标准矿物为基础。据说著名的岩石磁学家 David Dunlop 教授有四个神奇的磁铁矿样品，通过对它们的性质进行系统分析，为一系列岩石磁学理论的建立提供了重要的数据支撑。这些研究属于把物理磁学标准矿物的思想应用于岩石磁学，进而解决自然介质的复杂机理问题。

学习岩石磁学的人有两类背景：物理学或地质学。岩石磁学的目的是要对自然介质中所含磁性矿物的种类、含量、磁畴状态（与颗粒大小和形状有关）、化学计量纯度、氧化程度等进行精细刻画，然后把这些物理信息再转化为相关的地质信息，进而构建相关的地质、气候以及环境过程。因此，这就涉及物理学和地质学两大学科基础。

很多时候，学地质出身的人不愿意看数学物理公式，一看到奇怪的符号就头疼。而学物理出身的人对地质过程了解不多，又很难把磁学性质和具体的地质过程关联。所以，学习岩石磁学的第二个难点就是如何平衡物理学和地质学的专业知识，只有二者兼顾，才能把岩石磁学的功效发挥到极致，否则难免会失之偏颇。

也正是由于第二个难点，目前并没有特别合适的专业书籍同时满足物理学和地质学的要求。如果初学者一开始就读 Dunlop 和 Özdemir 夫妇 1997 年写的《岩石磁学》(*Rock Magnetism*)，有可能很快就会失去耐心。因为，书中通篇的公式几乎是一道不可逾越的鸿沟。Evans 和 Heller 教授在 2003 年写了《环境磁学》(*Environmental Magnetism*) 一书，该书隐藏了复杂的物理公式，更多的是把物理参数应用到地质问题和环境问题中。但是，这样做的问题是缺乏对各种参数复杂性的理解，难以处理更为复杂的地质和环境问题。

因此，学习岩石磁学的第三个难点就是缺乏一本深入浅出、把物理公式和地质应用平衡好的专业教材，这使得大多数想学习岩石磁学的人无从下手。

学习岩石磁学需要采取螺旋式方法。我们很难通过一次学习、阅读一遍书就能把其中各种复杂的逻辑关系彻底搞清楚，更不用说熟练地应用。学而时习之，一遍一遍地理解，一遍一遍地训练才能达到熟能生巧。很多人没有注意到这门学科的特点，浅尝辄止，学后就忘成了常态。不但降低了学习效率，还严重打击了学习积极性，乃至于学习了几年后，仍只能理解磁化率的一般物理含义。实际上，磁化率很复杂，它和磁性矿物的种类、粒径、测量温度、频率、外磁场大小等都相关。如果真正理解了磁化率的各种复杂性质，那基本上已经跨越了初学者阶段。

"不忘初心，牢记使命。"

我们学习岩石磁学的最终目的是要解决地质问题。自然界中所含的磁性矿物具有三大功能。一是能够在地磁场中定向排列，从而记录古地磁信息；二是作为一种特殊矿物，其生成、运移、保存与转化等过程都受控于地质过程；三是磁性矿物含铁，而铁则是生物不可或缺的元素。因此，磁性矿物和生物过程紧密联系。从海洋中取来一份钻孔样品，我们就可以从上述三个方面来对其研究。

如果我们把自然介质中磁性矿物的性质厘定错了，那就会得出错误的地质模型，与真实信息离题万里。所以，岩石磁学是基础，是确保得到正确地质模型的关键，很多古地磁和环境磁学问题最后归根结底都是岩石磁学问题。比如，中国东部大陆架长时间序列沉积物定年一直是个难点，主要因为该地区水浅，环境变化剧烈。除了陆源带来的磁铁矿，还有后期在还原环境下形成的硫化物胶黄铁矿。磁铁矿携带原生的沉积剩磁，而胶黄铁矿则是一种后期干扰信息。刘建兴博士瞄准了胶黄铁矿这种关键矿物，用系统的岩石磁学方法找出这些含有胶黄铁矿的层位，进而分析这些层位的古地磁信息是否可靠。经过这样的处理，得出的磁性地层就非常合理，彻底改变了前人的年龄框架，为构建陆架区准确的磁性地层做出了贡献。

总的说来，岩石磁学并不是一门简单的学科。但是只要持之以恒，多学好问，拓宽知识面，活学活用，肯定能掌握其中的奥妙。这本《岩石磁学演绎》就充当引路先锋，尽力平衡物理学和地质学的知识体系，尽可能地压缩公式的数量，拓宽应用的范围。大家一起在知识体系中畅游，体会做学问的艰辛与快乐！

本书是作者对多年科研和教学工作的思考与总结，为了系统阐述岩石磁学理论及其应用，部分引用了前人优秀的论文成果和图件，在此表示感谢。另外，感谢为此书进行了审阅和图件清绘的各位老师和研究生们，他们是段宗奇、胡鹏翔、赵翔宇、刘建兴、刘志锋、葛坤朋、张强、盖聪聪、刘鹏飞、章钰桢、官玉龙、周良、陈龙等。感谢南方科技大学教学工作部的资助。

刘青松

2022 年 11 月

目　录

应　用　篇

理 论 篇

第1章 能量是源头

世间万物最根本的源头在于能量，能量最小化是物质及其状态稳定存在的基础。和磁性矿物最相关的是热能和磁能。关于热能，我们容易理解，只要改变温度就能改变磁性矿物所含的热能。显然，温度越高，热能越大。我们常说一个人非常着急，坐立不安，就像热锅上的蚂蚁一样。对于磁性矿物也是这样，当温度升高时，其内部结构就会变得不稳定。

那么这里提及的磁性矿物结构到底是什么结构？

首先容易理解的就是磁性矿物的晶格结构。铁元素在自然介质中可以有两种存在方式，第一种是以独立的离子方式存在，比如 Fe^{2+} 和 Fe^{3+}。在黏土矿物中就含有大量的铁离子。这些铁离子当然具有磁性，会对外磁场产生响应。只要我们加一个外磁场，这些铁离子就像小磁针一样向外磁场方向偏转，产生磁化。然而，当我们把外磁场去掉时，这些铁离子的磁化方向又重新变混乱，从而其整体磁矩变为零，我们把这种磁学性质称为"顺磁性"（paramagnetism）。

在这里，我们引入了磁化的概念。对于同样一个外磁场，有的物质容易被磁化，有的物质不容易被磁化。为了比较这种性质，我们用磁化率来表示。磁化率是衡量一个物质被磁化难易程度的量。

对于顺磁性物质，它的磁化率（χ）、磁化强度（M）和外磁场强度（H）之间的关系非常简单：

$$M = \chi H$$

这是一个简单的正比例函数，其中磁化率 χ 是一个常数。

如果我们把 M 和 H 的关系画成图像，就会发现这是一个过第一象限和第三象限的直线，且通过原点（图1-1）。

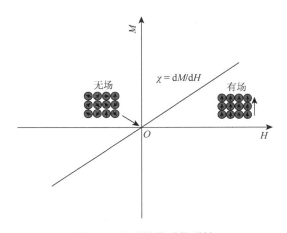

图1-1 顺磁性物质的磁性

　　我们立即就发现一个问题，外磁场 H 越大，磁化强度 M 就越大。那么 M 可以无限大下去吗？如果那样的话，就不存在一个饱和的状态，所谓饱和是指当 H 增大时，M 不再变化。

　　目前全球古地磁实验室所能加的最大磁场一般不超过 5T（特斯拉，磁感应强度单位 T 和温度符号 T 在本书中易混，但是一般不会产生歧义），最大不超过 10T。有些磁学实验室（比如英国利物浦大学的古地磁实验室）就有能产生 7～8T 的外加磁场装置。即使是 10T 外磁场也不能使得顺磁性物质饱和，但是随着外磁场增大，比如到几十特斯拉以上的时候，外磁场会对原子外面的电子磁矩产生影响，从而影响其磁学性质。

　　顺磁性物质最大的特点是，当外磁场去除后，它不携带剩磁（remanent magnetization），所谓剩磁就是"剩余的磁性"。

　　除了单个的铁离子状态，铁元素在自然介质中的第二种存在方式是众多铁离子还可以连接成阵，就像全真七子的"天罡北斗阵"一样，相互支撑，相互联系，其效率大为增加。铁离子和铁离子之间要想连接在一起，还需要中间媒介（比如氧离子或者硫离子）。我们在初中时就已经学了基本的化学离子键概念。氧离子就像牛郎，一边牵着一个孩子（铁离子）。关键在于，根据泡利不相容原理，这两个相邻铁离子的磁矩必须成反向排列。一个向上，另一个必须向下。只有这样，两个磁矩之间的相互作用能才最小（O'Reilly，1984）。我们想象一下，铁离子和氧离子在空间中定向排列，先排一层氧离子，其两边再各排一层铁离子。在每一层中，铁离子的磁化方向一致。但是在相邻两层中，铁离子的磁化方向必然相反。赤铁矿的晶格结构如图 1-2 所示。

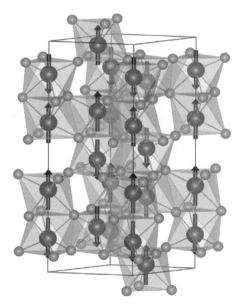

图 1-2　赤铁矿的晶格结构（后附彩图）

红色球为铁原子，蓝色球为氧原子

　　有了这种晶格结构，铁离子之间就有了相互作用，从而也就引入了磁能。于是磁能和热能之间就开始展开较量。磁能的作用是使得铁离子的空间结构保持稳定，而热能的作用是使得铁离子变成热锅上的蚂蚁，其磁矩方向变得凌乱。总的说来，当逐渐加热磁性矿物时，热能克服磁能，铁离子的空间点阵结构就会慢慢被破坏，从而整体磁矩就会降低。当温度升高到一个特定温度时，铁离子之间的点阵结构被彻底打乱，那么这个温度我们把它定义为居里温度（针对铁磁性矿物和亚铁磁性矿物，T_C）或尼尔温度（针对反铁磁性矿物，T_N）。所以，T_C 或 T_N 其实就是指磁性矿物的晶格结构被打乱的温度。那么在该温度之上，磁性矿物处于什么状态呢？

我们再回想一下顺磁性物质，其铁离子之间相互不干扰。在 T_C 之上，由于热能的作用，铁离子之间也不存在相互作用了，那么这种状态也是顺磁性。因此在 T_C 之上，磁性矿物处于顺磁状态！

可见铁离子之间的相互作用越强，T_C 就会越高，反之就会越低。那么如何才能降低一种磁性矿物的 T_C 呢？

从上面的论述我们可以得到暗示，那就是降低铁离子之间的相互作用能。其中一个非常有效的方法是在磁性矿物的晶格里掺杂没有磁性的离子，比如铝离子 Al^{3+} 或者钛离子 Ti^{4+}。从统计意义上讲，晶格中这些没有磁性的离子含量越高，单位体积内的铁离子含量就越少，其相互作用能整体就会降低，从而 T_C 降低。

我们举个例子，比如磁铁矿的 T_C 为 587℃，而当晶格中加入钛离子变为钛磁铁矿后，其 T_C 就会比 587℃低。再比如赤铁矿的 T_N 大约是 685℃。当赤铁矿的晶格中掺入铝离子后，其 T_N 要低于 685℃。如果我们发现一种矿物的特征温度是 550℃，它可能是含钛磁铁矿，也可能是含铝赤铁矿。这种多解性是岩石磁学的难点所在。

有一种矿物比较特别，那就是磁赤铁矿。这种矿物的化学分子式和赤铁矿一模一样，都是 Fe_2O_3，但是它们的晶格结构完全不同。所以，在化学世界里，不要看到相同的分子式就认为是一种矿物，有时它们差距甚远，比如金刚石和石墨。

磁赤铁矿具有磁铁矿的结构，但是要把磁铁矿晶格中的二阶铁离子全都氧化成三价铁离子。为了电荷平衡，就需要在磁赤铁矿晶格中产生很多空位（vacancy）。理论上这种空位会降低铁离子的含量，使 T_C 降低。但是，实际情况刚好相反，磁赤铁矿的 T_C 反而会高于 587℃。这又是为什么？难道和之前描述的理论不符？

我们可以逆向思维。在含有空位的情况下，磁赤铁矿的 T_C 高于磁铁矿的 T_C。这说明前者晶格中铁离子的相互作用能更大。也就是说磁赤铁矿单位体积内的铁离子含量不降反升。能够达到这一效果，说明磁赤铁矿的晶格结构更紧凑，其晶格参数更小，就像压缩饼干一样，只不过没有后者压缩得那么厉害。

所以，如果发现一个矿物的 T_C 是 610℃，这可能是含铝赤铁矿，也可能是磁赤铁矿。稍微熟悉岩石磁学的人会有另外一个问题，即磁赤铁矿受热不稳定。比如，在研究中国黄土/古土壤样品时，在 300~500℃ 之间，磁性（比如磁化率）会在加热时大幅度降低，温度还没达到 587℃ 之前就已经转化为更为稳定且磁性很低的赤铁矿了（Deng et al., 2001；Liu et al., 2005a）。如果有人提出这个问题，说明对岩石磁学有了一定的了解，并在实践中有了初步应用。

为了回答上述问题，我们还需要了解磁赤铁矿的另外一个性质，大颗粒的磁赤铁矿比小颗粒的磁赤铁矿具有更高的热稳定性，也就是说大颗粒的磁赤铁矿可以经受住 600 多℃的高温。

第 2 章 能量最小原理与磁畴

上一章提及的磁能其实叫作磁结晶各向异性能。所谓各向异性是指磁性矿物沿着不同方向其性质不一样。如果眼前放一个磁铁矿的晶体，我们围绕着它观察，就会发现沿着不同方向，其铁离子分布密度是不一样的，这就说明沿着不同方向上的能量分布也不一样。

除了这个能量外，磁性矿物还包含其他形式的能量。比如，小颗粒磁性矿物一般都不会长成完美的球体或者立方体，而是具有拉长特征，这就造成了形状各向异性能。

我们习惯用磁荷来类比电荷。假设一个磁性颗粒长得像一个橄榄球，其长轴为 a，短轴为 b（图 2-1）。当我们沿着长轴 a 向右加磁场时，这个磁性颗粒就会被磁化。正磁荷会向右表面汇聚，负磁荷会向左表面汇聚（图 2-1c）。于是，在这个磁性颗粒内部就产生了从右向左（与外磁场方向刚好相反）的磁场，从而抵消了外部施加的磁场。换句话说，在磁性颗粒内部的总体磁场要小于外部施加的磁场。

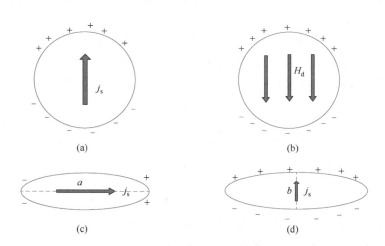

图 2-1 （a）球状磁性颗粒表面的磁荷分布；（b）球状磁性颗粒表面的磁荷分布引起的退磁场；（c）拉长型颗粒表面的磁荷分布；（d）单畴颗粒磁矩产生的垂直于长轴的表面磁势分布

j_s 为磁偶极矩

这个在磁性颗粒内部额外产生的反向磁场叫作"退磁场"（demagnetization field，H_d）。这个退磁场到底有多大？我们要引入一个退磁系数 N：

$$H_d = NM$$

这也是一个简单的正比例函数，其中 N 是退磁系数，M 是磁性颗粒的磁化强度。N 越大，退磁场就越大。

　　N 和颗粒的形状密切相关。对于一个球体，在 X、Y、Z 三个轴向的性质相同，所以 N 都是 1/3（图 2-1b）。而对于一个橄榄球，沿着其长轴和短轴方向 N 就不同了。我们先看沿着长轴 a 的磁化状态。在橄榄球长轴的两端，其面积偏小，汇聚的磁荷也少。磁荷少，距离又远，它们之间的磁相互作用也就偏小，因此 N_a 就偏小（图 2-1c）。那么沿着短轴 b 的磁化模式就刚好相反，在短轴 b 两端的表面积偏大，汇聚的磁荷就多（图 2-1d）。磁荷多，距离又近，其磁相互作用就强，因此 N_b 就比 N_a 大。

　　这种由于形状不同造成各方向上的能量差，叫作磁形状各向异性能。显然，磁性颗粒的磁矩越大，拉长度越大，磁形状各向异性能就越大。这里有一个问题，对于一个完美球状的磁铁矿颗粒，它肯定不受磁形状各向异性能主导，那么此时它的内部磁能受谁控制呢？

　　别忘记了前面提及的磁结晶各向异性能！还有一种能量也非常普遍，它就是磁弹性能。我们举一个形象的例子就是初中生在快速长身体时，衣服没来得及买，只能穿小一号的衣服，浑身会别扭。我们看一下钛磁铁矿，它晶格中部分铁离子被钛离子替代。钛离子的个头要比铁离子大，钛离子镶嵌在晶格里，前拥后挤，非常不舒服，因此整个颗粒的磁弹性能就很高，所以钛磁铁矿的矫顽力（H_c 或 B_c）一般比纯磁铁矿大。

　　这里引出了一个重要的概念——矫顽力（coercivity）。

　　我们先看一个最为简单的橄榄球状纳米磁铁矿颗粒。假设它的磁矩沿着其长轴指向右方。请记住，磁矩的方向和物理长轴方向可以不一致，即使物理长轴不动，在外力作用下，磁矩也会偏离其长轴方向，从而有一个夹角。

　　我们现在沿着长轴反向加一个场，想把磁矩反向 180° 翻转过来。这就需外磁场做功，克服磁性颗粒内部的磁能，才能达到这样的效果。对于这个颗粒来说，其磁能受到磁形状各向异性能主导。这好比放在地上的一个箱子，我们想要推动它，就需要克服静摩擦力。当外力小于静摩擦力时，箱子就会纹丝不动。于是，我们得加大力度，只有达到静摩擦力大小时，箱子才可能动。

　　磁性颗粒的磁矩也具有类似的性质。我们只有把外磁场 H 加到足够大时，才可能让磁矩反向偏转，这个临界外磁场强度就叫作磁性颗粒的微观矫顽力 H_k。那么对于一个拉长的磁铁矿颗粒，它的 H_k 到底有多大？

$$H_k = (N_b - N_a)M_s$$

其中，N_b 和 N_a 是沿着短轴和长轴的退磁系数；M_s 叫作饱和磁化强度，s 是饱和（saturation）的缩写。这又是一个简单的线性方程。

　　所谓饱和状态，就是再加更大的场，磁性颗粒的整体磁矩也不会再变化。我们想象一把筷子，当所有筷子都朝着一个方向时，就是饱和状态。对于磁铁矿，其 M_s 是 480 000A/m。赤铁矿的 M_s 比磁铁矿低了至少两个数量级。所以，如果样品中同时含有磁铁矿和赤铁矿，磁铁矿的磁信息往往会掩盖住赤铁矿的信息。

　　可见，磁铁矿颗粒的拉长度越大，其 H_k 就越大。对于一个无限长的针状磁铁矿，$N_a = 0$，$N_b = 1$，此时，$H_k = M_s$。这是磁铁矿最大的微观矫顽力。

　　对于一个等轴的磁铁矿颗粒，$N_a = N_b$，那么其 H_k 是否为零？其实上面我们已经回答了这个问题。对于等轴的磁铁矿颗粒，其磁形状各向异性能为零，此时其 H_k 受到磁结晶各向异性能控制。

在这里，我们还必须澄清两个问题。第一个就是，上面讨论的都是沿着颗粒的物理长轴 a 变化磁场，磁性颗粒的磁矩只有两种状态，要么完全向右，要么完全向左，没有中间状态。

如果磁场沿着短轴 b 方向变化，磁矩应该怎么变？

对于这种情况，磁矩不是 180° 反转，而是会逐渐偏离长轴 a 方向，外磁场强度越大，偏离得越多。当外磁场强度到达 H_k 时，磁矩就会随着外磁场完全沿着短轴 b 方向排列，达到饱和的状态。

第二个问题就是，对于自然样品，其中所含磁性颗粒的长轴肯定是随机分布的，也就是说无论我们从哪个方向上加场，所有颗粒磁矩的方向会和外磁场有个夹角，这就需要空间积分来解决这个问题。对于一个真实样品，含有非常多的磁性颗粒，其整体的宏观矫顽力 H_c 与 H_k 的关系式为

$$H_c = 0.5 \times H_k$$

其中，H_c 和 H_k 的单位是 A/m。

我们可能会有一点糊涂，磁场的单位不是 T 吗，怎么又变成了 A/m？没错，这两个都是表征磁场的单位，分别代表 cgs 单位制和 SI 单位制。二者之间的转换关系为

$$1mT = 796A/m$$

为了区分这两种情况，当单位为 A/m 时，我们用 H 代表磁场；当单位为 T 或 mT 时，我们用 B 代表磁场。所以，$H_c = 20mT$ 这样的表述是错误的！正确的应该是 $B_c = 20mT$。

但是，有一种情况必须澄清。目前一阶反转曲线（FORC）的用途越来越广。在文献中大部分人确实用 H（mT）这样的表达方式。理论上讲，这是错误的。但是在最初发表 FORC 文章时，作者们没有注意这个问题，于是成了一个历史遗留问题（Roberts et al.，2000；Pike et al.，2001）。不过，还是建议应用正确的符号。

我们开始体会到，磁学参数逐渐增多起来。建议读者可以把每个新出现的符号当作英语单词来记忆，画个表格总结一下。

一个磁性矿物的磁能可以表达为 $\mu_0 V M_s H_k$。其中，μ_0 是个常数，V 是体积，M_s 是饱和磁化强度，H_k 是微观矫顽力。

对于磁铁矿颗粒，其 M_s 是常量。如果其拉长度（也就是 H_k）变化不大，随着体积 V 的增加，颗粒的磁能会随着直径 d 的增加，按照 d^3 的速度增加。这个增加速度是非常快的。

我们可以把磁能理解为一堵墙。磁矩就在墙的一边，如果磁矩想跳到另外一边，也就是转换状态，就必须越过这堵磁能墙。

磁能的增加是有助于磁矩维持稳定状态的。不过，也不是内部能量越高越好。我们不能忘记能量最小原理，过多的能量不符合大自然的基本原理。当磁铁矿颗粒较大时，其内部能量太高，就必须有一种新机制，控制其内部能量，使得整体能量最小。

物理学家在这方面早就想到了一种机制，那就是磁畴！也就是说，在没有真正观测

到磁畴之前，物理学家已经推理出来磁畴必然存在。这个非常好理解。如果你有一间 30m² 的屋子，做成单间，就很舒服。如果变成了 300m²，还是做成一个单间，那就只能用空旷且不舒服来形容。最好的设计是，把这个 300m² 的屋子分成几个房间，错落有致，很好管理。

对于大颗粒的磁铁矿也是这个原理。它的内部会自发分割成一系列的小区域。每个小区域都自成体系，其磁矩指向一致。但是，不同区域之间的磁矩不会指向同一个方向，而是形成某种回路，这样不同区域之间的磁矩就会相互抵消，达到能量最小的状态（图 2-2）。

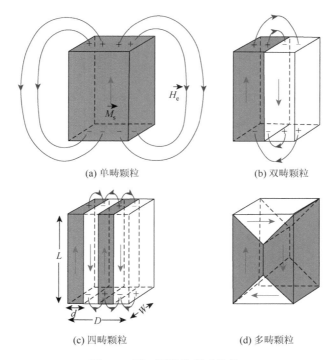

(a) 单畴颗粒　　　　　　　　　(b) 双畴颗粒

(c) 四畴颗粒　　　　　　　　　(d) 多畴颗粒

图 2-2　同一颗粒的磁畴结构

对于 20～80nm 的磁铁矿颗粒，其体积太小，单间足以。对于这种情况，我们称之为单畴（single domain，SD）颗粒。对于几微米的磁铁矿，其体积足够大，会分割出好几个磁畴，我们称之为多畴（multidomain，MD）颗粒。多畴颗粒的内部还需要磁畴壁（domain wall）来分割不同的小磁畴。

由于有了磁畴壁，MD 颗粒和 SD 颗粒之间的磁学性质就截然不同了。对于 SD 颗粒，其磁矩会在其内部克服磁能发生偏转。而对于 MD 颗粒，只需要调整磁畴壁就可以达到变化磁矩的目的。所以，对于 SD 颗粒，需要更大的外磁场才能改变其磁矩状态，也就是 SD 颗粒的矫顽力要高（$B_c > 20mT$）。而对于 MD 颗粒，只需要小的外磁场就可以移动磁畴壁，所以它的矫顽力一般只有几至十几毫特斯拉。

在实际研究中，我们发现还有一种颗粒可以同时具有 MD 和 SD 信息。比如一些微米级别的磁铁矿，它处于 MD 颗粒范畴，但是也能像 SD 颗粒一样记录非常稳定的剩磁，这让人非常奇怪。为了区分这种怪异的颗粒，前人把它定义为假单畴（pseudo-SD，PSD）。PSD 的概念应用了几十年。澳大利亚国立大学的 Andrew Roberts 教授对此有不同看法，他认为 PSD 主要是 vortex 状态的颗粒（Roberts et al.，2018a）。vortex 就是涡旋的意思，也就是磁矩转圈打旋的一种状态。但是，自然介质中确实存在 PSD 这种情况，整体是 MD 颗粒，但是在局部，比如存在一个小缝隙，或者包含了一点杂质，这会产生一个局部的 SD，呈现一种 SD 与 MD 的过渡状态。

第3章 尼尔理论与超顺磁

世间万物都是运动的，区别在于运动速度的快慢。

我们现在考虑磁性颗粒的磁矩以及改变其状态的时间尺度问题。

磁能就像一堵墙，或者一座山。磁矩要从山这边到山那边去，有一个时间问题。如果是一只鸟，一下子就飞过去了，这个时间尺度就很小。如果是一头山羊，也会很轻松地跨越这个障碍，但是会比鸟慢一些。如果换成一只蜗牛呢？它慢吞吞地从山脚开始爬，速度极其缓慢。可是，如果给它充足的时间，它也能够跨越这座大山（图 3-1）。

为了衡量这个跨越大山的时间尺度，我们引入一个新的时间参数 τ（弛豫时间，relaxation time）。τ 越大，说明爬山速度越慢。τ 越小，则好似鸟儿展翅高飞一样，一下子就完成了任务。

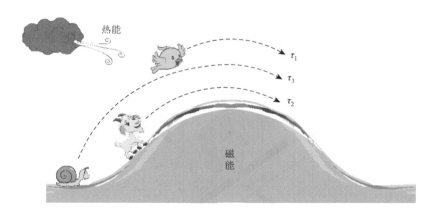

图 3-1　磁能与弛豫时间示意图

τ 还可以用来衡量磁矩的稳定性问题。τ 越小，磁矩在很短的时间内就会变化状态，很不稳定。如果 τ 很大，显然磁矩就稳定得多。对于地质问题，我们考虑的时间尺度可以高达百万年，甚至几十亿年。那么自然界中的磁性颗粒，其 τ 能否和这个地质时间尺度匹配？

我们可以反过来思考。自然介质中的磁性颗粒，常常能记录几亿甚至几十亿年前的古地磁场信息，这说明有大量磁性颗粒的 τ 非常大，可以达到几十亿年的数量级。同时，有的样品记录的剩磁衰减很快，说明 τ 可能在秒甚至毫秒级别。τ 的时间跨度相当大。

另外，我们还不能忘记热能的推动作用。稍微一加热，有了新的助力，爬山的速度肯定会快很多（图 3-1）。所以，我们可以大致猜想一下：

$$\tau \sim \text{磁能/热能}$$

也就是磁能越大，山越高，所需时间越长。而热能越大，就能抵消高山的阻碍，使得爬山时间变短。同时，τ 的时间跨度非常大，什么函数才能满足这个特征呢？我们可以进一步猜测：

$$\tau \sim \exp\text{（磁能/热能）}$$

如果想把～号去掉，我们可以再引入一个常量 τ_0。于是关系式变为

$$\tau = \tau_0 \exp\text{（磁能/热能）}$$

如果最初我们真能这么猜测出来，那就是磁学界的大牛！完成理论系统性推导的是尼尔教授，正因为该理论的提出，他获得了诺贝尔物理学奖。τ 的计算公式为

$$\tau = \tau_0 \exp\left(\frac{\mu_0 V M_s H_k}{kT}\right)$$

其中，$\tau_0 = 10^{-9}\text{s}$。

可见 τ 与 V、M_s 以及 H_k 正相关（图 3-2），而与温度负相关。但是，τ 不是简单地与其中单一参数正相关。我们不能简单地说 V 越大，磁性颗粒的 τ 就越大，因为其 M_s 和 H_k 可能很小。但是我们可以做一些约束，比如颗粒为磁铁矿，那么 M_s 就不变了。如果颗粒的拉长度差不多，H_k 基本相等。在这种情况下，如果温度不变，确实 V 越大，τ 就越大。弛豫时间与矫顽力、颗粒体积的关系如图 3-2 所示。

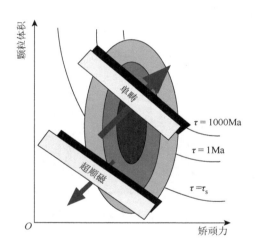

图 3-2　弛豫时间与矫顽力、颗粒体积的关系

再强调一下，τ 越大表明该颗粒越稳定，可以在较长时间内保持稳定的 SD 状态，甚至是地质历史时间尺度，否则就不会有古地磁学这个学科了。

根据尼尔理论，我们可以理解古地磁学中的几种剩磁机制。所谓剩磁，就是当磁性颗粒被外磁场磁化之后，去掉外磁场，其整体磁矩并不为零，而仍保留部分磁矩，即为剩磁。

地磁场在几十亿年前就已经存在，当时形成的各种磁性颗粒都会被地磁场磁化，并以剩磁的形式保留下来。如果 τ 足够大，那就可以一直保留至今，被古地磁学家研究。

我们发现 τ 对温度非常敏感。随着温度的增加，在一个很小的温度区间内 τ 会快速地降低，也就是在非常小的一个温度区间内，磁性颗粒从稳定突然变得不稳定。

我们还可以反过来理解这个过程。大家都看过火山喷发，大量岩浆从火山口喷发出

来，岩浆中含有很多磁性矿物，比如磁铁矿。岩浆温度可以高达上千摄氏度，远远高于其 T_C，所以此时所有磁铁矿颗粒都处于顺磁状态，无法记录稳定的剩磁。

随着温度慢慢降低，当温度刚好低于 T_C 时，磁铁矿的磁畴开始出现，其颗粒可以被地磁场磁化。但是，由于温度高，颗粒的 τ 非常小，也就是它们无法保持稳定的剩磁。对于这种状态，我们称之为超顺磁（superparamagnetic，SP）状态。

从这个名字就可以看出，此时的颗粒，其整体行为类似于顺磁性颗粒，加场即被磁化，撤场就回归混乱状态（因为 τ 太小）。但是，这又不同于顺磁性颗粒（晶格结构被破坏），超顺磁性颗粒具有晶格结构。

如果温度继续降低，τ 会在某个很小的温度区间突然增加，磁铁矿颗粒变得稳定，能够保留被地磁场磁化时的状态。我们把这个很小的温度区间定义为一个特征温度——阻挡温度 T_B。

当然最终温度会降到室温，此时，对某些颗粒来说其 τ 已经可以和地质历史时间尺度比拟，从而记录了稳定的古地磁场信息，包括古地磁场的方向和强度。

通过这种降温增加 τ，从而记录剩磁的机制叫作热剩磁（thermal remanent magnetization，TRM）。是不是样品中所有颗粒都能在地质历史时期中保留稳定的原始TRM 呢？

当然不是。我们之前说过，样品中磁性颗粒的 τ 应该服从一定的分布，比如正态分布。有的颗粒 τ 很大，有的颗粒 τ 很小。那么这些 τ 很小的颗粒，它在古地磁记录中起到什么作用呢？因为 τ 很小，所以这些颗粒就会变成"墙头草"，它们会被随后的地磁场（比如现今的地磁场）重新磁化。那么我们怎么才能知道这些"墙头草"是被现今磁场重新磁化的？

现今地磁场总体方向是正南正北，所以这些"墙头草"记录的剩磁在统计意义上一定指向南北，非常好辨认。这种"墙头草"颗粒记录的剩磁，我们称之为黏滞剩磁（viscous remanent magnetization，VRM）。这种 VRM 也可以被我们古地磁学家利用。

一种非常好的应用就是给岩芯定向。我们经常要打钻，取得地下的样品。有的钻孔可以深达几公里或十几公里。在打钻的时候，岩芯会发生转动，从而失去了偏角信息。如果不能给岩芯重新定向，就会失去地下很多和方向相关的地质信息，比如断层的走向、应力方向等。刚才我们说了，所有样品都应该受到现今地磁场的作用产生 VRM。只要我们确定了岩芯记录的 VRM，并把 VRM 的方向重新调整到南北向，就完成了岩芯的重新定向。这种方法在石油开采、地下工程研究等方面有着非常大的潜在应用价值。

第 4 章　SD 与 SP 状态转换

一个磁性颗粒，在居里温度 T_C 之上，是顺磁状态，在解阻温度 T_B 和 T_C 之间是 SP 状态，在 T_B 之下是 SD 状态。于是，我们很容易得出如下结论。

第一个结论：

$$T_B < T_C$$

也就是说，在一般情况下，我们不能通过获得 T_B 来百分百确定 T_C，并进一步确定磁性矿物的种类。但是，在实际样品中，由于磁性颗粒的 τ 具有一定的分布，其相应的 T_B 也会有一定的分布。除非特殊情况，总有一些颗粒的 T_B 非常接近 T_C，于是我们可以用最大 T_B 来替代 T_C。比如，如果我们发现一个样品的最大 T_B 是 $570 \sim 575$℃，同时借助其他的岩石磁学实验，我们可以推断携带剩磁的应该是磁铁矿。

对于一个自然样品，如何才能确定其 T_B 分布？

这就涉及古地磁学中最为常见的退磁方式——热退磁。热退磁其实是对样品进行有场降温获得 TRM 的逆过程，它需要在零场中升温再降温。这等同于获得了一个零场磁化下的 TRM，其新获得的 TRM 当然会等于零，也就是退磁了。

由于 T_B 存在一个分布，我们如果采取一步加热方式，就会丢失很多细节。于是，古地磁学中最烦琐的一种实验就出现了，逐步（stepwise）热退磁法（只要是退磁，都要在零场环境下实施，后面不再赘述）。具体而言，就是不要一步升到高温，而是从低温开始，一步一步地实施热退磁过程。比如首先把样品加热到 50℃，然后降到室温，测量样品的剩磁。之后，把样品加热到 100℃，再降到室温，测量剩磁。如此反复，一直加热到 680℃以上。

显而易见，每次的加热温度间隔越小，获得的信息量就越大，但是，实验所需时间也变得更长，相应的实验费用也会大幅度增加。在信息量和实验时间以及实验所需费用之间，我们需要一个平衡。

很多时候，我们要处理成百上千块样品，每增加一步加热实验，所需工作量都是巨大的。为此，我们采用先行测试的方式。我们一般先找几十块特征样品（pilot sample），用小的加热步长获得较为详细的热退磁谱，根据这些特征样品的热退磁行为，再对剩余的大批量样品进行实验规划。如果在 300℃ 之前，样品的剩磁基本没有什么改变，那么我们就可以跨过室温和 300℃ 之间的步骤，直接就加热到 300℃，这就大大提高了工作效率。

目前古地磁实验室里还没有自动完成热退磁并进行测量的仪器装置，研究人员需要看守在仪器旁边，甚至昼夜工作。开发热退磁自动测量系统，绝对是新一代古地磁实验室努力的方向。

第二个结论就是 SD 和 SP 状态可以相互转换。也就是说对于同一个磁性颗粒，在一种实验条件下它是 SD 状态，在另外一种实验条件下又可以变成 SP 状态。比如变化温度就是一种有效手段。在室温为 SD 的磁性颗粒，只要升温就可以让它在 T_B 解阻，变成 SP 状态。同理，如果一个磁性颗粒在室温时是 SP 状态，说明它的解阻温度 $T_B < 300K$，那么通过降温，在低于 T_B 时，就会变为 SD 状态。

所谓的高温与低温，其实是相对于我们习惯的室温而言，一般把室温定义为 300K，对于磁性颗粒而言，无所谓高温与低温之分。

除了通过变化温度来改变磁性颗粒的状态，我们还有一种法宝——变化观测频率。SD 颗粒的状态与仪器的观测频率 f 密切相关。假设 SD 颗粒的 τ 为 1s，如果仪器的观测频率为 2Hz（0.5s 观测一次），那么在 1s 内，通过该仪器可以准确地观测其磁矩状态，也就是磁性颗粒处于稳定的 SD 状态。如果仪器的观测频率为 0.4Hz，那么该仪器的观测速度明显小于 SD 颗粒磁矩偏转的速度，从而无法准确地确定其磁矩状态，此时该颗粒还是 SD 颗粒，但是它处于 SP 状态。

据此，可以定义一个临界观测频率，使得

$$f\tau = 1$$

也就是仪器的观测频率刚好和 SD 颗粒磁矩偏转的频率同步。当 $f\tau < 1$ 时，SD 颗粒处于 SP 状态，而当 $f\tau > 1$ 时，SD 颗粒则处于稳定的 SD 状态（SSD）。

这种情况就像猫和蛇相斗。在我们眼里，蛇的动作非常快，一般人不敢去招惹蛇。可是，蛇的动作在猫眼里就是一个慢动作，所以猫是蛇的克星。武侠小说里也会有这种情形。小李飞刀之所以厉害，就是其出刀的速度太快，在对手还没反应前，刀已经到了。所以，蛇的命运不完全取决于它自己，还取决于猫。小李飞刀对手的命运也不完全取决于对手，而还要取决于小李飞刀的速度。同理，一个磁性颗粒处于 SD 状态还是 SP 状态，也不完全取决于它自己，还取决于仪器的观测频率。综上所述，有两种常见方式可以把 SD 颗粒转变为 SP 状态：升温降低 τ，或者降低观测频率。

体积 V 对 τ 的影响非常明显。对于较小的颗粒（比如直径小于十几纳米），其 τ 很小，从而颗粒处于 SP 状态。当颗粒的体积逐渐增大，τ 也随之逐渐增大。当满足 $f\tau > 1$ 时，颗粒就从 SP 状态变为 SD 状态。此时对应的颗粒体积叫作临界阻挡体积 V_B。

自然环境中，由于沉积环境的改变，常常会有次生矿物产生。当这些次生矿物的体积超过其临界阻挡体积 V_B，就会变为稳定的 SD 颗粒，从而记录当时的地磁场信息。我们把这种剩磁叫作化学剩磁（chemical remanent magnetization，CRM）。

与热剩磁相比，同等条件下，化学剩磁的强度要小些。但是，从其性质上来讲，SD 颗粒的化学剩磁与热剩磁类似。也就是说如果没有对矿物生成环境的分析与约束，光从剩磁本身的性质无法判断其是化学剩磁还是热剩磁。比如，洋壳玄武岩玻璃中会有 SD 磁性矿物存在，从而被认为是记录地磁场信息的良好介质。但是用这种材料得到的地磁场强度值偏低。这就有两种可能性，其一，这些 SD 颗粒是原生的，记录的是热剩磁，因此，通过这些 SD 颗粒得到的地磁场强度低是真实的现象。其二，这些 SD 颗粒是后期次生矿物，因此记录的是化学剩磁。因此，真实的地磁场强度应该比测量值要高。当然，还有一种复杂性就是在获得地磁场强度的实验中产生了次生矿物。当然，最后这种情况比较容易识别。

截至目前，我们讲解了 τ、T_B 及 V_B。τ 比较大的颗粒，其需要更高的温度才能解阻，

也就是说 τ 与 T_B 一般成正比例关系。

当确定了 T_B，我们还能通过这个值计算磁性颗粒的体积 V，因为如果确定了仪器的观测频率、磁性颗粒的 M_s 和 H_k，T_B 和 V 之间的关系就确定了。

这章最后我们再来研究一个更为复杂的问题，τ 和 T_B 与外磁场作用时间 t 有关系吗？

τ 本身就是一个时间量。假设样品中含有的磁性颗粒具有非常宽泛的 τ 分布，那些具有很小 τ 的磁性颗粒，根本无法记录稳定的剩磁。有些颗粒的 τ 相对较大，在短时间内不会受到外磁场的干扰，从而记录原始磁化信息。可是，随着时间的增长，当 t 超过 τ 时，这些磁性颗粒就变成了不稳定的颗粒，从而被后来的地磁场磁化，改变了其原始信息。随着时间进一步增长，会有更多的颗粒被卷入重磁化的过程。

我们知道 τ 越高，对应的磁性颗粒的体积越大，从而其解阻温度就会越高。对于研究中国黄土/古土壤的学者来说，非常清楚这些样品的剩磁行为。地磁场不是一成不变的，上一次地磁极性倒转发生在 78 万年前。根据理论推导，78 万年以来，地磁场会对样品的古地磁信息进行改造，让一部分颗粒携带了黏滞剩磁（VRM），这个 VRM 的方向指向南北。那么这个 VRM 对应的解阻温度是多少呢？答案是大约 300℃。所以在实验室，我们只有把温度加热到 300℃，才能去除掉 VRM 的影响，也就是说 300℃ 之下的信息是不能被用来研究古地磁原始信息的。

对于更古老的样品，那些 τ 更大的磁性颗粒也会被影响，相应的 T_b 会更高。当 VRM 的 T_b 升高到一定程度时，会把原有的天然剩磁完全覆盖，这时候，该块样品就失去了研究原有地磁信息的价值。这就是研究特别古老，比如太古代样品古地磁信息的一个难点所在。

本章最后，我们来总结一下：

影响 τ 的因素很多，包括体积 V、饱和磁化强度 M_s、微观矫顽力 H_k、温度 T 等。如果再考虑仪器观测频率的变化，就会有多种综合的手段来检测颗粒的磁畴状态，进一步估算颗粒的体积。

SD 颗粒与 SP 颗粒的最大特征就是后者在充足的热能状态下，不能稳定地保持其磁矩状态，很容易随着外磁场的变化而发生偏转，因此具有很高的磁化率，但不能记录稳定的剩磁。因此，SD 颗粒的磁化率温度特性可以被用来确定其颗粒的大小。对于一组 SD 颗粒，其具有一定的 τ 分布，当温度很低时，所有的颗粒都处于 SD 状态，样品的磁化率会比较小。随着温度逐渐上升，一部分 SD 颗粒会逐渐解阻，变为 SP 颗粒，样品的磁化率会逐渐升高。当最大部分的颗粒解阻时，样品的磁化率会达到最大值，这时所对应的温度，可以看作其解阻温度。当温度继续升高，趋近其 T_C 时，随着颗粒 M_s 的降低，其磁化率也逐渐降低。如果颗粒的粒径比较大，其解阻温度会更加靠近 T_C，颗粒在解阻后，会迅速朝着其 T_C 方向下降，形成一个磁化率的陡峰，也就是霍普金森（Hopkinson）峰。当温度超过 T_C 后，样品的磁化率并不会变为零。此时，颗粒处于顺磁状态。

SD 颗粒在不同频率的观测下，表现出不同的性质。当观测频率很高时，SD 颗粒可以处于 SD 状态。当降低观测频率，τ 比较小的颗粒会转变为 SP 状态，使得样品的整体磁化率增加。因此，样品的磁化率与观测频率一般呈负相关关系。在两个频率下的磁化率之差，被定义为频率磁化率，可以很好地说明存在处于 SP 与 SSD 临界状态下的颗粒。

对于磁铁矿，这种颗粒粒径一般为 20～25nm。

在实验室中，低温测量系统 MPMS 可以同时变化外磁场、温度和频率，因此可以有效地确定纳米级颗粒的粒径分布。最新的多功能磁化率仪卡帕桥 MFK 只有三个工作频率，但是可以快速地获得磁化率随外磁场的变化曲线。

关于磁化率更多的信息，我们将在下一章详细论述。

第 5 章　磁化率概念进一阶

　　磁化率是古地磁学和环境磁学专家的最爱，它几乎会出现在每一篇和磁学相关的文章里。

　　某一物质的磁化率可以用体积磁化率（volume magnetic susceptibility，κ）或者质量磁化率（mass magnetic susceptibility，χ）表示。体积磁化率 κ 为无量纲参数。在 SI 单位制下的磁化率值是 cgs 下的 4π 倍，即 $\chi(\mathrm{SI}) = 4\pi\chi(\mathrm{cgs})$。体积磁化率除以密度即为质量磁化率 χ，亦即 $\chi = \kappa/\rho$，其单位为 $\mathrm{m^3/kg}$。磁化率通常在弱场（如磁感应强度小于 1mT 的磁场）中测量。

　　磁化率如此受欢迎，有如下两个原因：

　　第一，测量便捷，尤其是野外手提式磁化率仪，可以用来进行高精度测量，非常适合磁性地层学研究。即便是在实验室内，磁化率测量也是最简单、快捷的。所以，在环境磁学研究早期，磁化率仪就成为最常见的仪器。

　　第二，离不开地质学家们的普及。由于磁化率测量便捷，在早期划分地层、研究古气候与古环境变化方面应用非常广泛。不用特别理解磁化率本身的物理含义，磁化率值高低变化，就蕴含着天文轨道周期的信息。

　　在这里，我们不得不提中国黄土/古土壤研究。中国黄土是风成粉尘沉积，粉尘来源于黄土高原北部的沙漠区，被亚洲冬季风吹到黄土高原，沉积下来，形成一两百米厚的黄土地层。在黄土层中间，发育着深色的古土壤层。这些古土壤层代表着过去温暖潮湿的气候，对应着间冰期。此时，亚洲夏季风盛行，带来充沛的水汽，于是在成土作用下，发生矿物转化，生成了大量的 SP/SD 磁赤铁矿，造成古土壤的磁化率增加。一般情况，没有经历成土作用的黄土，其磁化率大约为 $2\times10^{-7}\mathrm{m^3/kg}$，而古土壤会比这个值高出十到几十倍。

　　早期研究第四纪气候变化的科学家就利用磁化率来划分地层，磁化率高的层位对应着古土壤，磁化率低的层位则对应着黄土，高高低低，韵律十足。这种韵律和海洋沉积物里氧同位素记录的全球气候变化特征几乎可以一一对比，这就实现了古气候的海陆对比，一下子提升到全球高度，科学意义大增。可以说，磁化率这个参数为第四纪研究立下了汗马功劳。

　　但是，磁化率是一个简单的磁学参数吗？

　　后来随着第四纪科学家研究的深入，慢慢发现在黄土高原周边地区的黄土性质变得有些异常，当研究更古老的新近纪黄土时，第四纪的研究模型不完全成立。当研究中国西部成土作用更弱的地区（如兰州）及阿拉斯加黄土时，人们甚至得出相反的气候模式。于是，很多研究开始提出，磁化率并不是总能作为气候指标，还有其他因素对气候产生重要影响。

　　如果我们了解了磁化率的物理含义和影响因素，就不会对磁化率的复杂性感到惊讶，应该对磁化率在中国黄土研究的成功感到幸运，因为中国黄土模式相对来说确实是简化了不少，具体体现在物源输入的磁性本底值低，物源相对稳定；物源输入的磁性矿物为大颗粒的 PSD/MD 磁铁矿；成土作用产生的则是纳米颗粒 SP/SD 的磁赤铁矿，有一部分可达到 PSD（几微米以下）；这些 SP/SD 颗粒的粒径分布非常一致，与成土作用的强弱无关。因此，SP/SD 颗粒的含量变化控制着样品整体磁化率的变化，以至于不用任何校正，只用磁化率的变化就可以对成土作用的强弱进行定量化，甚至可以用来确定古降雨量。

　　前面我们已经指出，磁化率是一个衡量物质被磁化难易程度的物理量。磁性物质的磁化强度与外磁场强度成正比。

　　对于直流场的测量方式，磁化率更准确的定义是 M 对 H 的一阶导数：

$$\chi = \mathrm{d}M/\mathrm{d}H$$

在饱和状态，M 不会再变，此时 $\mathrm{d}M = 0$，因此，$\chi = 0$。

　　物质的磁化率还能为零？

　　答案是当然！在高场（比如大于 0.5T）情况下，亚铁磁性矿物的磁化强度达到饱和，此时它们的磁化率就为零。这一性质可以用来分离亚铁磁性磁化率（ferrimagnetic susceptibility，χ_{ferri}）和顺磁性磁化率（paramagnetic susceptibility，χ_{para}）。因为在高场情况下，顺磁性颗粒的 M 会继续随着 H 增大而增大（图 1-1）。

　　我们再观察一个拉长型的 SD 磁铁矿颗粒，其磁化强度的变化机制表现为其磁矩在外磁场的作用下发生偏转。沿着其易磁化轴（长轴）方向，由于其磁矩已经达到饱和状态，$\mathrm{d}M = 0$，从而在该方向磁化率为零。相反，在其难磁化轴（短轴）方向，磁化率达到最大值：

$$\chi = \frac{2}{3}(N_b - N_a)$$

对于极度拉长的 SD 颗粒，其理论磁化率为 $\frac{2}{3}$。可见，在没有解阻为 SP 颗粒前，SD 颗粒的磁化率与温度无关，而只取决于其退磁系数。

　　沿着 SD 颗粒的长轴和短轴方向磁化率值不一样，这叫作磁化率各向异性（anisotropy of magnetic susceptibility，AMS）。我们来考察如下情形：所有 SD 颗粒的长轴都沿着水平方向排列，请问该样品的最大磁化率和最小磁化率在哪个方向？

　　答案是"垂直方向具有最大磁化率，水平方向具有最小磁化率"。

　　这个性质非常奇特，和 PSD/MD 颗粒情形刚好相反。对于 PSD/MD 颗粒，其磁化强度的改变机制主要靠磁畴壁沿着外磁场方向移动。在 PSD/MD 颗粒的长轴方向，磁畴壁更容易移动，从而磁化率为最大值。其长轴才是磁化率最大方向，短轴是其磁化率最小方向。可见，如果不搞清楚颗粒的粒径范围，就会判断错颗粒的长轴和短轴走向，得出错误的地质模型。

　　移动 MD 颗粒磁畴壁所需要的外力要比旋转 SD 颗粒的磁矩所需的外力小得多，因此 MD 颗粒磁矩对外磁场的反应要比 SD 颗粒灵敏，也就是 MD 颗粒的磁化率要大于 SD 颗粒。MD 颗粒的磁化率为

$$\chi = 1/N$$

与单轴磁化率类似，MD 颗粒的磁化率也只与其形状因子有关，而与温度无关。因而 MD 颗粒的磁化率温度曲线是一条相对平直的曲线，只有接近其 T_C 时才快速减小，这是通过磁化率温度曲线鉴别 MD 颗粒的重要依据。

对于 SP 颗粒，因为它几乎自由转动其 M，所以它的磁化率会更高：

$$\chi = \frac{\mu_0 V M_s^2}{3kT}$$

从这个公式可以看出，SP 颗粒的磁化率和其体积 V 正相关。如果体积为零，磁化率当然为零。因为 $V \sim d^3$，所以，SP 颗粒的磁化率会随着粒径的增长呈现 d^3 的变化。这就好比一只小蚂蚁在爬山坡，越往前爬，就越陡峭。它如果不了解 SP 颗粒的磁化率性质，就不会知道危险即在眼前。随着磁铁矿颗粒粒径逐渐增大，当到达 SP/SD 的边界（大约 20～22nm）时，纳米级磁铁矿颗粒的体积磁化率会突然下降，形成一个悬崖，可怜的小蚂蚁就会跌落深渊（图 5-1）。

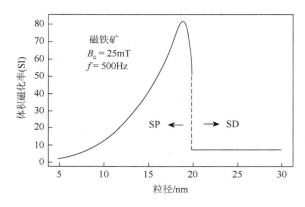

图 5-1　体积磁化率与粒径的关系

对于均一粒度的磁性颗粒，其体积磁化率在 SP/SD 边界（虚线）会发生明显的变化

对处在 20～22nm 的磁铁矿颗粒来说，因为处在 SP/SD 边界，它们很特别，我们称之为黏滞超顺磁（viscous SP，VSP）颗粒。只要温度或者频率稍微一变化，这种颗粒可能就会在 SP 和 SD 状态之间转换，造成磁学性质的变化。

由于频率变化造成的磁化率变化叫作磁化率频率特性。由于温度变化造成的磁化率变化叫作磁化率温度特性。之后我们会讲到，改变外磁场的强度也会引起弛豫时间的变化，进而引起磁化率的变化，我们称之为磁化率的外磁场特性。也就是说磁化率会随着温度、频率、外磁场强度、粒径等变化而变化。此外，样品中磁性矿物的种类和含量也会引起磁化率绝对值的变化。

对于自然样品，当我们研究其磁化率时，温度、频率和外磁场强度我们可以控制。样品中磁性矿物的种类也相对好确定。但是，磁性矿物的粒径和含量就没那么好确定了，这需要更为详细的研究才能最终揭开谜团。

第6章 磁化率概念进二阶

以上对磁化率的定义对应的是直流场的测量。除了直流场，还有交流场测量方式，这种情况要复杂得多。

此时，M 和 H 之间不再同相位，因此就出现了实磁化率（χ'）和虚磁化率（χ''），对于 SP 颗粒，

$$\chi' = \frac{\chi_0}{1 + f^2\tau^2}$$

$$\chi'' = f\tau\frac{\chi_0}{1 + f^2\tau^2}$$

其中，χ_0 是直流场下的磁化率，$\chi_0 = \dfrac{\mu_0 V M_s^2}{3kT}$；$f$ 是观测频率；τ 是弛豫时间。

可见，SP 颗粒的磁化率受到观测频率的影响。因此，如果样品中含有一定量的 SP 颗粒，如果所用仪器的观测频率不同，其值就无法横向对比。所以我们一定要看清楚研究者所用仪器的型号和所用的观测频率。

磁化率和观测频率密切相关，我们可以通过两种方式来探讨这种关系：第一种最简单，通过上述公式我们立刻就得知磁化率随着频率的增加而减小；第二种方式则从其物理本质上去理解。对于 VSP 颗粒，只要稍微一变动频率，它们就可能变换状态。当频率增加时，有一部分 VSP 颗粒就会从 SP 状态变为 SD 状态，其磁化率当然会降低。当频率继续增加的时候，更小的 SP 颗粒会变为 SD 状态，磁化率也会随之继续降低（图 6-1）。

我们必须注意到，改变频率，它只对那些处于 SP/SD 边界的 VSP 颗粒产生影响。增加频率，并不影响已经是 SD 状态的颗粒。对于更小的纯 SP 颗粒，也不会产生影响。重要的事情再说一遍，改变频率，只会对很小的一个粒径范围（处于 VSP 状态）的颗粒产生影响。增加频率，会降低样品的整体磁化率。

早期的 Bartington 磁化率仪设置了两个频率，低频（low frequency，$f_{lf} = 470\text{Hz}$）和高频（high frequency，$f_{hf} = 4700\text{Hz}$）。所以后来当考虑磁化率频率特性时，频率变化大都遵循一个数量级，比如 1Hz 和 10Hz 等。

现在我们来做一点小变化，我们定义绝对频率磁化率为

$$\chi_{fd} = \chi_{lf} - \chi_{hf}$$

这么做的好处在哪里呢？

我们刚才讨论过变化频率只对 VSP 颗粒有影响，对纯 SP 和 SD 颗粒没有影响。低频

磁化率和高频磁化率这样一相减，我们就完全消除了纯 SP 和 SD 颗粒的影响，在 VSP 粒径区间，我们得到一个小峰值（图 6-1）。

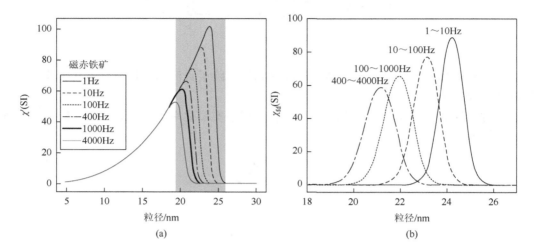

图 6-1　（a）磁赤铁矿 SP 颗粒在不同观测频率下磁化率随着粒径的变化曲线（频率的变化只影响 SP/SD 边界附近的 VSP 颗粒）（b）绝对频率磁化率随着粒径的变化曲线（频率磁化率只反映样品含有 VSP 颗粒）

如果 χ_{fd} 不为零，从严格意义上讲，它只代表着样品含有 VSP 颗粒，而不能百分百确定样品中磁性颗粒的粗细。

但是，自然界不会这么巧合，刚好只含有 VSP 颗粒，这需要非常特殊的地质过程才能形成，概率极低。正常情况，纳米颗粒的粒径都会遵循一定的分布，比如对数正态分布等。就如同我们观察一头大象，不需要看全身，只要看到大象耳朵就知道这是一头大象，并能猜出它身体形状。

所以，当我们检测到 VSP（一般为 20～22nm）颗粒时，我们就可以推断出，样品中一定还含有更细小的 SP 和更大一点的 SD 颗粒。如果粒径分布比较固定，那么 χ_{fd} 的绝对值变化就代表着纳米颗粒含量的变化。这对于研究成土过程、风化过程、氧化还原中的矿物转化过程等非常有用。

当 χ_{fd} 为零时，难道代表着样品中不含有 SP 颗粒？

答案是"否"！

χ_{fd} 为零可能对应着两种情况：不存在 VSP 颗粒，或者存在着非常细小的 SP 颗粒。这两种情况需要额外的低温实验来加以甄别。因为对于更小的 SP 颗粒，只有在更低温度下才能显示其 SP/SD 转化行为，从而被我们观测到。

除了频率磁化率的绝对值，我们还经常定义其相对值，即频率磁化率百分比：

$$\chi_{fd}\% = \frac{\chi_{lf} - \chi_{hf}}{\chi_{lf}} \times 100\%$$

在这个公式中，把 χ_{fd} 用低频磁化率 χ_{lf} 进行归一化。

χ_{lf} 是一个混合信息，它由样品中所有能产生磁化率的物质共同决定，包括反铁磁性颗粒、亚铁磁性颗粒及顺磁性颗粒等，这就引入了新的复杂性。我们假设 χ_{fd} 不变，而样品的 χ_{lf} 在变，那么 $\chi_{fd}\%$ 就会随着 χ_{lf} 的变化而变化，与 χ_{fd} 一点关系都没有。

对于 $\chi_{fd}\%$，其值的变化基本反映颗粒粒径的分布。当处于 SP/SD 临界点附近的颗粒的含量固定时，也就是 χ_{fd} 固定，此时，随着其粒径的加大，更多细小 SP 和大于 SP 的颗粒会贡献分母 χ_{lf}，从而 $\chi_{fd}\%$ 减小（图 6-2）。

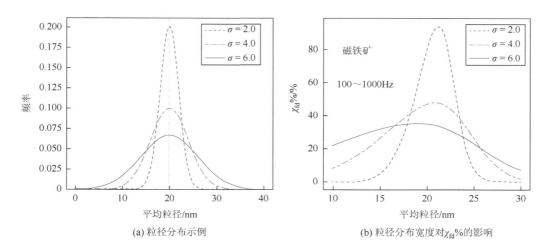

(a) 粒径分布示例　　　　　　　　　　(b) 粒径分布宽度对 $\chi_{fd}\%$ 的影响

图 6-2　频率磁化率百分比（$\chi_{fd}\%$）与平均粒径和粒径分布的关系图

假设粒径服从正态分布，尽管平均粒径均为 20nm，但分布宽度（σ）随标准差增加而扩大。图 6-2b 中每条曲线对应的颗粒的粒径分布具有相同的标准差，当平均粒径相同时，$\chi_{fd}\%$ 的值与 σ 呈现复杂的关系。比如，对于平均粒径为 20nm 的磁铁矿，$\chi_{fd}\%$ 随着 σ 的增加而降低。整体来看，σ 的增加会让 $\chi_{fd}\%$ 对平均粒径的敏感性下降。

但是我们在读有关中国黄土/古土壤研究的文章时，很多学者把 $\chi_{fd}\%$ 和 χ_{fd} 都定义为夏季风强弱的指标。夏季风强，雨水充沛，成土作用强，产生更多 SP 颗粒，所以 χ_{fd} 和 $\chi_{fd}\%$ 都会增加。这种现象确实被观测到了，难道和上面的解释有冲突？

造成 $\chi_{fd}\%$ 被误解释的原因如下。

对于古土壤，χ_{lf} 主要由两部分组成：

$$\chi_{lf} = \chi_{物源} + \chi_{成土}$$

其中，$\chi_{成土}$ 与 χ_{fd} 成正比，也就是 $\chi_{成土} = A\chi_{fd}$，A 是一个常量。如果我们把 $\chi_{物源}$ 给扣除掉，就会发现，$\chi_{fd}\% = 1/A\%$，这是一个常量，与成土作用的强弱并没有关系。所以，很多不正确的参数用法刚好凑巧能解释自然现象。

除了磁化率外，频率磁化率也是温度的函数（Liu et al., 2005c）。在温度为 300K 时，对应 1Hz 和 10Hz 的 VSP 窗口在 25nm 左右。而在温度为 50K 时，频率磁化率反映的是 13nm 的颗粒（图 6-3）。这很好理解。当温度降低时，那些大一点的纳米颗粒就变成了 SD 颗粒，对 χ_{fd} 没有贡献，所以 VSP 的窗口就会向更小粒径范围移动。

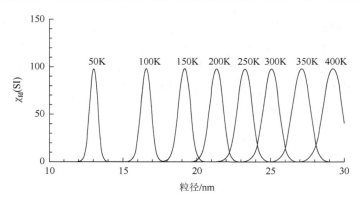

图 6-3 χ_{fd} 随着温度变化与 VSP 区间变化图

所用频率为 1Hz 和 10Hz。曲线上方的数值代表测量温度

　　由图 6-3 可知，在不同温度下，频率磁化率所反映的是 SP/SD 临界窗口。随着观测温度增加，频率磁化率峰值反映的 SP 颗粒粒径（$D_{\chi_{fd\text{-}max}}$）越大。因此，可以构建 $D_{\chi_{fd\text{-}max}}$ 与观测温度的相关曲线。也就是说，根据图 6-4 的转换曲线可以获得 SP 颗粒的粒径分布信息。

　　该方法已经在中国黄土/古土壤序列中得到很好的应用（Liu et al.，2005c）。图 6-5 显示了古土壤中典型样品的 χ_{fd}-T 曲线，以及通过 χ_{fd}-T 曲线和 $D_{\chi_{fd\text{-}max}}$-T 曲线得到的古土壤中成土作用产生的纳米磁赤铁矿的粒径分布。可见，SP 磁赤铁矿的粒径分布与其成土强度关系不大。因此，古土壤的磁性增强主要由 SP 磁赤铁矿含量增加引起。

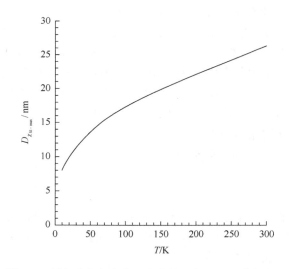

图 6-4   频率磁化率峰值对应的粒径与观测温度相关图

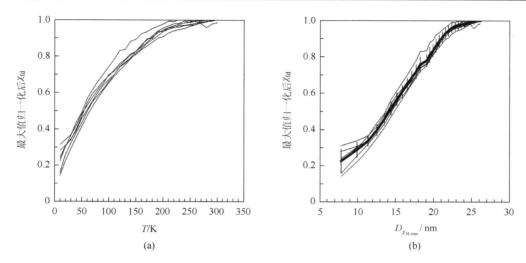

图 6-5　中国黄土/古土壤序列典型样品的 χ_{fd}-T 曲线（a），以及通过转化后得到的 SP 磁赤铁矿的粒径分布曲线（b）

第7章 磁化率概念进三阶

目前常用的磁化率仪是 Bartington 磁化率仪和卡帕桥（Kappabridge）磁化率仪，后者测量精度要比前者高。Bartington 磁化率仪是以 10mL 水作为标样标定的。该标样在 SI 单位制下的读数为–0.9，对应的体积磁化率为–0.9×10^{-5}。在 SI 单位制下，这个值是没有单位的。而对于其他体积为 10mL 的样品，其体积磁化率值为仪器的读数乘以 10^{-5}。对于体积不是 10mL 的样品，则需要对其体积进行归一化，其体积磁化率为仪器读数乘以 10^{-5}，然后乘以 10，再除以样品的体积（单位为 mL）。

由于 10mL 水的质量为 10g，则在 SI 单位制下–0.9 的读数对应的质量磁化率为–0.9×10^{-8}。在 SI 单位制下，这个值的单位为 m^3/kg。而对于其他质量为 10g 的样品，其质量磁化率为仪器的读数乘以 10^{-8}，单位为 m^3/kg。如果样品的质量不是 10g，则其质量磁化率等于仪器读数乘以 10^{-8}，然后乘以 10，再除以样品的质量（单位为 g）。

卡帕桥磁化率仪测量读数的单位是 10^{-6}（SI）。但是，早期卡帕桥磁化率仪的测量频率固定，不能测量频率磁化率。为了克服这一缺点，AGICO 公司新近设计的 MFK 磁化率仪可以变换三个频率（976Hz，3904Hz，15616Hz），成为主打的新一代磁化率仪。

SD 颗粒在升温过程中，弛豫时间 τ 减小，也就是振动加快，在 T_B 会发生解阻，从 SD 状态变成 SP 状态，其磁化率会突然增加。温度再进一步增加，就会趋向 T_C，磁化率急剧下降（图 7-1）。这两种性质叠加在一起，就会在 T_B 处形成一个磁化率峰。我们前面已经介绍，体积越大的 SD 颗粒，其 T_B 值就越大，磁化率峰也就随之向 T_C 移动。当 T_B 非常接近 T_C 时，磁化率会出现一个非常狭窄尖锐的峰，即霍普金森峰（图 7-1～图 7-3）。

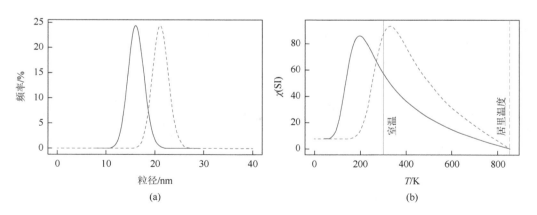

图 7-1 两样品的粒径分布（a）及对应的磁化率随着温度变化的曲线（b）

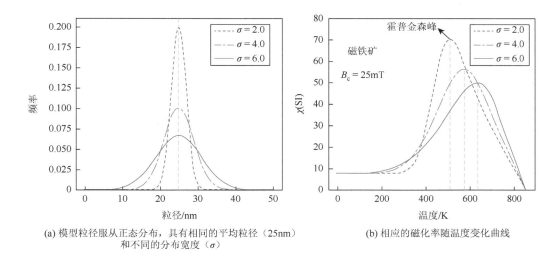

(a) 模型粒径服从正态分布，具有相同的平均粒径（25nm）
和不同的分布宽度（σ）

(b) 相应的磁化率随温度变化曲线

图 7-2　粒径分布对霍普金森峰的影响（Zhao and Liu，2010）

随着 σ 增加，霍普金森峰对应的温度逐渐增加，并且更加平缓，这是粒径大于 25nm 的颗粒对整体磁化率的贡献增加的结果

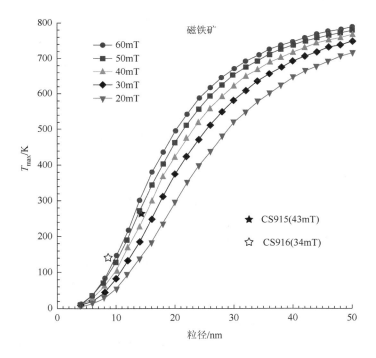

图 7-3　SD 磁铁矿磁化率峰值对应的温度（T_{max}）与粒径之间的关系图

粒径越大，T_{max} 越大。五角星代表美国 Yucca Mountain 火山灰的实测结果

　　MD 颗粒一般不会出现这种行为。通过磁化率随着温度变化曲线的特征，可以初步判定磁化率的携带者所处的粒径范围。

　　与铁磁性物质不同，顺磁性物质的磁化率（χ_{para}）随着温度增加而降低，服从居里定律：

$$\chi_{\text{para}} = C/T$$

其中，C 是常量，可以通过 χ_{para} 与 $1/T$ 的关系图做线性拟合进行估算。

对于反铁磁性矿物，其磁化率随着温度的变化比较复杂。这类矿物具有大小相等、方向完全相反的两组磁矩。在其 T_{N} 之下，沿着磁矩和垂直于磁矩方向，磁化率随温度变化并不一致。在平行方向，$\chi_{/\!/}$ 受到热扰动和外磁场共同控制。在尼尔温度点，$\chi_{/\!/}$ 最大，温度降低时，由于热扰动影响逐渐降低，它的值也降低。在垂直方向，$\chi_{\perp}$ 由磁矩的偏转引起。因此，它受温度的影响不大。此外，$\chi_{\perp}$ 永远大于 $\chi_{/\!/}$。对于随机分布的颗粒，其磁化率为 $\chi = 1/3\chi_{\perp} + 2/3\chi_{/\!/}$。当温度高于 T_{N} 时，反铁磁性物质变为顺磁性物质，随温度继续增加，磁化率服从居里定律逐渐减小。

除了亚铁磁性和反铁磁性物质，Rochette（1987）系统地研究了顺磁性物质的磁化率和样品所含离子之间的关系。他发现其中 Fe^{2+}、Fe^{3+} 及 Mn^{2+} 对顺磁性磁化率的贡献最大。经验公式为

$$\chi_{\text{para}} = 10^{-3}\rho\left(25.2M_{Fe^{2+}} + 33.4M_{Fe^{3+}} + 33.8M_{Mn^{2+}}\right)10^{-6}\text{SI}$$

其中，ρ 是密度（kg/m^3），M 为质量分数。

在一般的实验室情况下，外磁场小于几特斯拉，顺磁性物质远远不能饱和。因此，其磁化强度与外磁场成正比。因此，常常用高场磁化率来估算顺磁的贡献。比如，可以选取 $0.5\sim$ 1T 之间磁滞回线的线性段来拟合高场磁化率［单位为 $1\text{A}\cdot\text{m}^2/(\text{T}\cdot\text{kg}) = 1\text{A}\cdot\text{m}^2/(796\text{kA}\cdot\text{kg/m}) = \dfrac{1}{796000}\text{m}^3/\text{kg}$）。值得注意的是，反铁磁性物质具有较高的矫顽力，在外磁场为 1T 时很可能没有完全饱和。这种情况，它们也对高场磁化率有贡献（Jiang et al.，2014b）。一般情况下可以不考虑这种影响。但是如果需要非常精确地估算顺磁成分，比较可行的方法是首先应用 CBD（柠檬酸钠-碳酸氢钠-连二亚硫酸钠）溶液把 Fe^{3+} 的铁氧化物溶解，之后的高场磁化率才能真正代表顺磁性质的贡献。

与高场磁化率对应的是低场磁化率，也就是通常磁化率仪所测量的值（χ_{bulk}）。它包含两部分：亚铁磁性磁化率（χ_{ferri}）以及顺磁性磁化率（χ_{para}）。因此，可以通过扣除顺磁成分来估算亚铁磁性矿物对样品磁化率的贡献，即 $\chi_{\text{ferri}} = \chi_{\text{bulk}} - \chi_{\text{para}}$。

顺磁性物质的磁化率比较小，比如中国黄土的顺磁性磁化率的量级为 $10^{-7}\text{m}^3/\text{kg}$，而且随着深度的变化较小。所以，在考虑大尺度的磁化率变化时，基本不需要做顺磁性磁化率的校正。但是，当考虑频率磁化率百分比时，顺磁性磁化率的影响就不能忽略。

比如，对泥河湾湖相沉积物研究表明，过去湖底经历氧化与还原过程。在还原环境下，亚铁磁性矿物被溶解，而顺磁性物质则不会。于是，可以定义一个参数 $\chi_{\text{bulk}}/\chi_{\text{para}}$（Ao et al.，2010）。如果这个值接近 1，说明样品中亚铁磁性物质含量很低，对应着还原环境。反之，这个值越大，说明亚铁磁性物质的含量越高，对应着氧化环境。

第8章 磁化率概念进四阶

磁化率和温度、频率有关系，这非常好理解。磁化率和外磁场还有关系吗？

这又可以分为两种情况。当外磁场很小的时候，无论是单畴还是多畴，它的磁矩变化可逆，所以大部分仪器都用低场（比如 0.4mT = 4Oe[①]）磁化样品，进行磁化率测量。MPMS 系统一般设置为 0.4mT 这个量级。外磁场再大，磁矩变化可能就变为不可逆。

除了这个原因，我们要对尼尔理论进行一点扩展：

$$\tau = \tau_0 \exp\left[\frac{\mu_0 V M_s H_k}{kT} \times \left(1 - \frac{H_0}{H_k}\right)^2\right]$$

和之前的公式相比较，我们会发现在括号中多了一个小后缀$(1-H_0/H_k)^2$。微观矫顽力 H_k 是 mT 级别，外磁场 H_0 则是 μT 级别，差了好几个数量级。可见，随着 H_0 逐渐增大，沿着 H_0 的方向，τ 会逐渐减小。而在外磁场的反方向，τ 会随着外磁场增大逐渐增大。也就是说，颗粒更加容易平行于 H_0 的方向排列。

外磁场能够影响 SD 颗粒的 τ，而 τ 又和 T_B 正相关，因此，外磁场的改变也能引起 SD 颗粒的解阻温度的改变。具体来讲，随着外磁场的增大，其解阻温度向低温方向移动。对某些大的 SD 颗粒，其解阻温度高于 300K，也就是说需要加热才能让其解阻。可是，加热会影响物质化学稳定性，这可怎么办呢？

我们不妨把外磁场加大一些，当然，肯定不能加到很大，要适当！比如尝试把外磁场从 4Oe 加大到 8Oe。这时候，样品的 T_B 可能就会降到 300K 之下，不用往高温加热，也可以探测到样品的解阻行为。

目前，相对于磁化率的频率和温度特性，对其外磁场特性研究还不够深入。从原理上讲，弛豫时间 τ 也是外磁场和 H_k 的函数，由于不同矿物的 H_k 不同，其磁化率随着 H_0 变化的曲线也不尽相同。因此，可以通过研究 $\kappa\text{-}H$ 曲线来区分一些具有不同矫顽力的矿物行为。MFK 磁化率仪已经拥有了 $\kappa\text{-}H$ 测量方式。

对于铁磁性和亚铁磁性物质（比如单质铁、磁铁矿和磁赤铁矿），其磁化率最高。相较之下，反铁磁性物质（比如赤铁矿和针铁矿）的磁化率则低得多。因此，即使样品中含有很少量的磁铁矿和磁赤铁矿，样品的磁化率也常常受它们控制。这在中国黄土和古土壤中表现得非常明显。黄土高原的古土壤中含有大量的赤铁矿，从绝对含量上来看，赤铁矿才是主导矿物，但是，古土壤的磁化率却是由磁赤铁矿控制。

对于粒径比较大的 SD 磁铁矿，当样品完全均匀氧化成磁赤铁矿时，由于 M_s 的整体降低，其磁化率会降低。但是对于刚好处于 SP/SD 临界值之上的磁铁矿颗粒，当它均匀氧化成磁赤铁矿时，由于弛豫时间减小，它会从 SD 状态变为 SP 状态，反而使磁化率大

---

① 1Oe = 79.5775A/m。

幅度增加。对于粒径很粗的 PSD、MD 颗粒，很难被均匀氧化，一般会在颗粒的表面形成细颗粒的磁赤铁矿膜，这样其整体磁性的变化就会非常复杂。

当磁性矿物的晶格中含有杂质时，其磁化率随着矿物纯度的降低而呈复杂的变化。比如，对于纯的赤铁矿和针铁矿，其磁化率非常低。当晶格中含有微量杂质时（比如铝），其磁化率会随着铝含量的变化而变化（图 8-1）（Jiang et al.，2012）。这涉及两种截然不同的影响。反铁磁性物质的磁化率很低，这是因为相邻两层（A 和 B）Fe^{3+} 的磁矩完全反向，互相抵消。如果掺入一些杂质，并优先替代某一层中的 Fe^{3+}，会使得这两层 Fe^{3+} 的含量不再相等，从而整体上产生磁性。但是，如果 Al^{3+} 在 A 层和 B 层是均匀替代，那么就不会产生额外的磁性。由于 Al^{3+} 没有磁性，反而会产生稀释效应，让整体磁性降低。

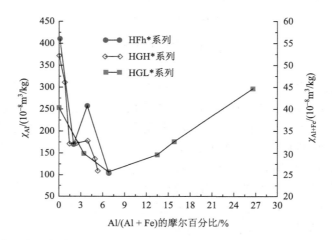

图 8-1　不同序列合成赤铁矿的磁化率随着其晶格中 Al 含量的变化图（Jiang et al.，2012）

有了这个模型基础，我们来看看合成样品的性质。当 Al 的摩尔百分比小于 6%时，含铝赤铁矿（Al-Hm）的磁化率下降，说明 Al^{3+} 在 A 层和 B 层几乎是均匀替代 Fe^{3+}，稀释作用占主导，磁化率下降。之后，Al-Hm 的磁化率随着 Al^{3+} 替代浓度的增加而增加。这说明，Al^{3+} 开始在某一个面优先替代，或者粒径变化发挥作用了，逐渐从 SD 向 SP 转换。

上面的实验没做完，如果 Al^{3+} 的含量继续增加，会出现什么效果？我们考虑一个极端情况，那就是 Fe^{3+} 全部被 Al^{3+} 替代，形成 Al_2O_3，变成无磁性的。所以我们可以断定，随着 Al^{3+} 含量继续增加，磁化率会先达到一个峰值，然后开始下降。

还有一个问题，如果合成 Al-Hm 的化学环境发生变化，上述的磁性行为是否也会变？Al^{3+} 替代 Fe^{3+} 的模式肯定会受到合成环境的影响。不同的合成路径应该会造成不同的影响。如果控制合成条件，让 Al^{3+} 从一开始就在某一层优先替代 Fe^{3+}，那么其磁化率先升后降也是可能的。总之，赤铁矿中的 Fe^{3+} 被 Al^{3+} 替代后，性质变化很大。如果一直抱着纯赤铁矿的眼光来分析地质问题，可能会出现潜在的错误解释。

影响磁化率的因素很多，通过详尽的综合性研究（图 8-2），可以精确地解释其变化机制及影响因素，进而确定相关的地质与环境过程。

首先判断样品的磁化率（χ_{bulk}）是否小于零。如果是，那么样品的磁性就由抗磁性矿

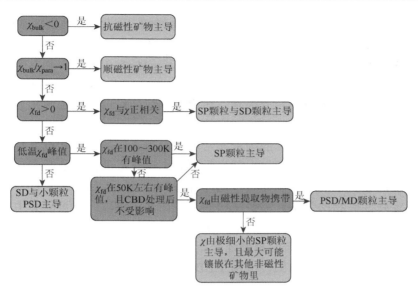

图 8-2　磁化率的解释流程图

物占主导，比如石英、碳酸钙等。这种情况一般比较少见。但是对于石笋和珊瑚等材料，研究其磁化率就得多加小心。

如果样品的磁化率大于零，下一步要进行幅值判断。通常把样品的磁化率与样品的顺磁性磁化率进行归一化（χ_{bulk}/χ_{para}）。如果这个值接近 1，说明样品的磁化率主要受顺磁性矿物控制，铁磁性矿物的含量很少。值得注意的是，χ_{para} 一般由磁滞回线的高场线性部分拟合获得。样品中反铁磁性矿物（比如针铁矿）在高场一般也不会饱和，从而会使得 χ_{para} 值偏大。可以通过 CBD 处理前后样品的 χ_{para} 来估算反铁磁性矿物对 χ_{para} 的影响。

如果 $\chi_{bulk}/\chi_{para} > 1$，说明样品中含有铁磁性矿物。接下来可以通过更详细的实验来确定铁磁性矿物的磁畴状态。如果 $\chi_{fd} > 0$，且 χ 与 χ_{fd} 正相关，说明 χ 受到纳米颗粒的控制。如果 χ 与 χ_{fd} 不相关，说明样品中纳米颗粒的含量不够高，样品的磁化率主要受到 PSD/MD 颗粒的控制。

如果 $\chi_{fd} = 0$ 或者 χ_{fd} 很小，可能对应着两种截然不同的情况。第一种情况这可能暗示着样品中不含有 SP 颗粒，而以大颗粒占主导，这些大颗粒不具有磁化率频率特性。第二种情况是样品中所含的 SP 颗粒粒径很小，在室温也不具有频率特性。低温测量可以进一步区分这两种结果。

如果频率磁化率曲线在低温出现峰值，也就是对应着解阻行为，暗示着确实存在小粒径的 SP 颗粒，其解阻温度小于室温。值得注意的是，如果 χ_{fd} 的峰值出现在 50K，还需要排除 MD 颗粒的干扰。相比 SP 颗粒，MD 颗粒更易于被磁铁吸出来。去除 MD 颗粒后，如果 χ_{fd} 在 50K 的峰值消失，说明这个 χ_{fd} 峰值主要由 MD 颗粒引起。还可以应用 CBD 处理技术来区分 SP 颗粒和 MD 颗粒的性质。

磁化率除了本身可以作为磁学参数外，还可以与其他参数配对提供更多的信息。应用最多的是 χ 与 χ_{ARM} 的比值（与之相关的是 King 图）。χ/χ_{ARM} 在 SD 区间达到最小值（约

0.09)，在向更小或者更大的粒径区间展布时，又会增加。因此，整体上随着粒径的增加，χ/χ_{ARM} 呈 M 形分布。除此之外，还有$\chi_{ARM}/SIRM$、$SIRM/\chi$、χ/M_s 等比值参数。其中，χ/M_s 常用来衡量 SP 的贡献。对于大颗粒的磁铁矿，其$\chi/M_s < 10^{-5} m/A$，当这个比值比较大时，暗示着样品中存在大量的 SP 成分。在环境磁学研究中，综合运用这些比值参数，往往能得到有用的磁性颗粒的粒度信息，而磁性颗粒的粒度常常是与地质和环境过程密切相关的。

以上讨论表明，影响磁化率的因素非常多。对于不同的地质和气候环境，磁化率的变化机制也不尽相同。实际工作中首先需要确定磁化率的主要贡献者，最常用的手段是磁化率随温度变化的高低温曲线，通过各种特征点（包括各种磁性转换点和居里温度）来判定磁性矿物的类型。需要注意的是，在高温阶段，有可能会生成新的磁性矿物。此时，可以利用逐步加热曲线来确定磁性矿物转化的温度点。这样还可以识别在 T_C 前的磁化率峰到底是霍普金森峰还是新生成的磁性矿物引起的。与之配套的还有一些前期处理样品的手段。比如，应用 CBD 方法分离仅由 Fe^{3+} 构成的铁氧化物（主要是磁赤铁矿、赤铁矿、针铁矿）与粗颗粒磁铁矿贡献。此外，还可以通过筛选和重力分异等方法把样品首先分为不同的粒级组分，然后衡量每一组分对整个样品的磁性贡献。

当把磁化率的变化与具体的地质和环境过程相联系时，需要知道背景值信息。比如，在某一自然沉积物剖面，如果发现磁化率在某一深度向上突然增加，这既可以解释为上覆沉积物中磁性矿物含量增加（比如中国黄土/古土壤序列），又可以解释为下伏沉积物中磁性矿物被溶解（比如近海岸表层海洋沉积物）。下面通过实例简要探讨如何应用磁化率变化特征来获取陆相和海相沉积物记录的地质、环境过程的信息。

黄土在全球范围内广泛分布，其中最为著名的是中国的黄土/古土壤序列。在冰期时，冬季风搬运来大量粉尘物质，在黄土高原沉积下来，形成黄土层；在间冰期时，粉尘输入减少，同时夏季风带来丰富的降雨，形成土壤层。因此，在冰期-间冰期旋回的时间尺度上，形成黄土/古土壤的交互序列。前人研究表明，简单的磁化率测量就可以分辨出这种黄土/古土壤韵律。经成土作用，古土壤中形成大量的 SP/SD 磁赤铁矿，使得古土壤的磁化率显著升高。由于应用了磁化率作为东亚夏季风的替代指标，极大地推动了中国黄土古气候的研究。通过黄土/古土壤序列的磁化率和深海氧同位素记录的对比，开辟了海陆气候耦合研究的新途径，使得中国黄土在全球气候变化研究领域占有举足轻重的地位。然而，在世界其他地区（比如西伯利亚、阿拉斯加、阿根廷等），古土壤的磁化率不仅不升高，反而降低。在西伯利亚、阿拉斯加地区，磁化率的变化主要受到冬季风强弱控制。当冬季风较强时，搬运来的碎屑磁性矿物粒径较大，因而磁化率较高（图 8-3）（Liu et al.，2001）。而在阿根廷地区，古土壤的低磁化率特征则是由于暖期的大量降雨导致溶解作用占主导，使得整体磁性减弱。

磁化率在海相沉积物研究中也被广泛应用，是大洋钻探计划（ODP 和 IODP）科考船上的必测参数之一。在北太平洋地区，由于缺少构建氧同位素曲线的物质，Tiedemann 和 Haug（1995）把磁化率作为冰筏物含量的替代指标，并进一步进行了轨道调谐，从而得

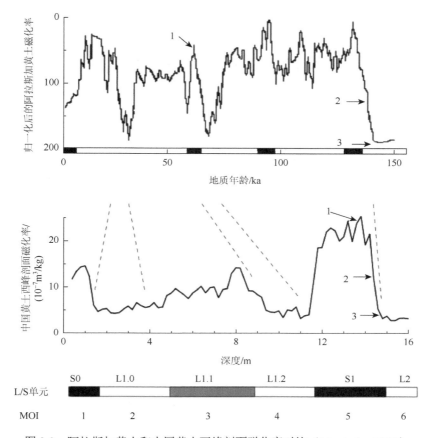

图 8-3　阿拉斯加黄土和中国黄土西峰剖面磁化率对比（Liu et al.，2001）

出比较合理的时间标尺。在地中海地区，大量的粉尘物质来源于撒哈拉沙漠地区。Larrasoaña 等（2003a）发现在该地区磁化率可以作为粉尘物质含量的替代指标。Rohling 等（2008）则发现红海沉积物中记录的$\delta^{18}O_{ruber}$（海平面记录）与南极冰盖记录变化一致，而磁化率的变化（内陆粉尘的替代指标）则与北极冰盖记录一致，直接对比两种记录发现了海平面变化与内陆粉尘（局部气候，或者与季风相关）存在着相位差。Brachfeld 和 Hammer（2006）成功地应用高场顺磁性磁化率来研究海洋沉积物中生物成因物质的含量变化。然而，海相沉积物的磁化率实际也受到多种因素控制，比如，物源磁性矿物的种类和含量、自生磁性矿物的种类和含量、磁性矿物的保存程度，以及生物成因的抗磁性物质（如碳酸盐）的稀释作用。

　　除了以上的例子，磁化率还在其他地质环境领域被广泛应用。比如，湖相沉积物的地层对比和古环境重建、油气田上方的油烟囱、海相地质填图、城市污染示踪等。但不同环境或不同的地质过程对磁化率有着十分复杂的影响作用。总之，磁化率并非一个简单的磁学参数，它是多种因素共同作用的综合信息，正确解释磁化率的变化机制必须建立在对相关环境与地质过程正确理解的基础上。

第 9 章　磁化率概念进五阶

之前我们对磁化率的定义都是在一维空间，也就是 M 沿着外磁场方向的变化。现在我们要把磁化率的概念进一步进阶。

对磁化率更为精确的解释需要引入张量的概念。对于一块样品，在不同方向上测量的磁化率值不一样，这叫作磁化率各向异性，而且在一个方向上加场，会引起其他方向上 M 的变化，这就较为复杂了。

磁化强度和外磁场强度这两个矢量之间的线性关系可以用二阶张量来表示。

$$M_i = \chi_{ij}H_j$$

其中，磁化率矩阵为 $\chi = \begin{bmatrix} \chi_{11} & \chi_{12} & \chi_{13} \\ \chi_{21} & \chi_{22} & \chi_{23} \\ \chi_{31} & \chi_{32} & \chi_{33} \end{bmatrix}$，$j$ 代表外磁场方向，i 代表三个正交矢量方向（ X_1、X_2、X_3），χ_{11}、χ_{22} 和 χ_{33} 是外磁场在（ X_1、X_2、X_3 ）方向上沿着这三个方向的磁化率。而 χ_{ij} 则表示在一个方向加场，可以在三个正交方向产生磁化率。

该矩阵中含有 6 个独立矩阵元素。因此，只要有 6 个独立方向的磁化率测量就可以得到这 6 个矩阵元素。为了提高测量精度以及得到误差分析，通常要测量 15 个方向的磁化率（图 9-1）。

我们用右手螺旋法则来定义三个正交方向。

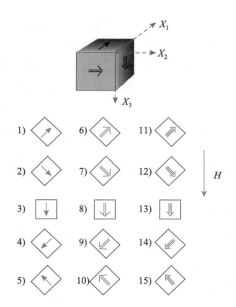

图 9-1　测量磁化率各向异性的 15 步实验设置图

在早期没有自动化旋转磁化率仪时，上述 15 步实验设置是最为标准的 AMS 测量方式（图 9-1），我们需要手动调节样品的位置，较为费时耗力。现在的磁化率仪都有了自动旋转设置，测量 AMS 就方便多了。

通过磁化率矩阵，可以求相应的磁化率特征向量和特征值（K_{max}、K_{int} 和 K_{min}）。从而磁化率的二阶张量（磁化率各向异性）可以用磁化率椭球来表示（图 9-2）。为了描述磁化率椭球的空间形态，前人研究定义了诸多的参数（表 9-1）。

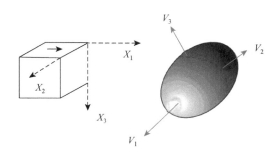

图 9-2　一个样品的坐标系统及相应的 AMS 磁化率椭球（其中 V 代表特征向量）

表 9-1　磁化率椭球主要参数总结表*

参数	公式
特征值对数（Jelinek，1981）	$\eta_1 = \ln \tau_1$；$\eta_2 = \ln \tau_2$；$\eta_3 = \ln \tau_3$
平均磁化率对数（Jelinek，1981）	$\bar{\eta} = (\eta_1 + \eta_2 + \eta_3) / 3$
各向异性度（Nagata，1961）	$P = \tau_1 / \tau_3$
校正后的各向异性度（Jelinek，1981）	$P' = \exp \sqrt{2[(\eta_1 - \bar{\eta})^2 + (\eta_2 - \bar{\eta})^2 + (\eta_3 - \bar{\eta})^2]}$
形状因子（Jelinek，1981）	$T = (2\eta_2 - \eta_1 - \eta_3)/(\eta_1 - \eta_3)$
磁线理（Balsley and Buddington，1960）	$L = \tau_1 / \tau_2$
磁面理（Stacey，1960）	$F = \tau_2 / \tau_3$
磁线理对数（Woodcock，1977）	$L' = \ln L$
磁面理对数（Woodcock，1977）	$F' = \ln F$

*其中 τ 代表磁化率特征值。

这里我们需要特别澄清磁线理和磁面理只是一个比值，没有方向的概念。如果想表达磁化率长轴和短轴的方位信息，我们要用磁化率长轴（或者短轴）的倾角和偏角来表示。这个错误初学者经常会犯，要引起注意。

磁化率椭球的形状可以分为三种：三轴（triaxial）、针状（prolate）和饼状（oblate）。如果磁化率的椭球可以清晰地定义三个特征方向，我们称这种椭球为三轴椭球（$T = 0$，T 为形状因子）；如果长轴方向可以定义，短轴不定向，这种椭球为针状椭球（$-1 < T < 0$）；如果其长轴无法定义，而短轴有明确的方向，这种椭球为饼状椭球（$0 < T < 1$）（图 9-3）。

因为 SD 和 MD 颗粒具有完全不同的磁化率各向异性。相同的排列方式可以造成完全相反的结果。如图 9-4 所示，SD 颗粒的长轴（磁化率短轴）沿着 Z 轴定向排列，此时，磁化率椭球的短轴就沿着垂直方向分布，而长轴方向则无法定义，因此，对于这种分布的 SD 颗粒，会产生一个饼状椭球。如果把 SD 颗粒换成 MD 颗粒，其磁化率长轴（颗粒的长轴）沿着垂直方向分布，而短轴无法定向，此时的磁化率椭球为针状。

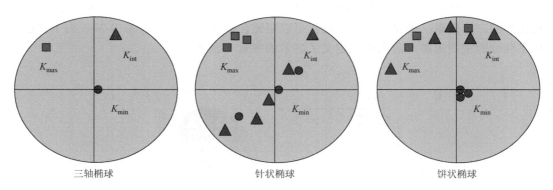

图 9-3 磁化率椭球的三种基本形状及其特征向量下半平面投影图

K_{max}（■）、K_{min}（●）以及 K_{int}（▲）分别代表其最大轴、最小轴和中间轴

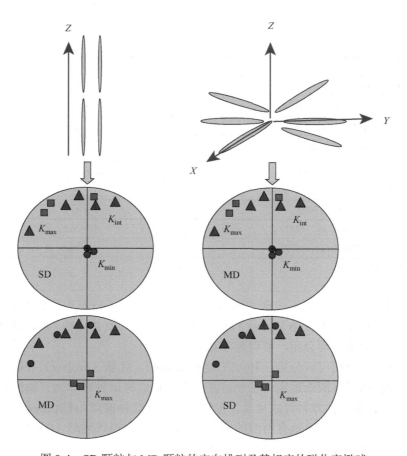

图 9-4 SD 颗粒与 MD 颗粒的定向排列及其相应的磁化率椭球

如果 SD 颗粒的长轴沿着水平面均匀分布，此时其短轴，也就是磁化率的长轴统一沿着垂直方向分布，而短轴无定向，对应的磁化率椭球为针状。如果是 MD 颗粒，则对应着饼状。

通过以上分析可知，磁化率椭球的长短轴与磁性颗粒的长短轴分布密切相关，而后者与造成磁性颗粒定向排列的各种地质过程相关。因此，磁化率各向异性可以被用来研究相关的地质过程，比如水流方向、熔岩流流动方向、压力方向等。正是因为磁化率各向异性的存在，在研究古地磁数据时，比如对于瓦片等考古材料（具有非常强的磁化率各向异性），需要考虑进行磁化率各向异性的校正。

第 10 章 AMS 应用

对于 AMS 椭球，初学者最难判断的就是根据投影图来判断 AMS 的形状与方位。我们再复习一下，如果短轴（圆圈）扎堆，长轴无定向，这就是一个典型的饼状椭球。如果长轴（方框）扎堆，短轴无定向，这就是典型的针状椭球（图 10-1）。

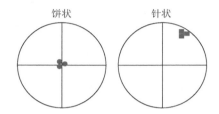

图 10-1 饼状椭球和针状椭球的赤平投影示意图

我们再来看几个复杂一点的情形（图 10-2）。对于第一列（图 10-2a、e），长轴有非常清晰的定向，而中间轴和短轴形成一个马鞍形，没有定向，所以这是一个较为典型的针状椭球。对于第二列（图 10-2b、f），短轴集中在中心（倾角为 90°），而长轴和中间轴在水平面（倾角为 0°）随机分布，这就是一个典型的饼状椭球。对于第三列（图 10-2c、g），三个轴好像可以分开，这个 AMS 椭球相对模糊，属于三轴椭球和针状椭球之间的过渡情形。第四列（图 10-2d、h）则是典型的三轴椭球，三个轴都非常清晰地各自扎堆。

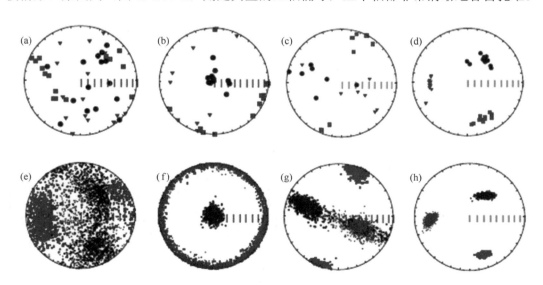

图 10-2 典型的磁化率各向异性分布特征

在 *T-P* 图中（图 10-3），*Y* 轴是形状因子 *T*，*T* = 0 代表着三轴椭球，0<*T*<1 代表着饼状椭球，−1<*T*<0 则代表着针状椭球。非常清晰，一目了然。*X* 轴则是各向异性度 *P*，比如在针状椭球区，*P* 越大，表示拉长越明显。图中有一些数据，当 *P* 较小时，AMS 椭球是针状，可是随着 *P* 的增大，AMS 椭球的形状逐渐向饼状转化。可以想象一种情形，我们把一个橄榄球沿着长轴进行压缩，慢慢地就会把这个拉长的形状压成一个大饼。可见这种 *T-P* 图可以很好地展示 AMS 变化的动态过程。

当原始的大饼状磁组构受到后期构造应力作用时，在 *T-P* 图上会表现出系统的变化（图 10-3）。比如，*T* 和 *P* 先减小，然后再变大。这种模式可以被用来指示构造应力影响。

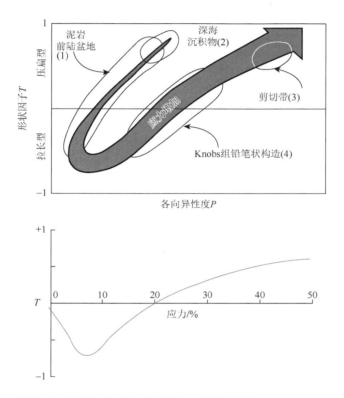

图 10-3　原始沉积磁组构受到构造应力作用时的变化路径（Parés et al.，2004）

在自然界中，PSD/MD 颗粒在沉积的时候长轴往往在水平面上，短轴在垂直面上。比如，你手中有一个烧饼，掉落在地上，肯定是长轴水平放置。这就会形成一个典型的饼状沉积磁组构。此时长轴 K_1 的倾角很小，而短轴 K_3 的倾角则接近 90°。如果 K_1 的倾角变为高角度，比如 80°，这代表着什么？一般情况下，这代表沉积物后期可能受到了较为强烈的扰动。这个性质非常有用，是我们判断沉积物受到扰动的强有力证据之一。

初学者还经常会区分不清楚 AMS 长轴的倾角和古地磁倾角，认为二者应该——对应才对。我们在这里重点强调一下，这两个方向完全不同，没有必然的联系。别忘记了，*M* 和颗粒物理长轴之间是可以有夹角的。可是如果我们同时测量一个剖面的 AMS 长轴与短轴的倾角和古地磁倾角，就可以判断古地磁的倾角异常是扰动造成的，还是真正的地磁事件造成的。比如，我们把这种研究思路应用于中国黄土。中国黄土确实能够记录一些古地磁事件，但是也常常受到各种扰动形成古地磁倾角异常。如果古地磁倾角异常对应着 AMS 长轴高角度异常，这就说明前者可能受到了地层扰动的影响，而不是真正的古地磁事件。

　　上面提及长轴 K_1 和短轴 K_3 倾角的应用。K_1 的偏角（K_1-Dec）有什么用处吗？K_1-Dec 的用处更大，因为它代表着磁性颗粒受到某种地质作用进行了定向排列。对于河流沉积物，K_1-Dec 可能代表着河流的方向；对于中国黄土，K_1-Dec 可能代表着冬季风的方向；对于熔岩流，K_1-Dec 可能代表着熔岩流的流动方向。我们必须指出，熔岩流在流动过程中确实能够使磁性颗粒沿着熔岩流的方向定向排列。但是在熔岩流的边部和最前端，熔岩流会向下流动，此时 AMS 的结果会凌乱。

第 11 章　磁滞回线——SD 颗粒

对于铁磁性物质，其初始磁化强度（M）为零，在外磁场（H）激发下会发生磁化现象。当场足够大时，其磁化强度达到饱和（M_s），使得磁化强度达到饱和时的临界场称之为饱和场（H_{sat}）。此时逐渐减小外磁场，M 并不沿着初始的磁化曲线减小，而是滞后于外磁场的变化，称之为磁滞（hysteresis）现象。如果让外磁场在 $+H$ 和 $-H$ 之间做周期性变化，$M\text{-}H$ 曲线就是一条闭合的曲线，称之为磁滞回线（hysteresis loop）。

与磁滞现象相对应的叫作非磁滞（anhysteresis）现象，也就是场可以加得很大，场去掉，$M=0$。看起来，顺磁性物质就具有典型的非磁滞行为。SP 颗粒也具有这种性质。

由于 M 和 H 不同步变化，当 $H=0$ 时，M 却不为零，这个遗留的磁化强度叫作剩磁（M_r）。正是因为有剩磁的存在，磁性颗粒在被地磁场磁化后，才可以保留和当时地磁场相关的信息。如果磁性颗粒都是顺磁或超顺磁行为，肯定无法进行古地磁研究了。

通过磁滞回线的测量，可以得到诸多磁学参数，包括饱和磁化强度（M_s）、饱和等温剩磁（M_{rs}）、矫顽力（H_c 或 B_c）、初始磁化率和高场顺磁性磁化率等。磁滞回线的形态与磁性颗粒的磁畴状态和矿物类型等密切相关。

我们先看最简单的 SD 颗粒的磁滞回线。

对于拉长型的 SD 颗粒，其长轴就是易磁化轴。我们沿着长轴来加场，让 M 平行于长轴，此时就是饱和状态（M_s），因为 M 不会随着 H 增大而增大（图 11-1a、b）。由于有 H_k 的影响，我们逐渐减小 H 到零，M 还会保持其饱和状态，所以此时的剩磁与 M_s 相等：$M_r=M_s$。然后我们反向加场，直到 $H=-H_k$ 时，M 就会 180° 反向排列，达到反向饱和状态。之后我们再正向加场，当 $H=H_k$ 时，M 又会 180° 偏转回正向状态，从而整体形成一个矩形回路。这种矩形的磁滞回线并不多见，一旦出现说明磁性颗粒很可能是排列较好的拉长型 SD 颗粒，而且加场方向应该平行于它们的长轴方向。

垂直方向的短轴是难磁化轴，也就是说 M 在这个方向不容易维持，如果没有外磁场，受到能量最小化原理控制，M 就会偏转向易磁化轴，从而在短轴方向的 M 分量为零。所以，我们看到的所谓磁滞回线就显得非常单薄。实际上就是没有磁滞行为，剩磁也为零（图 11-1c、d）。

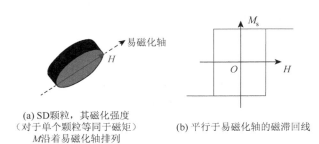

(a) SD颗粒，其磁化强度
（对于单个颗粒等同于磁矩）
M 沿着易磁化轴排列

(b) 平行于易磁化轴的磁滞回线

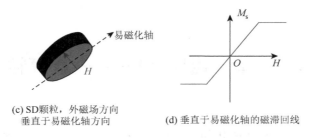

(c) SD颗粒，外磁场方向
垂直于易磁化轴方向

(d) 垂直于易磁化轴的磁滞回线

图 11-1　SD 颗粒的磁滞行为

如果有很多拉长型的 SD 颗粒，它们的长轴在空间中随机分布，这时候，我们通过空间积分的方式得到的是如图 11-2 所示的这种典型的磁滞回线。此时，$M_r = 0.5M_s$，$H_c = 0.5H_k$。

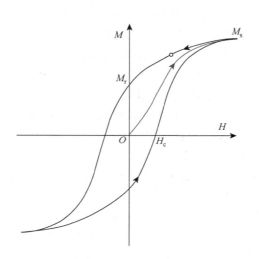

图 11-2　自然样品的典型磁滞回线（Hu et al.，2018）

目前可以观测到没有剩磁的三种情况是：顺磁性物质、超顺磁性物质及沿着拉长型 SD 颗粒的短轴磁化，对应的矫顽力为零。

图 11-3 展示了一组对定向排列的趋磁细菌在不同方向测量的磁滞回线。趋磁细菌体内含有呈链状分布的纳米级磁小体（磁铁矿）。整体上，这些链状分布的磁小体等效于一个拉长型具有单轴各向异性的 SD 磁铁矿。磁小体的排列方向就是其易磁化轴方向。在外磁场作用下，这些趋磁细菌会定向排列，从而整个样品具有明显的各向异性特征。平行于趋磁细菌的排列方向，其磁滞回线类似于一个矩形，具有最大的矫顽力。在垂直方向，其矫顽力最小（Li et al.，2013）。

实测的定向排列磁小体磁滞回线与真正的矩形磁滞回线还存在差别，这种差别主要来源于趋磁细菌的非完全定向排列。即便如此，该研究能够反映出具有单轴各向异性的颗粒，在不同测量方向上磁滞回线的特征。

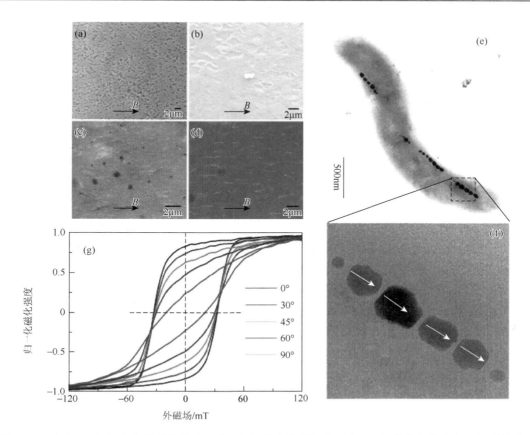

图 11-3　（a）～（d）定向排列的趋磁细菌；（e）单个趋磁细菌形态；（f）趋磁细菌内定向排列的磁小
体；（g）沿着定向排列的趋磁细菌不同方向测量的磁滞回线（Li et al.，2013）（后附彩图）

（a）～（d）中的箭头指向外磁场方向，（f）中的箭头指向磁小体的磁化强度方向；（g）中的角度为测量方向与定向排列方
向夹角的大小

　　除了磁化率，矫顽力也和颗粒的大小密切相关。SP 颗粒的矫顽力为零，SD 颗粒的
矫顽力最高。对于球形的 SD 磁铁矿颗粒，其矫顽力约为 20mT，拉长型的 SD 颗粒，其
矫顽力大于 20mT。跨越 SD 颗粒后，磁畴状态逐渐向涡旋状态及 PSD/MD 转化，矫顽力
会随着粒径的增大逐渐减小到几毫特斯拉。

　　可见，矫顽力这个参数也可以被用来研究磁畴状态，进而推断磁性颗粒的大小。比
如我们研究一个剖面，从上往下，样品的矫顽力逐渐减小，这到底代表着什么？

　　首先我们必须要判断 SP 颗粒是否存在显著影响。可以通过测量频率磁化率，以及
CBD 处理等方式达到这一目的。如果发现 SP 颗粒影响不明显，那么就符合矫顽力减小，
磁性颗粒的粒径会增大这个规律。如果 SP 颗粒含量很多，就属于 SD + SP 的组合模式，
SP 颗粒含量越高，矫顽力也就越低。

　　自然界中经常会有几种磁性矿物的组合，最为典型的就是高矫顽力矿物和低矫顽力
矿物组合，这种组合方式会产生一种叫作细腰（wasp-waist）型的磁滞回线（图 11-4）。
比如 SP + SD 组合、磁铁矿和赤铁矿的组合等。

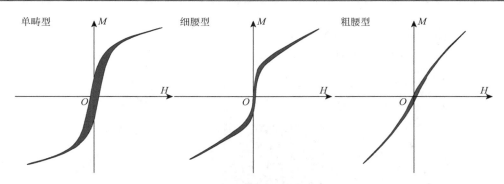

图 11-4　不同的磁滞回线形状

　　这是因为当具有不同矫顽力的磁性矿物混合时，在低场和高场，这些矿物的贡献不一致。比如，在低场，SP 颗粒和 MD 颗粒对场的变化反应敏感，而在高场，SD 颗粒的贡献会逐渐加强，整体造成细腰型的磁滞回线。

　　矫顽力的不同既可以由粒径变化引起，也可以由矿物种类的变化引起。一般来说，反铁磁性矿物的矫顽力比铁磁性矿物的要大。因此，当混合赤铁矿和磁铁矿时，也会造成细腰型的磁滞回线。值得注意的是，和 SD + SP 磁铁矿混合颗粒相比，赤铁矿和磁铁矿的混合颗粒具有更高的矫顽力。

第 12 章　磁滞回线——SP 颗粒与 MD 颗粒

由于热能足够大，SD 颗粒能够克服能垒，其 M 可自由偏转，从而变为 SP 状态，其矫顽力和剩磁矫顽力均为零。

其归一化 M-H 曲线服从朗之万方程

$$M(H_0, T) = M_{\mathrm{s}}L(\alpha) = M_{\mathrm{s}}[\coth(\alpha)-1/\alpha] \tag{12-1}$$

其中，$\alpha = \dfrac{\mu_0 V M_{\mathrm{s}} H}{kT}$。

当外磁场很小时，$L(\alpha) = \dfrac{\alpha}{3}$，于是

$$M = \frac{\mu_0 V M_{\mathrm{s}}^2 H}{3kT} \tag{12-2}$$

可见对于 SP 颗粒的初始磁化率为

$$\frac{\mathrm{d}M}{\mathrm{d}H} = \frac{\mu_0 V M_{\mathrm{s}}^2}{3kT} \tag{12-3}$$

对于单一粒径的 SP 颗粒，随着温度升高，其磁化率值降低。当 SP 颗粒的粒径增大时，SP 颗粒的磁化率和其体积成正比。因此，粒径比较大的 SP 颗粒对样品的磁化率贡献最大。对于很小的 SP 颗粒（比如几纳米），在室温，即使存在于样品中，其对磁化率的贡献也很小。只有降低温度，其作用才能逐渐凸显。因此，低温（$T<300\mathrm{K}$）技术能有效地检测小粒径 SP 颗粒。因为 SP 颗粒的磁化率曲线服从朗之万方程，所以把 SD 颗粒解阻后，测量它的磁滞回线，通过拟合朗之万方程，就可以获得 SP/SD 颗粒的体积。

我们需要注意到，SP 颗粒和顺磁性颗粒的区别在于，SP 颗粒的 M-H 曲线符合朗之万方程，和 SD 颗粒一样，M 能够被饱和（图 12-1）。而顺磁性颗粒的 M-H 曲线就是一条过原点的直线（图 1-1）。

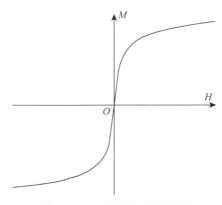

图 12-1　SP 颗粒的磁滞回线

现在我们再考察一下 MD 颗粒的磁滞回线。MD 颗粒与 SP 颗粒具有外形相似的磁滞回线，但是其机制完全不同（图 12-2）。MD 颗粒的矫顽力很小，这就暗示着它的磁滞回线非常狭窄，但是绝对不像 SP 颗粒那样矫顽力为零。SP 颗粒其正向场和反向场的磁滞回线完全重合。而 MD 颗粒的正向和反向磁滞回线不重合，具有较小的矫顽力。对于大颗粒 MD 磁铁矿，其矫顽力一般小于十几毫特斯拉。与 SD 颗粒不同，MD 颗粒主要通过磁畴壁的移动来改变其磁化状态。以两磁畴颗粒为例（图 12-3），图 12-3a 中两磁畴颗粒的整体磁化强度为零；图 12-3b 是在外磁场（方向向上）作用下，磁畴壁向右移动，和外磁场方向相同的磁畴体积增大，整体磁化强度增大。玫红色线代表磁畴壁的初始平衡位置；图 12-3c 是去掉外磁场后，磁畴壁向左移动，但是不会返回到初始的平衡位置，从而整体上获得一个弱剩磁。因此，两磁畴颗粒在无外磁场的均衡状态下，两个磁畴体积相等，磁化方向刚好相反，整体磁化强度为零。当加入外磁场时，磁畴壁会移动，磁化强度方向与外磁场方向相同的磁畴体积增大，从而整体上磁化强度增加。如果样品中的磁畴变化不大，比如，M_{rs} 和 M_s 完美地线性相关，那么 M_{rs} 和 M_s 都可以用来表示磁性矿物含量的变化。

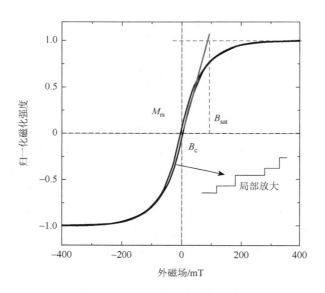

图 12-2   MD 颗粒的磁滞回线

局部放大后可以看到，由于存在巴克豪森（Barkhausen）跳跃现象，MD 颗粒的 M-B 曲线局部特征为台阶状

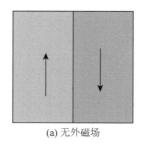
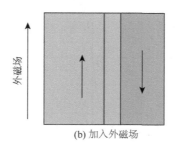
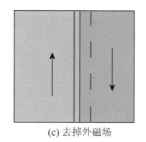

(a) 无外磁场   (b) 加入外磁场   (c) 去掉外磁场

图 12-3   两磁畴颗粒在加入外磁场和去掉外磁场后磁畴体积的变化（后附彩图）

　　多畴颗粒内部经常含有晶格缺陷、空位、微小楔入体等，就类似于我们行军路上碰到的沟沟坎坎，从而对磁畴壁有一定的阻挡作用，这种局部的阻挡力称为 h_c。只有当外磁场克服 h_c 时，磁畴壁才能继续向前运动，直到遇到新的阻挡力。因此，多畴颗粒的磁滞回线在微观上并不平滑。如果我们把 MD 颗粒的 M-H 曲线局部放大，就会发现 M 并不是连续变化，而是像台阶那样一节一节地跳跃，这就是磁畴壁克服局部 h_c 的现象。磁畴壁每一次跳跃，称之为巴克豪森跳跃（图 12-2）。早期物理学家没有设备来真正看到这种微观结构上的变化，但是他们想到了一个绝佳方案，把 M 这种跳跃式的变化转换成电流，然后再转化成声音高低的变化。于是，我们在磁化过程中，就会听到噼噼啪啪的声音，个人断定 M 是阶梯式变化，而不是连续变化。

　　在磁畴壁偏离平衡位置向右移动的过程中，外磁场越大，磁畴壁会克服更高的 h_c，从而偏离平衡位置越远。去除外磁场后，在退磁场的作用下，磁畴壁向左朝初始的平衡位置移动，在返回的路径过程中，会被之前遇到的沟坎阻挡住，从而获得一个较小的剩磁。SD 颗粒改变磁化状态需要旋转其磁化轴，因而具有较高的矫顽力（$B_c > 20\text{mT}$）。对 MD 颗粒而言，由于阻挡磁畴壁移动而造成的矫顽力值远小于 20mT。我们可以预计，外磁场越大，磁畴壁移动的路程越远，去除外磁场后，越可能被更大的沟沟坎坎拦截住，所以会停留在离平衡状态更远的地方，从而获得更大的剩磁。

　　图 12-4 对比了 SP、SD、MD 在第一象限内的磁滞回线。对于磁铁矿，无论其处于任何磁畴状态，它们的饱和磁化强度都是一样的。在饱和状态下，所有的磁矩都像一把筷子一样指向同一个方向。当去除外磁场后，这些磁矩就像孔雀开屏，或者像一把扇子在半平面打开，于是通过积分我们就可以得到，SD 颗粒的饱和等温剩磁 M_{rs} 只有 M_s 的一半。SP 颗粒没有剩磁。MD 颗粒虽然有剩磁，但是和 SD 的剩磁比起来，就小得多。

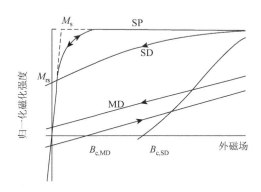

图 12-4　SP、SD 和 MD 颗粒部分磁滞回线对比图

　　自然界样品中含有很多颗粒，为了去除含量的影响，我们通常可以用 M_{rs}/M_s 来衡量磁畴的变化。如果这个比值接近 0.5，说明应该是拉长型的 SD 颗粒占主导。不过，如果这个比值很低，就会出现多解性。这既可以对应着 SP 颗粒含量高，也可以对应着 MD 颗粒含量高。

　　在文献中，我们经常会遇到两种饱和等温剩磁（saturation isothermal remanent mangetization，

SIRM)：一种是通过磁滞回线得到的 M_{rs}，另一种是通过高场直接把样品磁化，获得饱和等温剩磁。如果把 M_{rs} 和 SIRM 做线性相关图，一定会线性相关，但是一般情况下 SIRM 比 M_{rs} 要低。这两种饱和等温剩磁的区别在哪里？

答案是获得方式不同。前者是测量磁滞回线的副产品，加场和测量在同一台仪器上进行。SIRM 则是先磁化，然后放到 JR6 或者超导磁力仪上测量。对于单独一块样品，后者所需要的实验时间要比前者多。我们知道剩磁的携带者中含有 VSP 成分。VSP 携带的剩磁会随着时间衰减。时间越长，衰减得越多。所以在测 SIRM 时，尤其是测量一批样品时，我们常常是先把样品整体磁化，然后再逐个测量，需要时间较长，所以 VSP 颗粒的剩磁就会较为充分地衰减，SIRM 整体值就会偏低。利用振动样品磁强计（VSM）测量磁滞回线所需时间整体偏短，所以 M_{rs} 就会高一些。

事实上，如果用 VSM 把样品饱和磁化，然后测量其 M_{rs} 随着时间的变化，就会得到一条 M_{rs} 随时间的衰减曲线。我们通过 $M_{rs}(t)$ 的衰减行为就可以得出样品中 VSP 颗粒含量的相对变化。可以进一步肯定的是，M_{rs} 的衰减量会和样品的绝对频率磁化率值正相关，因为它们都是衡量 VSP 颗粒含量的参数。

第 13 章　磁滞回线参数

自然样品中单轴（uniaxial）SD（USD）颗粒的易磁化轴会随机排列，该样品的饱和等温剩磁 M_{rs} 和矫顽力 H_c 分别为

$$M_{rs} = 0.5M_s \tag{13-1}$$

$$H_c = 0.985 \frac{K_u}{\mu_0 M_s} \approx 0.5H_k \tag{13-2}$$

如果 SD 颗粒由结晶各向异性主导，其 M_{rs}/M_s 值要偏高

$$M_{rs} = 0.832M_s \qquad (沿着<100>) \tag{13-3}$$

$$M_{rs} = 0.866M_s \qquad (沿着<111>) \tag{13-4}$$

因此，正如前一章所讲，M_{rs}/M_s 是判断 SD 颗粒形态的一个重要指标。如果该比值大于 0.5，说明其形态以球状或者立方体为主；如果该比值约等于 0.5，说明以单轴各向异性占主导，SD 颗粒的形态为拉长型。

与磁滞回线匹配的实验是反向加场退磁测量（图 13-1）。首先让样品达到饱和状态，获得一个 M_{rs}，然后反向加场，使得部分沿正向排列的磁矩反向偏转，从而达到部分退磁的效果。去掉反向场后，测量退磁后的剩磁。然后逐渐增加反向场，反复测量每步的剩磁，从而得到一条完整的反向加场退磁曲线。使样品剩磁达到零的反向场强度叫作剩磁矫顽力（remanent coercivity，H_{cr} 或者 B_{cr}）。

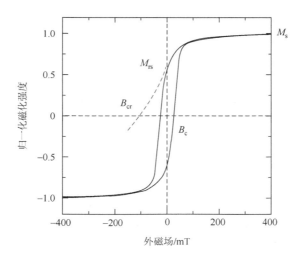

图 13-1　一组定向随机排列 USD 颗粒的磁滞回线

虚线表示反向加场退磁测量曲线

对于 SD 颗粒，其

$$H_{cr} = 1.09 H_c \tag{13-5}$$

为了确定磁性颗粒的磁畴状态，并解决 SP 和 MD 性质的相似性问题，Day 等（1977）提出了一种磁滞参数组合图，称之为 Day 图（图 13-2）。其横轴是剩磁矫顽力和矫顽力的比值（H_{cr}/H_c 或 B_{cr}/B_c），纵轴是饱和等温剩磁和饱和磁化强度的比值（M_{rs}/M_s）。而 SD 颗粒和 MD 颗粒分别位于左上角和右下角，其他区域则没有明确归属。

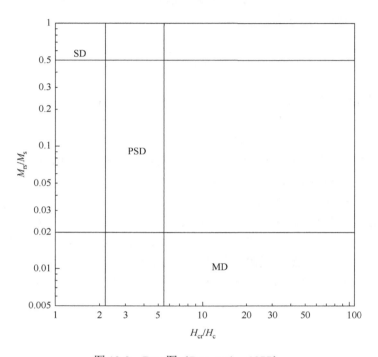

图 13-2　Day 图（Day et al.，1977）

这个图在早期研究非常受欢迎，几乎是每篇古地磁文章的标准配置。可是，传统的 Day 图并没有把 SP 颗粒进行划分，这主要是早期 Day 在研究这些颗粒的时候，没有利用合成实验产生 SP 颗粒，所以也就没有相关的实验数据支持。

实际上 SP 颗粒会对样品的磁滞回线产生重要影响，比如造成细腰型的磁滞回线。同时，虽然 SP 颗粒不贡献剩磁，但是会贡献 M_s。为了解决 SP 颗粒对 Day 图的影响，Dunlop 教授通过理论计算的方式得出了新的 Day 图划分方案。在 Dunlop（2002a）修改后的 Day 图中（图 13-3），$M_{rs}/M_s = 0.5$ 是 USD 颗粒最主要的特征。MD 颗粒携带剩磁的能力很低，一般 $M_{rs}/M_s < 0.02$ 是 MD 颗粒的特征。PSD 颗粒的 M_{rs}/M_s 落在 0.02～0.5 之间。B_{cr}/B_c 的趋势正好和 M_{rs}/M_s 的趋势相反。MD 颗粒的 $B_{cr}/B_c > 5$，而 SD 颗粒的 $B_{cr}/B_c < 2$。新的 Day 图给 SP 颗粒一个明确的归属，对于 SD + SP 的混合物，它们位于 MD 上方的区域。随着 SP 颗粒粒径的增加，会向右上方分布。

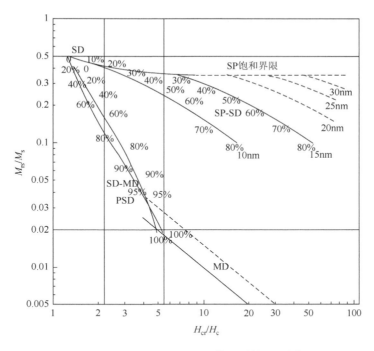

图 13-3　Dunlop（2002a）修正后的 Day 图

　　值得注意的是，Day 图的解释具有多解性。对处于传统 PSD 区间的点，可以对应于真的 PSD 颗粒，也可以对应 SD + MD 以及 SD + SP 的混合物，这就造成了多解性，以至于自然样品大都落在所谓的 PSD 区间，失去了方法的灵敏度。

　　Andrew Roberts 教授 2018 年在《地球物理研究杂志：固体地球》（*Journal of Geophysical Research*：*Solid Earth*）上发表长篇综述文章，对 Day 图的多解性及影响因素进行了非常系统的总结。造成 Day 图多解性的原因非常多，比如磁性矿物组合、磁畴状态组合、氧化度、化学计量纯度以及磁相互作用等（Roberts et al.，2018a）。

　　当具有不同矫顽力的磁性矿物混合时，这些矿物在低场和高场的贡献不一致。比如，在低场，SP 和 MD 颗粒对场的变化反应敏感，而在高场，SD 的贡献会逐渐加强，整体造成细腰型的磁滞回线。这种 SP + SD 混合颗粒，其 M_{rs}/M_s 较高，但是由于矫顽力低，造成较高的 B_{cr}/B_c，在 Day 图上的投影点会向 PSD 右边的区域移动。但是，并不能因此就彻底放弃 Day 图，因为磁学参数本身会受到多因素的影响，只是简单地利用任何磁学方法和参数，都会被多解性所困扰。解决这些问题的关键，还是要多方法协调，把控制因素研究清楚。

　　由于 Day 图采用的是磁滞参数的比值，容易丢失参数绝对值的信息，比如，矫顽力的大小对磁畴状态也非常灵敏。为此，Lisa Tauxe 教授把 Day 图中的横轴换成矫顽力（Tauxe et al.，2002）（图 13-4）。对于磁铁矿，PSD 与 SD 颗粒的临界点为 $B_c = 20\text{mT}$，对应结晶各向异性能占主导的 SD 颗粒（CSD 颗粒）。M_{rs}/M_s 等于 0.5，对应着单轴各向异性能占主导的 SD 颗粒（USD 颗粒）。随着 B_c 的逐渐增大，USD 颗粒的拉长度会逐渐增大。

与 Day 图相比，由于应用了矫顽力的绝对值，此图还可以区分 CSD + SP 和 USD + SP 的混合物。因此，联合应用 Day 图和 M_{rs}/M_s 与 B_c 的相关图，可以获得更多的磁畴信息。

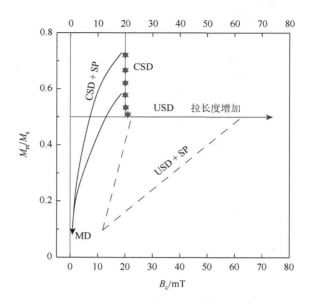

图 13-4　　M_{rs}/M_s 与 B_c 的相关图（Tauxe et al.，2002）

第 14 章　一阶反转曲线图

一阶反转曲线（first-order-reversal-curves，FORC）图是通过测量一系列的部分磁滞回线（反转曲线）得到的（Pike et al.，1999）。对于一条典型的反转曲线，它起始于磁滞回线左半支上的一点 H_a，然后朝着正向逐渐增加外磁场，直到样品再次回到饱和状态。在这条反转路径上的任意一点 H_b 所对应的磁化强度为 $M(H_a, H_b)$（图 14-1）。

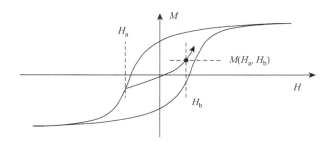

图 14-1　一条典型的磁滞回线及一条反转曲线

这样，就可以设计测量一系列 FORC（图 14-2a），然后通过一组点阵，比如 7×7 点阵（对应于平滑因子 SF = 3）计算每个测量点的二阶导数。对于弱磁性样品，SF 的值可能大于 5。

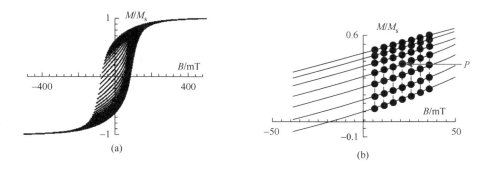

图 14-2　（a）FORC 图的测量方案；（b）通过 7×7（平滑因子 SF = 3）的网格来计算中心点磁化强度的二阶导数

$$\rho(H_a, H_b) = -\frac{\partial^2 M(H_a, H_b)}{\partial H_a \partial H_b} \tag{14-1}$$

然后把 H_a 和 H_b 转换为如下坐标系 $(H_a, H_b) \Rightarrow (H_c, H_u)$，其中

$$H_u = \frac{H_a + H_b}{2} \qquad\qquad (14\text{-}2)$$

$$H_c = \frac{H_b - H_a}{2} \qquad\qquad (14\text{-}3)$$

对于一个独立的单轴各向异性能占主导的 SD 颗粒，其磁滞回线为矩形（图 14-3a）。在这种情况下 $H_a = H_b$。根据式（14-3）可知，H_c 就是其矫顽力。当存在相互作用力时，磁滞回线形状不变，但是不再对称（图 14-3b）。此时，定义的 H_c 还是其矫顽力，而 H_u 则等于磁相互作用力。

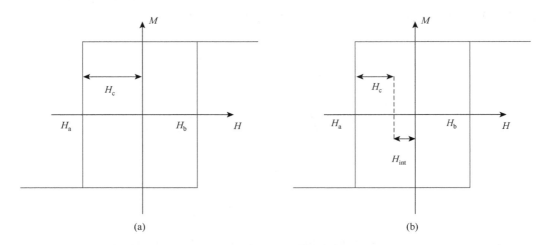

图 14-3　两种不同状态下 SD 颗粒的磁滞回线

首先要了解 H_u 和 H_c 的物理含义。对于一个独立的以单轴各向异性占主导的 SD 颗粒，沿着其易磁化轴方向达到饱和状态，需要让其偏转磁矩达到反向磁化的力为 H_k，也就是其矫顽力 H_c。如果存在着一个磁相互作用力 H_{int}，假设其方向向右。这样在正向磁化时，只需要 $H_k - H_{int}$ 即可。而在反向磁化时，则需要 $H_k + H_{int}$。因此，在这种情况下，其磁滞回线的形状还为矩形，但是其对称轴会向右偏离 H_{int}。可见根据式（14-2）定义的 H_u 就是 H_{int}。对于 FORC 图，在每一个（H_c，H_u）坐标点上的值为 $\rho(H_a, H_b)$，这样就获得了一个完整的 FORC 图。

假设样品中含有一组 SSD 颗粒，具有不同的 H_c 分布，这样在横轴上 FORC 等值线会有展布（图 14-4a）。如果磁性颗粒间具有相互作用，在纵轴上也会有展布，从而形成椭圆状的等值线（图 14-4b）。

对于 SSD 颗粒的 FORC 图，沿着 $H_u = 0$ 做剖面，会得到 H_c 的分布。其峰值定义为 $H_{c, FORC}$，如果沿着 $H_c = H_{c, FORC}$ 做纵向剖面，会得到磁相互作用力的信息。沿着纵向展布越宽，磁相互作用力越大（图 14-4c）。当横轴和纵轴都用 mT 为单位时，其符号变为 B_c 与 B_i。

FORC 图的形状与样品中磁性颗粒的磁畴状态密切相关。当磁相互作用比较弱时，纵轴会被压缩，形成压扁状的椭圆。随着磁相互作用逐渐增大，纵轴会被延展。对于涡旋态颗粒和 MD 颗粒，封闭的 FORC 等值线被左端开口的等值线取代（图 14-4d～f）。

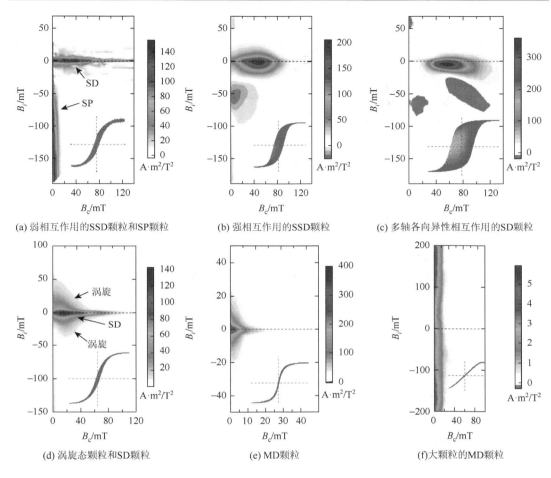

(a) 弱相互作用的SSD颗粒和SP颗粒　　(b) 强相互作用的SSD颗粒　　(c) 多轴各向异性相互作用的SD颗粒

(d) 涡旋态颗粒和SD颗粒　　(e) MD颗粒　　(f) 大颗粒的MD颗粒

图 14-4　不同磁畴状态磁性颗粒的 FORC 图（Roberts et al.，2018b）（后附彩图）

对于反铁磁性矿物，比如赤铁矿，其矫顽力要比铁磁性矿物大，但是饱和等温剩磁比铁磁性矿物低。因此，赤铁矿颗粒之间的磁相互作用很小。其 FORC 图的整体表现为弱相互作用，等值线在纵向压缩，沿着横轴展布（图 14-5a～j）。

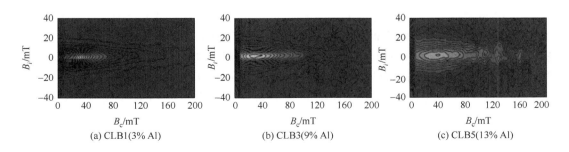

(a) CLB1(3% Al)　　(b) CLB3(9% Al)　　(c) CLB5(13% Al)

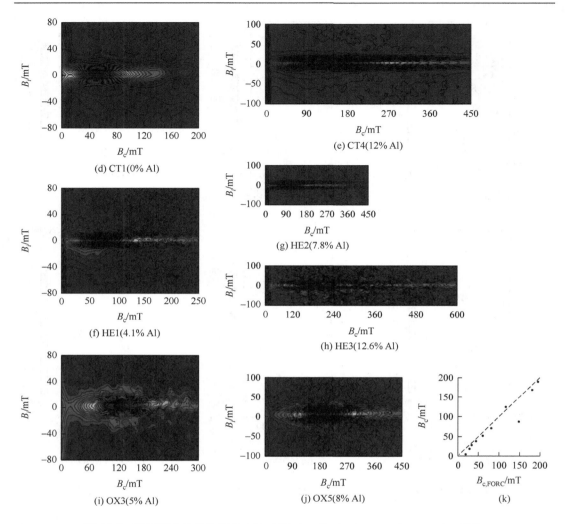

图 14-5　不同铝含量赤铁矿的 FORC 图（a～j）（Roberts et al.，2006），以及
$B_{c,FORC}$ 和样品 B_c 的相互关系图（k）（后附彩图）

虚线代表着线性趋势

　　图 14-5k 展示了含铝赤铁矿 $B_{c,FORC}$ 和样品 B_c 的相互关系。除了个别点，整体上，这两个参数呈线性关系。似乎暗示着 $B_{c,FORC}$ 代表着样品的整体矫顽力。为了进一步厘定 $B_{c,FORC}$ 的物理含义，Li 等（2012）研究了不同趋磁细菌 AMB-1 的磁学性质，发现 $B_{c,FORC}$ 和 B_c 存在着系统的差别，而与 B_{cr} 相当一致（图 14-6），因而推论 $B_{c,FORC}$ 实际上代表着 B_{cr}，而不是 B_c，通过 FORC 横切面得到的矫顽力分布实际为样品的剩磁矫顽力分布。通过公式（13-5）可知，对于 SD 颗粒，其矫顽力和剩磁矫顽力几乎相等。因而图 14-6 所示的线性关系不能说明 $B_{c,FORC}$ 与 B_c 等价。

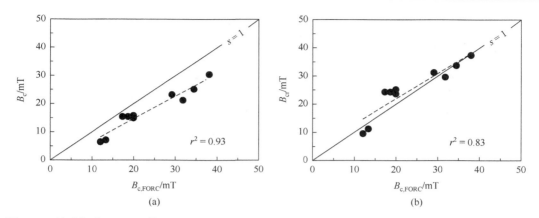

图 14-6　趋磁细菌 AMB-1 的 $B_{c, FORC}$ 和 B_c（a）及 $B_{c, FORC}$ 和 B_{cr}（b）的相互关系图（Li et al.，2012）

在诸多磁性矿物中，针铁矿具有非常高的剩磁矫顽力。图 14-7 展示了具有不同铝含量的针铁矿的 FORC 图。对于纯针铁矿，其矫顽力大于几特斯拉，甚至在大于 60T 的高场里都不能饱和（Rochette et al.，2005）。因此，图 14-7 没有任何针铁矿的信息，因为其剩磁矫顽力分布远远超出上边界。当铝含量增加时，针铁矿的尼尔温度逐渐靠近室温，矫顽力会随之下降，当 Al 含量大于 10%时，其最低剩磁矫顽力已经降到了 300～400mT。即使如此，在 FORC 图中我们也只能观察到一部分等值线，其上边界没有被检测到（图 14-7）。

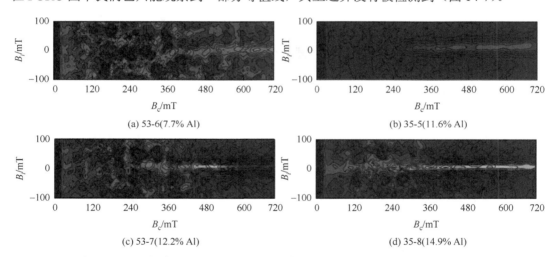

图 14-7　不同铝含量的针铁矿的 FORC 图（Roberts et al.，2006）（后附彩图）

在还原环境中，硫化物广泛存在。其中一类叫作胶黄铁矿，一般粒径在 100nm 到几百纳米，属于 SD 范畴。胶黄铁矿像葡萄一样成团分布，具有较强的磁相互作用，其 FORC图为典型的圆环状，其中心剩磁矫顽力要比 SD 磁铁矿大，一般在 60mT 左右（图 14-8）（Roberts et al.，2011a）。

基于 FORC 图的特性，其主要用于检测样品中磁性颗粒的相互作用、剩磁矫顽力分布及矿物变化。当存在较强的磁相互作用时，岩石磁学参数的解释具有多解性，因此是评价岩石磁学参数（比如非磁滞剩磁和饱和等温剩磁比值）的重要手段。在古地磁场强

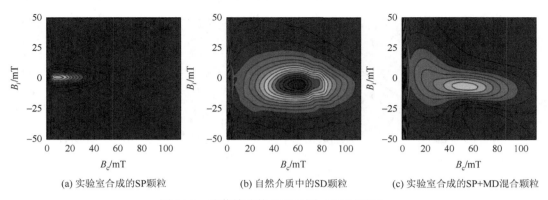

(a) 实验室合成的SP颗粒　　　(b) 自然介质中的SD颗粒　　　(c) 实验室合成的SP+MD混合颗粒

图 14-8　胶黄铁矿的 FORC 图（后附彩图）

度（简称古强度）研究中，样品中磁性矿物的磁畴状态对古强度的结果有很大影响，因此，FORC 图已经被用来遴选适合古地磁场强度研究的样品。Muxworthy 根据 FORC 图提供的磁相互作用和剩磁矫顽力分布信息，发展了一种新的确定地磁场强度的模拟理论（Muxworthy and Heslop，2011；Muxworthy et al.，2011）。

此外，FORC 图还可以和 Day 图联合使用，降低 Day 图解释的多解性。如图 14-9 所示，样品 TF18A 的 M_{rs}/M_s 比值接近 0.5，其 FORC 图为典型的具有磁相互作用的 SD 颗

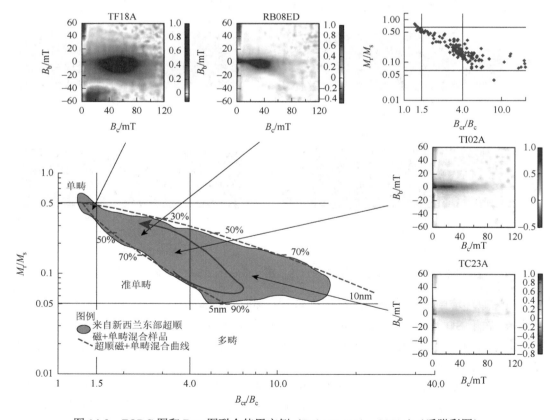

图 14-9　FORC 图和 Day 图联合使用实例（Roberts et al.，2011a）（后附彩图）

粒。因此可以判定样品 TF18A 中的磁性矿物主要为 SD 颗粒。对于样品 RB08ED，在 Day 图中，它落在 PSD 或者 SP + SD 的区间，其 FORC 图不具有 PSD 特征，其中心剩磁矫顽力为 30mT，属于 SD 颗粒范畴，但是同时还具有 SP 特征，因此可以判定为 SP + SD 的混合颗粒，而非 PSD 颗粒（Roberts et al.，2011a）。

第15章 SD 颗粒的热剩磁（TRM）与古地磁场强度

火山岩在降温过程中，其中的磁性颗粒被地磁场磁化，并在其解阻温度 T_B 之下被锁定住。在室温，磁性颗粒的弛豫时间快速增加，所以能够保留较为古老的地磁场信息，包括方向和强度。

对于古地磁场的方向，只要能够通过退磁方法分离出原生特征剩磁（characteristic remanent magnetization，ChRM），我们就可以通过统计方法把古地磁场的倾角和偏角确定下来。可是，对于古地磁场的强度到底如何来确定呢？

对于 SD 颗粒，当温度降低到室温时，它在 T_B 锁定的热剩磁：

$$\text{TRM} = M_{rs}(T_0) \times \left(\frac{\mu_0 V M_s(T_B) H_0}{k T_B} \right) \tag{15-1}$$

其中，T_0 代表室温。

可见，TRM 与外磁场 H_0 成正比。我们把上式简化一下为

$$\text{TRM}_{天然} = A \times H_0 \tag{15-2}$$

在这个简化的式子里，我们可以在实验室测量出天然样品的 TRM，要想求得所对应的古地磁场强度 H_0，我们就不得不先确定这个系数 A，这可不是一件容易的事情。

面对这道难题，当时的古地磁学家另辟新径。他们不是直接去确定系数 A，而是利用 TRM 与 H_0 成正比的关系，在实验室里利用一个已知场 $H_{实验室}$，给样品重新获得一个热剩磁 $\text{TRM}_{实验室}$。于是，我们可以得到

$$\text{TRM}_{实验室} = A \times H_{实验室} \tag{15-3}$$

联合式（15-2）和式（15-3），其中有两个未知数，我们得到

$$H_0 = \frac{\text{TRM}_{天然}}{\text{TRM}_{实验室}} \times H_{实验室} \tag{15-4}$$

大家有没有觉得奇怪，难道求古地磁场强度这么简单啊！

当时科学家利用上面简单的公式，在实验室对几块火山岩做了几步热退实验，就计算出来这块岩石形成时的古地磁场强度。几十年过后，新一代科学家利用更为复杂的实验来确定这些样品的古地磁场强度时，发现原来的值非常准确。

这是一种幸运！因为，用这么简单的方法来确定古地磁场强度，在大部分情况下是行不通的。为什么？

在这个简单的计算过程中，我们假设系数 A 不变，也就是说样品在实验室加热过程中，性质不发生变化，尤其是没有矿物转化。但是，在进行 TRM 实验过程中，样品会被反复加热，保持 A 不变几乎是一件不可能完成的任务。所以，首要的任务就是检测在加热过程中到底有没有发生矿物变化。如果我们只进行一次加热，即使发生了矿物转化，我们也不知道到底是在哪个温度段发生的。想要解决这个问题，stepwise 这个词又出现了。

这就是让人头疼的逐步升温法，就是一小步一小步地由低温向高温进行。

这种工作模式利用了 TRM 的一个重要特点，那就是在不同温度段的部分 TRM（partial TRM，pTRM）相互不干扰。在低温段进行的操作对高温段没有任何干扰（图 15-1）。这到底是什么原因？

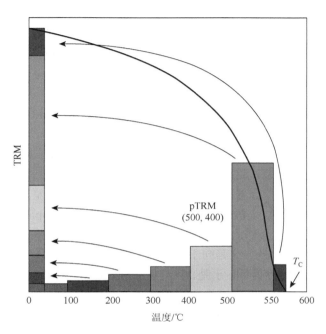

图 15-1　热剩磁的特征示意图

我们知道，磁性颗粒的解阻温度具有分布特征。从高温往低温走，在 T_B 锁定了剩磁。如果想去除这个剩磁，就必须要在零场重新把温度加热到 T_B，然后再降温到室温才可以。这个操作对于温度高于 T_B 之上的信息，完全不起作用。也就是说，不同温度段的信息完全是相互独立的。

举个简单的例子，在 1900 年，一股熔岩流从高温降低到室温，获得了一个 TRM。经过了 100 年，在 2000 年，又一股熔岩流喷发出来，把原来的熔岩流给覆盖住了。新的熔岩流会对下面老的熔岩流再次烘烤，让老熔岩流表面的岩石重新加热。对于老熔岩流来说，重新加热的温度从其上表面到其内部是逐渐降低的。假设在某一个深度，重新加热的温度才 300℃，我们提出一个问题，在这个深度的样品还能记录 1900 年的古地磁场信息吗？

答案是"当然能！"不过，300℃以下的信息记录的是 2000 年的古地磁信息，300℃之上的才是 1900 年的信息。

pTRM 完全独立的本质就是，在不同的温度区间，对应着完全不同的颗粒。基于这个性质，我们就得出 TRM 的另外一个性质——可叠加性：

$$\text{TRM}(T_0, T_C) = \text{pTRM}(T_0, T_1) + \text{pTRM}(T_1, T_2) + \cdots + \text{pTRM}(T_m, T_C) \qquad (15\text{-}5)$$

我们把从室温 T_0 到 T_C 之间获得的 TRM 叫作总 TRM，而在一个小温度区间获得的 TRM 叫作 pTRM。那么如何才能在温度区间(T_1, T_2)获得一个 pTRM(T_1, T_2)？下面这段文字，一定要慢慢读，边读边思考，免得混乱。

在零场下，我们把温度从 T_0 加热到 T_2，开启外磁场 H_0，然后降温，当温度到达 T_1 时，关掉外磁场 H_0，在零场下，把温度一直降到 T_0。我们发现，只在 T_2 到 T_1 之间降温时加外磁场磁化样品，在其他阶段外磁场强度都是零，这样就确保在 (T_1, T_2) 温度区间获得了一个被外磁场 H_0 磁化的 pTRM(T_1, T_2)。这就是经典的 Thellier-Thellier 方法（Thellier E and Thellier O，1959）。

我们能否利用 pTRM(T_1, T_2) 来确定 H_0？这个和利用 TRM 来确定 H_0 的道理完全一致。只不过我们的操作只能用 (T_1, T_2) 温度之间的 pTRM，包括天然剩磁和实验室获得的热剩磁。

$$H_0 = \frac{\mathrm{pTRM}_{天然}(T_1, T_2)}{\mathrm{pTRM}_{实验室}(T_1, T_2)} \times H_{实验室} \tag{15-6}$$

同理，这样的操作可以在任意的温度区间。当然我们喜欢连续的温度区间，这样安排实验较为合理。如果没有任何矿物变化，在任何温度区间获得的 H_0 都是一样的，也就是比值 pTRM$_{天然}(T_m, T_n)$/pTRM$_{实验室}(T_m, T_n)$ 对任何一个温度段都是一样的。

当然，实验总是有误差，这个就可以利用最小二乘法，把各个温度段求得的比值进行最小二乘拟合，得到最为合理的 H_0 估计，而且还能计算出误差。

为了解决这个问题，Arai 教授设计了一种图件，叫作 Arai-plot，这种方法叫作改进的 Thellier-Thellier 方法。具体流程如下：从室温开始，先测量样品的天然剩磁，然后零场加热到 T_1，再降温到室温。这等同于把 (T_0, T_1) 温度区间的部分天然剩磁给退掉了。我们不能浪费 (T_0, T_1) 这个温度区间。于是，我们重新获得一个 pTRM(T_0, T_1)。对于 SD 颗粒，这个操作不会对 T_1 之上的天然剩磁造成影响。

然后开启 stepwise 模式，一直把温度加热到 T_C。这期间到底分为几个温度段，取决于样品的解阻温度谱。这需要先验样品的协助。

我们把每一个温度区间的部分天然剩磁和部分实验室热剩磁相对应，Y 轴是每一步剩下的天然剩磁，X 轴是每一步新获得的实验室热剩磁累加。这样就得到一个反相关曲线图（图15-2a）。这条曲线的斜率乘以 H_0 就是古地磁场强度。理想情况下，这条曲线是一条直线。

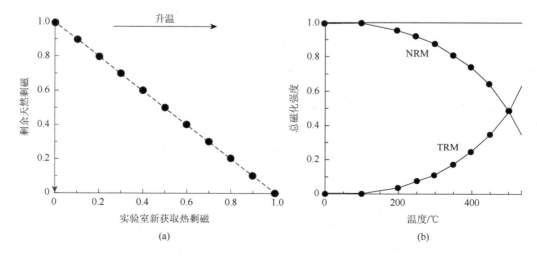

图 15-2　Arai-plot 示意图

在这个实验过程中，科学家又设计出一种 pTRM 检验的方式。比如，当工作到 T_4 时，多加一步实验，重新检查(T_2, T_3)之间的 pTRM。如果在(T_3, T_4)的加热操作中有新矿物生成，在(T_2, T_3)之间获得的两次 pTRM 就不会相等。于是，这个实验结果就不再可信。

在实际应用中，只有一部分的样品能够通过 pTRM 检验，大部分样品的实验结果无法被利用。这是做古地磁研究最让人痛心的地方，因为在野外采集的每一块标本都经历了千辛万苦。

第 16 章　MD 颗粒的热剩磁与古地磁场强度

SD 颗粒的热剩磁符合尼尔理论，具有完美的独立性、可逆性和可叠加性。而 MD 颗粒 M 的变化是由磁畴壁移动造成的，这种行为就比较复杂。比如对 SD 颗粒来说，在 (T_1, T_2) 温度区间获得的 pTRM(T_1, T_2)，只能在 (T_1, T_2) 区间解阻，被热退磁。但是，这个规则对 MD 颗粒不成立。

我们来做一个实验，类似于 SD 颗粒，我们也让 MD 颗粒获得一个 (T_1, T_2) 温度区间的 pTRM(T_1, T_2)，然后对这个剩磁进行热退磁。结果发现，在 T_1 之前，pTRM 就已经开始部分解阻；到了 T_2，还有一小部分剩磁没有退完，需要更高的温度才能把它完全退磁。这到底是什么原因呢？

MD 颗粒的剩磁是由于磁畴壁移动造成的。磁畴壁移动的路径上会存在很多沟沟坎坎。只要一加热，磁畴壁就会克服这些小沟坎，向原始的平衡状态转化，所以在 T_1 之前就会被部分退磁。到了 T_2 时，还有一些更高的沟坎没有被克服，也就是会遗留一小部分剩磁。

我们把 T_1 之前退掉的剩磁叫作 pTRM "前尾巴"，把 T_2 之后才退掉的剩磁叫作 "后尾巴"。这些 "尾巴" 会对 Arai-plot 造成什么样的影响呢？

因为有了 "前尾巴"，MD 颗粒的 TRM 在低温段会更容易退磁，在 Arai-plot 上面，点会向下移动。在 T_2 之上，因为存在 "后尾巴"，TRM 相对不容易被退磁。这两种情况叠加起来，就会形成一种向下凹陷的曲线（图 16-1）。

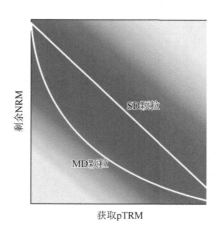

图 16-1　MD 颗粒和 SD 颗粒的 Arai-plot 对比图

处理这种曲线很棘手，到底用哪一段去拟合直线，进而计算斜率呢？显然，在低温段，斜率会偏大，估算的古地磁场强度会偏高。那么用高温段的数据拟合直线，斜率会偏低。总之，对 MD 颗粒而言，用哪一个温度段的数据去拟合直线都无法得到准确的古地磁场强度。

自然样品中，PSD/MD 颗粒是最为常见的磁畴状态，常常和 SD 颗粒混在一起。既然 MD 颗粒会造成 Arai-plot 行为扭曲，我们能不能在实验过程中把 MD 颗粒的影响去除掉？

那我们就来分析一下 SD 颗粒和 MD 颗粒的磁学行为到底有什么不同。SD 颗粒非常稳定，其矫顽力一般大于 20mT。而 MD 颗粒的剩磁不稳定，其矫顽力一般要小于 20mT。有了这个物理基础，我们就可以利用二者之间矫顽力的不同来加以区分。最为有效的就是交变场（alternating field，AF）退磁。

AF 退磁过程需要用到交变场。目前实验室的 AF 最大峰值一般可到 100～150mT，最高可到 300mT。在实验过程中，设定一个 AF 峰值和衰减率（decay rate），在零场中，让 AF 场逐渐衰减到零。我们可以想象，变化磁场，其实就是让外磁场克服 H_k，从而让 M 达到相对混乱的排列效果。

对于 MD 颗粒，将 AF 峰值设定为 20mT 就可以有效地去除其携带的剩磁。所以，在传统的 Thellier 古地磁场强度实验中，在每一步之前我们都进行 20mT AF 退磁，就有可能压抑 MD 颗粒的剩磁影响，从而突出 SD 的剩磁行为。

另外，除了 AF 退磁，还有一种退磁方式叫作低温旋回（low-T cycling，LTC）退磁。其基本原理是，磁畴壁对高温和低温都敏感。在低于 300K 时，随着降温，磁畴会发生变化。但是当回到 300K 时，却不能返回到初始状态，于是就达到了部分退磁的目的。想实现 LTC 退磁，还是很容易的。在零磁环境里，把古地磁样品泡到液氮里，然后捞出来升到室温，就实现了 LTC 退磁。

无论是 AF 退磁，还是 LTC 退磁，都大大地增加了实验步骤，使得古地磁场强度实验变得非常烦琐，让人望而却步。如果你认为这样就可以获得完美的古地磁场强度数据了，那就太小看这个研究方向了。影响实验结果的因素非常多，我们接下来详细叙述。

之前我们说过，即使对 SD 颗粒，它的磁化需要时间。如果降温速率太快，SD 颗粒可能就没有时间被充分磁化，其 TRM 就会低一些。反之，如果降温速率很慢，SD 颗粒就能被充分磁化，达到最佳磁化状态，TRM 就会高。所以，降温速率确实会影响 TRM 的强度，当然也会影响对 H_0 的估算。

对于一组具有单轴各向异性的 SD 颗粒，其获得的热剩磁与饱和等温剩磁的比值为

$$M_{TRM}/M_{rs} = 2\ln(f_0 t)H/H_k(T_B) \tag{16-1}$$

受到降温速率的影响，Stacey 和 Banerjee（1974）推导出

$$T = [kT_B/\Delta E(T_B)][T_B/(-dT/dt)] \tag{16-2}$$

其中，ΔE 是能垒。

联合这两个式子可以看出，TRM 的获得与降温速率反相关。降温越慢，TRM 越大。自然界中，熔岩流的降温可能需要几个月甚至更长时间，而实验室获得 TRM 的过程降温只需要一两个小时，所以降温速率相差好几个数量级。于是，我们必须要做降温速率补偿。

如果磁性颗粒存在明显的各向异性，我们还需要进行 AMS 校正。除了火山岩，考古陶片或者砖头都可以被用来研究古地磁场强度。不过这些人工烧制的东西，压实度很大，

AMS 也就很大，会对剩磁状态产生影响。

古地磁场强度试验，需要反复加热，可能会造成矿物转化。为了减小这种加热影响，John Shaw 教授提出了一种新方法，只需要一步加热获得完全的 TRM 即可。为了校正加热前后可能的矿物转化的影响，可以测量样品加热前后的非磁滞剩磁（anhysteretic remanent magnetization，ARM），即 ARM_1 和 ARM_2。同时这两个 ARM 的比值还可以用作校正系数。我们把这种测量方法称为 Shaw 方法（Shaw，1974）。

为了确保实验结果可靠，大家还常常同时采用 Thellier-Thellier 方法和 Shaw 方法。如果两种方法的结果很一致，就加大了数据结果的可靠性。可是，即使是 Shaw 方法，也需要加热，就难免还是要产生氧化等影响。于是，又有科学家从加热炉入手，往加热炉里通入氩气，这样在加热过程中，就不会发生氧化，从而确保了样品的新鲜度。

第 17 章　pTRM 检验

　　根据前面的讨论,各种影响因素排名最靠前的就是 PSD/MD 颗粒及矿物转化的影响。前人研究主要利用 pTRM 检验来核实到底有没有矿物转化的影响。pTRM 检验的最大特点在于实验流程简单,不需要太多额外的辅助实验就可以完成。pTRM 检验主要是检查新矿物的 T_B 分布。

　　一般情况下,新生成的磁性矿物会有很宽泛的 T_B,也就是在高温和低温都有分布。比如,我们在 300~400℃ 之间加热时,新生成矿物的 T_B 如果有低于 300℃ 的,那么我们在做 200~300℃ pTRM 检验时,就能发现确实存在矿物变化了,而且第二次的 pTRM(200℃,300℃)会比第一次的值要高。

　　可是问题在于,如果新生成的磁性矿物 T_B 比较高,都大于 400℃,这个问题就比较麻烦了。对于这种情况,我们再回头检验 pTRM(200℃,300℃)时,就会发现没有新矿物出现,pTRM 检验通过!

　　但是,新生成的矿物已经存在,像病毒一样潜伏在高温段。只要我们的实验一来到高温段,它们就会发作,使新获得的实验室 pTRM 值偏高,从而 Arai-plot 的高温段斜率变小,估算出来的古地磁场强度就会偏低。

　　如果高于当前加热温度,pTRM 检验无法胜任。

　　还有一种情况,更让人揪心。我们一直依赖的 Arai-plot 线性度也不完全可靠。如果没有矿物转化,SD 颗粒的 Arai-plot 肯定是一条笔直的斜线。可是,如果矿物转化是随着温度升高逐渐进行的,这会使得直线整体发生偏转,同时保持很好的线性度,这种情况测量出来的古地磁场强度值会偏低。

　　另外一种情况是,原生磁性矿物被逐渐高温氧化,比如磁铁矿被逐渐氧化为磁赤铁矿,其 M_s 逐渐降低,相应的 pTRM 也会降低。这种影响会使得斜线向下偏转,斜率增大,从而高估古地磁场强度值。

　　这些情况我们很容易用现今喷发的熔岩流进行验证。对于过去几十年中喷发的熔岩流,如果我们确切知道它的发生时间以及地点,当然也就知道了已知的地磁场强度值。我们应用 Thellier-Thellier 方法和 pTRM 检验来确定岩石记录的古地磁场强度值,然后和已知值进行对比,就知道很多样品并不能记录准确的强度值。

　　此时,我们就可以把古地磁场强度温度问题变为一个岩石磁学问题,我们需要回答这些通过了 pTRM 检验的样品为什么不能记录准确的强度值,能否通过这些样品提出新的判别标准,这可是一个非常前沿的科学问题。如果我们借此能够提出新标准,那么就可以自信地去研究地质历史时期中的岩石,构建古地磁场强度演化曲线,进而探讨地球深部的动力学过程。

　　比如,在检测加热过程中新生成的矿物时,pTRM 检验方法不是一直很准,那么我们就得另外想办法。如果我们在实验过程中，单独准备一套样品（碎样边角料也可以），和古地磁样品同时加热，然后在室温测量其磁性变化，这些磁性包括磁化率、饱和等温剩磁以及非黏滞剩磁等。如果有新矿物生成，无论其 T_B 是什么样的分布，室温参数都能把它们检测出来。当然，从实验角度来讲，会比 pTRM 检验复杂一些，多了一些实验成本，但是准确度大增。

SD 颗粒的热剩磁符合尼尔理论，故 SD 颗粒是记录古地磁信息的良好载体。实践证明，PSD 颗粒也是古地磁的良好载体，但是其 Arai-plot 不是一条直线，不好拟合。在加热过程中，SD 颗粒由于粒径小，反而容易受到氧化作用，被改造。而 PSD 颗粒，可以较好地承受加热改造，性质反而更稳定。

这里面就出现了一个情况，如果样品确实是 PSD 颗粒占主导，该怎么去确定古地磁场强度呢？

我们可以取两块平行样品，其中一块在实验室中获得 TRM，与另外一块携带天然剩磁的样品一起做 Thellier-Thellier 实验，这样就获得了两条 Arai-plot。然后我们把天然剩磁的曲线用实验室 TRM 的曲线进行归一化，这样就会得到一条较为笔直的 Arai-plot，经过证实，其斜率就可用来计算古地磁场强度。

除了以上的各种处理，当属 John Tarduno 教授的独门绝技最为特别。他发现大部分的加热改造行为都和样品的基质（matrix）有关。于是，他就发明了单晶技术，把火山岩里结晶的大颗粒单晶挑选出来，进行古地磁场强度实验。这些单晶体积不大，于是他就把超导磁力仪的磁探头缩小，提高了测量精度。所以，目前全世界的古地磁实验室，只有 Tarduno 教授拥有这样的小磁探头超导磁力仪，也只有他的实验室能够进行单晶实验。拥有了这项神奇的技术，Tarduno 教授的实验室成果颇丰，得出了与以往不大相同的结论。

比如，对白垩纪超静磁（CNS）的古地磁场强度研究中，前人一般认为古地磁场强度很低。Lisa Tauxe 教授还专门挑选了海底玄武岩玻璃（含有大量 SD 颗粒）进行测量，也得出 CNS 期间古地磁场强度是低的。Tarduno 教授利用单晶测量，发现 CNS 期间古地磁场强度应该是高的，于是就产生了一定的观点分歧。

除了喷发出来的熔岩流，海底洋壳也记录了同一时期的地磁场信息。沉积物通过沉积物剩磁（depositional remanent magnetization，DRM）从另外一个角度记录了地磁场强度的相对变化。我们也可以同时研究三种不同的介质，看看它们记录的强度变化特征是否一致。如果三种独立的方法都显示类似的变化特征，我们就可以自信地确定古地磁场强度的变化模式。

第18章 非磁滞剩磁（ARM）

20 世纪，当面对月球返回的样品时，古地磁学家心里痒痒的，要是能确定样品记录的磁场强度信息，就可以研究月核"发电机"的演化历史，这会是非常大的科学成就！可是，想要精确地确定样品记录的古地磁场强度，需要加热样品，就会导致样品发生热改变。

当年美国送给中国极少量的月球岩石样品，只有小指尖那般大小，比金子贵重不知多少倍。想要烧这些月球岩石样品？门都没有！

既要研究这些珍贵的岩石，又不能烧，古地磁学家思考如何解决这个难题？于是一个类比方案"出台"了，那就是在实验室常温下使样品获得非磁滞剩磁（ARM），它可以模拟 TRM，并避免热处理对样品的影响。

可见 ARM 的提出是为了古地磁学研究。与天然剩磁不同，ARM 是在实验室条件下获得的。随后，ARM 在岩石磁学和环境磁学领域被广泛应用。获得 ARM 需要在一个幅度逐渐衰减的交变场（AF 场，一般小于 200mT）中，同时叠加一个较小的直流场（direct current field，DC 场，一般为几十微特斯拉）（图 18-1）。这个直流场和地磁场同处一个量级，显而易见是为了模拟地磁场的影响。

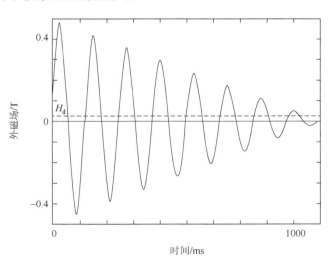

图 18-1　非磁滞剩磁（ARM）原理示意图

ARM 和 TRM 到底有哪些类似的地方呢？

从实验设计来看，其中 AF 退磁过程可以类比于热退磁过程，DC 场的作用与获得 TRM 的外磁场作用相同。通过 AF + DC 过程，当 AF 场的幅值衰减到零时，样品会获得一个与 DC 场成正比的剩磁 ARM。

和 TRM 一样，ARM 与 DC 场成正比，所以当 DC 场为零时，其实就是给样品的剩磁进行了系统的 AF 场退磁，所以 ARM 也就为零。这种行为就是非磁滞行为，所以把这种剩磁称之为非磁滞剩磁。

　　AF 场可以被看成一系列连续变化的直流场。AF 场的变化具有周期性，其振幅随着时间逐渐衰减到零。当 $H_{AF}>0mT$ 时，样品获得一个正向等温剩磁。在随后的半个周期 $H_{AF}<0mT$ 时，样品会获得一个负向的等温剩磁。只要 AF 场的频率足够高，在零场中，样品最后获得的正向磁矩与反向磁矩大小相等，相互抵消，总磁矩为零，从而达到退磁效果。

　　根据尼尔理论，

$$\tau = \tau_0 \exp\left[\frac{\mu_0 V M_s H_k}{kT}\left(\frac{1-H_0}{H_k}\right)^2\right] \tag{18-1}$$

　　当存在外磁场 H_0 时，沿着平行与反平行外磁场方向的 τ 值不再相等。

　　假定交变场和直流场分别为 H_{AF} 和 H_{DC}。在任意时刻，样品所受的外力为 H_{AF} 和 H_{DC} 的矢量和

$$H_0 = H_{AF} + H_{DC} \tag{18-2}$$

　　这样，在 AF 场的正向期和反向期的 τ 分别为

$$\tau^+ = \tau_0 \exp\left[\frac{K_u V}{kT} \times \left(\frac{1-H_{AF}}{H^*} + \frac{H_{DC}}{H^*}\right)^2\right] \tag{18-3}$$

$$\tau^- = \tau_0 \exp\left[\frac{K_u V}{kT} \times \left(\frac{1-H_{AF}}{H^*} - \frac{H_{DC}}{H^*}\right)^2\right] \tag{18-4}$$

其中，$H^* = \dfrac{2K_u}{\mu_0 M_s}$。

　　通过比较可知，当外磁场为零时，$\tau^+ = \tau^-$。只要时间足够长，SD 颗粒在平行与反平行于易磁化轴的方向具有同等的偏转概率，因而，最终在两个方向上的磁矩大小相等，方向相反，互相抵消（图 18-2a）。当存在一个向右的外磁场时，由于 $\tau^+ > \tau^-$，这样更多 SD 颗粒的磁矩会沿着外磁场方向偏转（图 18-2b）。

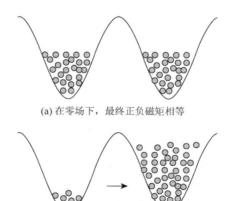

(a) 在零场下，最终正负磁矩相等

(b) 存在外磁场时，沿着场反向会有更多的磁矩发生偏转

图 18-2　SD 颗粒的磁矩克服能垒偏转的示意图

通过重复以上的过程，最终会沿着 H_{DC} 的方向有更多的颗粒偏转。当 AF 场逐渐减小后，由于存在能垒的作用，随意偏转的磁矩也越来越小，其影响可以忽略时，所对应的 H_{AF} 就定义为剩磁的阻挡场 $H_{AF,B}$（和热剩磁中的阻挡温度类似）。最终样品得到一个不为零的净磁矩，也就是 ARM：

$$\text{ARM} = \frac{1}{3}\mu_0 M_s \tanh\left[\left(\frac{\mu_0 M_s V H_{DC}}{kT}\right)\left(1 - \frac{H_{AF,B}}{H^*}\right)\right] \qquad (18\text{-}5)$$

对于弱场，上式可以简化为

$$\text{ARM} = \frac{1}{3}\mu_0^2 M_s^2 V H_{DC} \frac{\left(1 - \dfrac{H_{AF,B}}{H^*}\right)}{kT} \qquad (18\text{-}6)$$

从上式可知，ARM 与 H_{DC} 成正比。不同的研究人员会选择不同的 H_{DC}，造成 ARM 的值无法直接对比。为了消除 H_{DC} 的影响，常常把 ARM 用 H_{DC} 归一化，得到 ARM 磁化率（χ_{ARM}），其量纲和磁化率的一样，为 m^3/kg。

第 19 章　ARM 的性质

通过合成实验发现，SD 颗粒具有最高的 ARM，但是其机制一直不清楚（Dunlop and Özdemir，1997）。Egli 和 Lowrie（2002）重新推导了 ARM 的理论公式。

$$\chi_{ARM} = 1.797 \mu_0 M_{rs} \left(\frac{m}{kT\sqrt{\mu_0 H_k}} \right)^{2/3} \ln^{1/3} \left[\frac{0.35 F_0}{f_0 \Delta \bar{H} \sqrt{\mu_0 H_k}} \left(\frac{kT}{m} \right)^{2/3} \right] \qquad (19-1)$$

其中，$\Delta \bar{H}$ 是交变场每半个周期的衰减幅值（一般为 $1\sim10\mu T$/半周期），m 是磁矩，$F_0 \approx 10^9\,Hz$。

上式的基础理论是 SD 颗粒，其磁矩的变化由磁矩的偏转引起。对于磁铁矿，其粒径一般小于 60nm。在这种情况下，ARM 与 d^2 成正比关系。在 $60\sim200nm$ 时，SD 颗粒从稳定 SD 变为涡旋结构，其 H_k 大幅下降。因此，在这种情况下，ARM 以 $d^{-0.8}$ 的规律随着粒径增加而衰减（图 19-1）。

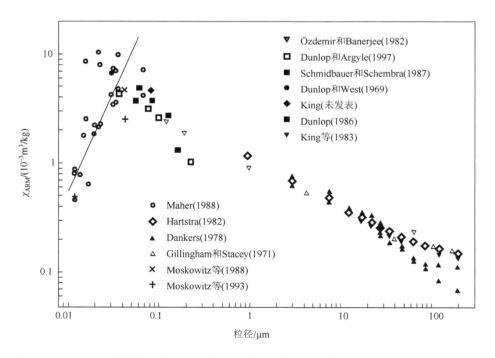

图 19-1　χ_{ARM} 的实验数据（散点）与模拟结果（直线）对比图（Egli and Lowrie，2002）

对于 MD 颗粒来说，剩磁的获得主要靠磁畴壁的移动来控制。因此上述理论不适合

MD 颗粒。实验结果表明，MD 颗粒也能获得 ARM。虽然 MD 颗粒单位质量归一化后的 ARM 要比 SD 颗粒低 1～2 个数量级，但是当 MD 颗粒的含量比较高时，它对样品 ARM 的贡献就不能忽略（图 19-2）。

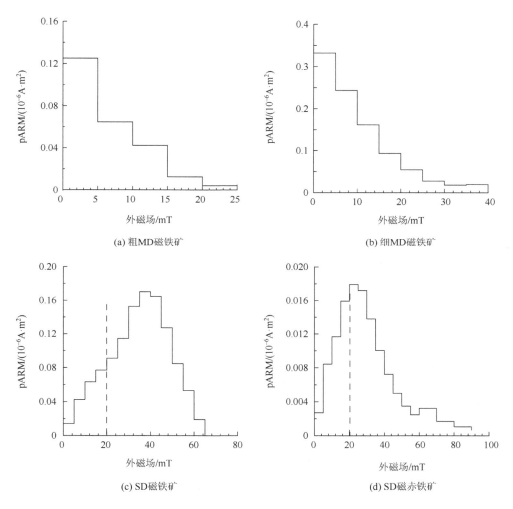

(a) 粗MD磁铁矿

(b) 细MD磁铁矿

(c) SD磁铁矿

(d) SD磁赤铁矿

图 19-2　pARM 谱

虚线表示区分 SD 和 MD 的 pARM 的临界值

SD 颗粒与 MD 颗粒的矫顽力明显不同。因此，对 ARM 进行交变退磁是分开二者携带 ARM 的有效途径（Liu et al.，2005b）。此外，部分 ARM（pARM，$H_{AF} > 20mT$）也可以有效地压抑 MD 颗粒信息（图 19-3）。因此，pARM（$H_{AF} > 20mT$）/ARM 可以反映 SD 颗粒和 MD 颗粒的相对贡献。该比值越小，表明 MD 的影响越大。

ARM 和 TRM 类似，也具有叠加性（additivity）和互反性（reciprocity）。对于一组 SD 颗粒来说，其粒径与矫顽力具有独立的分布，因此，即使两个颗粒的形态一样，由于

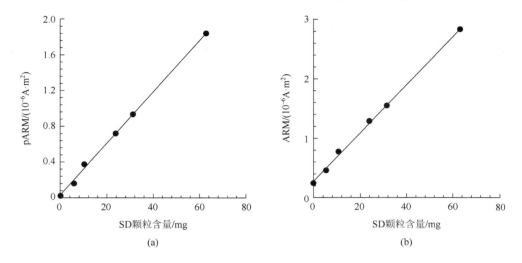

图 19-3 pARM 和 ARM 与 SD 颗粒含量的相关图

可见 pARM 与 SD 颗粒含量的相关曲线过零点（a），而对于样品的全部 ARM，其相关曲线不过零点

矫顽力不同，其相应的能垒会不同，进而其解阻温度不同。这样，对于解阻温度处于一个温度区间(T_1, T_2)的 SD 颗粒，其获得的 pTRM(T_1, T_2)与在温度区间(T_2, T_3)之间获得的 pTRM(T_2, T_3)完全独立，互不干扰。因此，SD 颗粒获得的部分热剩磁（pTRM）具有叠加性，也就是在不同的独立温度段获得的部分热剩磁（pTRM）加起来等于总的 TRM：

$$\text{pTRM}(T_1, T_2) + \text{pTRM}(T_2, T_3) + \cdots + \text{pTRM}(T_{i-1}, T_i) = \text{pTRM}(T_1, T_i) \qquad （19\text{-}2）$$

因为 TRM 与 ARM 有一定的类比性，Yu 等（2002）研究了 pARM 的叠加性。如图 19-4 所示，对于一个固定的 AF 场，如果 DC 场一直存在，样品最终获得一个总 ARM。假定 AF 场的峰值为$\tilde{H}$，如果 DC 场只在$\tilde{H}_i < \tilde{H} < \tilde{H}_{i+1}$时存在，其他时刻为零时，样品最终只能获得一个 pARM（$\tilde{H}_i, \tilde{H}_{i+1}$），而且 pARM 服从下面的叠加性

$$\text{pARM}(\tilde{H}_1, \tilde{H}_2) + \text{pARM}(\tilde{H}_2, \tilde{H}_3) + \cdots + \text{pARM}(\tilde{H}_{i-1}, \tilde{H}_i) = \text{pARM}(\tilde{H}_1, \tilde{H}_i) \qquad （19\text{-}3）$$

pARM 与 pTRM 的区别在于，pARM 考察的是矫顽力谱，而不是解阻温度谱。有趣的是，这种叠加性不但对 SD 颗粒成立，对于 MD 颗粒也成立。此外，磁相互作用对 ARM 的影响很大，但是这并不影响 ARM 的叠加性质。这表明，磁相互作用对不同矫顽力的样品具有类似的影响。

互反性是指在两个场 H_1 和 H_2 之间获得的 pARM 可以在这两个场之间被完全退磁。和 TRM 类似，这种性质只对小粒径的颗粒（比如，SD 颗粒和小的 PSD 颗粒）成立，而对于大的 PSD 颗粒和 MD 颗粒，会存在着一个残余值（tail），只有高于 H_2 的场才能完全把这个残余剩磁退掉。

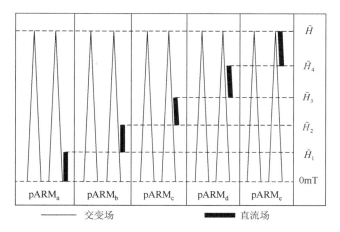

图 19-4　获得 pARM 过程示意图（Yu et al.，2002）

第 20 章 磁相互作用对 ARM 的影响

尼尔理论得出的 ARM 表达式表明,只要很小的场,样品就能获得很大的 ARM 值,这显然与实验结果不符。为此,Jaep(1971)提出了磁相互作用对 ARM 的影响。

$$p_{ARM} = \tanh\left[\frac{M}{kT}(BH - \lambda p_{ARM})\right] \qquad (20\text{-}1)$$

其中,$\lambda \approx M/r^3 \approx (4\pi/3)M_s C$,$p_{ARM} = ARM/SIRM$。

由式(20-1)可知,当 ARM 逐渐增大时,由于引入的磁相互作用项 $-\lambda p_{ARM}$,使得 ARM 不能无限增大,而是在场达到一定程度时达到饱和状态。磁相互作用力与两个颗粒之间的距离呈 $1/r^3$ 衰减。同时,磁相互作用力与样品中的颗粒含量成正比。因此,当样品中的磁性矿物含量增加时,磁性颗粒之间的磁相互作用力增加,从而使得样品 ARM 值减小(图 20-1)。这比较合理地解释了实测数据。

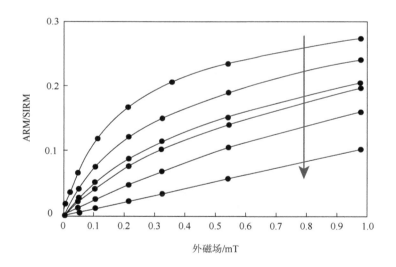

图 20-1 具有不同磁性矿物含量样品的 ARM/SIRM 随着 DC 外磁场增加的变化曲线(Sugiura,1979)
箭头表示样品含量增加

磁相互作用对 ARM 影响很大。所以,如果不考虑磁相互作用,就很容易把 ARM 的变化简单地理解为 SD 颗粒的含量变化。之前我们学过 FORC 图是检测磁相互作用的好方法。另外一种方法是比较 ARM 和 M_s,M_s 代表着磁性矿物总体含量的变化,如果 ARM 与 M_s 绝对正相关,这说明 ARM 确实受含量控制。如果 ARM/M_s 与 M_s 反相关，就说明随着磁性矿物含量的增加，ARM 相对变小，暗示着磁相互作用的影响不可忽略。

Li 等（2012）系统研究了磁相互作用对磁小体链获得 ARM 能力的影响（图 20-2）。随着磁小体链的破碎与不断聚集，磁小体之间的相互作用逐渐加强。这主要体现在其 FORC 图在纵轴的展布逐渐加宽，样品获得 ARM 的能力逐渐降低。

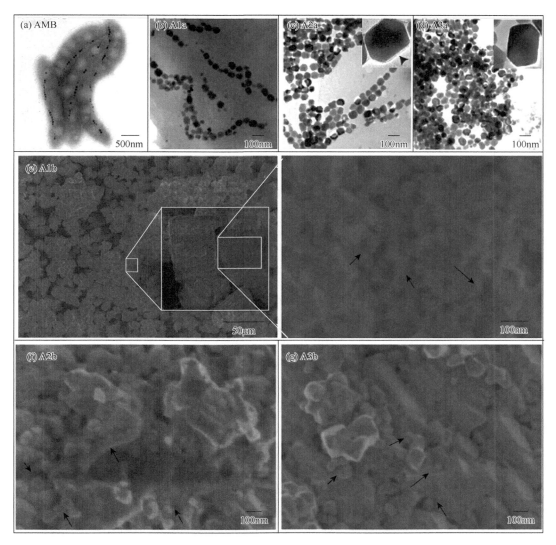

图 20-2　具有不同磁相互作用的磁小体（Li et al.，2012）

在环境磁学研究中，ARM/SIRM 常被用作磁性颗粒的粒径参数，当 ARM/SIRM 增加时，一般暗示着磁性矿物颗粒的粒径减小。可是由图 20-3 可知，磁小体的粒径没有变，只是磁小体之间的相互作用力发生了变化，其 ARM/SIRM 的变化可以有一个数量级。

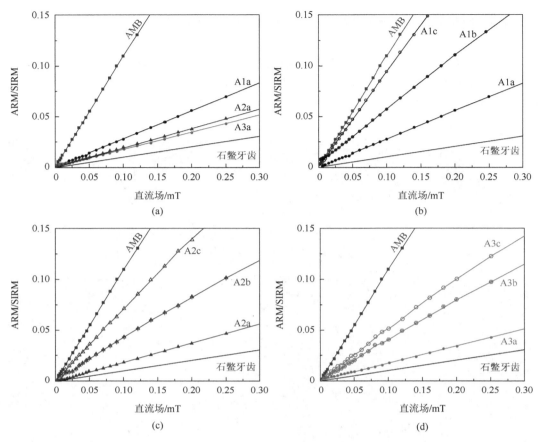

图 20-3　磁相互作用力不同的磁小体链样品，其 ARM/SIRM 随直流场的变化曲线（Li et al.，2012）

　　Yamazaki 和 Ioka（1997）研究了太平洋中部纬向断面上钻孔样品的χ_{ARM}/χ（χ为低频磁化率）。结果发现，该比值与样品的磁性矿物含量参数（比如磁化率和饱和等温剩磁）以及代表磁相互作用的参数 R 值具有明显的反相关关系（图 20-4a）。因此，χ_{ARM}/χ并不能够简单地被用来代表磁性矿物粒径的变化。Yamazaki 和 Ioka（1997）认为χ_{ARM}/χ与 $\lg\chi$ 之间的线性趋势（图 20-4a）代表了磁相互作用对 ARM 的影响，χ_{ARM}/χ与该线性趋势之间的相对变化值$\Delta\chi_{ARM}/\chi$则可能消除这种影响。

　　通过对比$\Delta\chi_{ARM}/\chi$与χ_{ARM}/χ发现二者随纬度变化的趋势不完全一致。χ_{ARM}/χ在北纬 20°左右出现峰值，个别点在北纬 50°左右达到峰值。这些异常高值对应的样品磁性颗粒含量很低，因此χ_{ARM}/χ的异常高值应该与样品中弱磁相互作用有关。而$\Delta\chi_{ARM}/\chi$在南纬 10°到北纬 20°之间出现一个较为宽泛的稳定值，这代表着该区沉积物可能主要含有生物成因磁铁矿，而大气粉尘物质的输入较少。南纬 10°左右的低值（粗颗粒）可能对应该区附近的火山喷发粉尘输入。综合$\Delta\chi_{ARM}/\chi$与χ_{ARM}/χ随纬度的变化模式，Yamazaki 和 Ioka（1997）认为前者的变化更为合理。

　　胶黄铁矿在自然界中常呈簇状聚集在一起，因此具有很强的磁相互作用，其 FORC 图在纵轴展布较宽。因此，当沉积序列中胶黄铁矿的信息比较显著时，不建议用 ARM/SIRM 等参数来指示粒径变化。

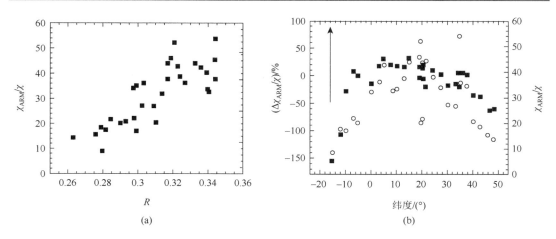

(a)　　　　　　　　　　　　　　　　(b)

图 20-4　χ_{ARM}/χ 与磁相互作用参数 R 的相关图（a）；$\Delta\chi_{ARM}/\chi$（■）与 χ_{ARM}/χ（○）随纬度变化对比图（b）

（Yamazaki and Ioka，1997）

箭头向上表示磁性颗粒粒径变小

第 21 章　交变场衰减率对 ARM 的影响

　　ARM 并不是一个简单的参数，它除了受到磁性颗粒粒径变化、磁相互作用的影响外，AF 场的衰减率也对 ARM 有显著影响（Yu et al.，2003）。通过对合成及天然样品的研究发现，对于 SD 颗粒，随着 AF 场衰减率的增加，其获得的 ARM 值会降低大约 10%（图 21-1a、b）。对于 PSD 颗粒，ARM 降低的幅度会减小到大约 5%。MD 颗粒具有完全相反的趋势，随着 AF 场衰减率的增加，其获得的 ARM 会升高。这个特性可以被用来区分 SD 颗粒和 MD 颗粒。

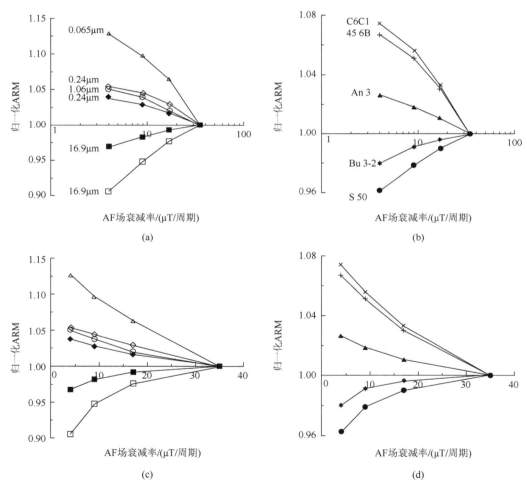

图 21-1　不同样品获得的 ARM 随着 AF 场衰减率的变化曲线

（a）和（c）为合成样品，实心和空心符号代表淬火前后的样品；（b）和（d）为天然样品

　　磁性颗粒获得的 ARM 与其磁畴状态密切相关。对于 SD 颗粒来说，降低 AF 场衰减率等同于延长 AF 场对颗粒的作用时间，这样颗粒更能够达到平衡状态，从而获得更高的剩磁。而对于 MD 颗粒而言，较小的 AF 场衰减率使得其内部的自发退磁过程更充分，从而降低了整体剩磁。

　　上述实验证实，不同型号的 ARM 仪器，其 AF 场衰减率不会完全相同，也就是说，不同仪器上测量的 ARM，即使已经归一化成 χ_{ARM}，也可能无法实现对比。

　　Yu 等（2003）从理论上进一步研究了 ARM 的 AF 场衰减率特性。ARM 与 TRM 具有一定的可比性，因此，

$$M_{\text{ARM}} / M_{\text{rs}} = 2\ln(f_0 t)H / H_{\text{k0}} \qquad (21\text{-}1)$$

其中，H_{k0} 是室温的 H_{k}。

$$t = \left[kT_0 / \Delta E(T_0)\right]\left[H_{\text{k0}} / (-\mathrm{d}\tilde{H} / \mathrm{d}t)\right] \qquad (21\text{-}2)$$

　　可见，ARM 的获得与 AF 场的衰减速率反相关，AF 场衰减得越慢，越能获得大的 ARM 值。

　　Liu 等（2004b）利用 ARM 与 AF 场衰减率的关系研究了中国塬堡剖面黄土/古土壤 L2-S1-L1 序列样品的粒径分布。定义

$$\chi_{\text{ARM.DR}}\% = \frac{\chi_{\text{ARM.2}} - \chi_{\text{ARM.20}}}{\chi_{\text{ARM.2}}} \times 100\% \qquad (21\text{-}3)$$

　　研究结果表明，大部分样品的 $\chi_{\text{ARM.DR}}\%$ 在 8%～10%，说明 ARM 确实以 SD 颗粒占主导。此外，$\chi_{\text{ARM.DR}}\%$ 与成土作用的强弱关系不大，说明成土作用产生的 SD 颗粒的粒径分布很稳定，不受成土作用强弱影响（图 21-2）。图 21-3 进一步对比了 $\chi_{\text{ARM.DR}}\%$ 与 χ_{fd}，二者呈显著线性相关。这说明在 SP 到 SD 的纳米颗粒范围内，磁性矿物的粒径分布保持稳定，其磁性变化主要由纳米颗粒的含量变化引起。因此，对于该区的黄土/古土壤序列，χ_{fd} 和 ARM 可以认为是 SP 颗粒和 SD 颗粒含量的替代指标。

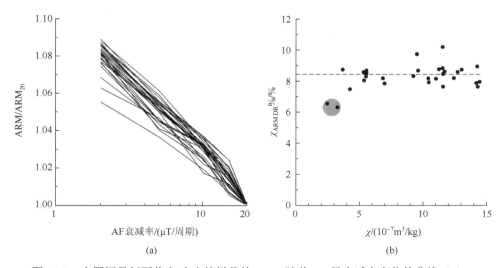

(a)　　　　　　　　　　　(b)

图 21-2　中国塬堡剖面黄土/古土壤样品的 ARM 随着 AF 场衰减率变化的曲线（a），以及 $\chi_{\text{ARM.DR}}\%$ 与 χ 的相关图（b）（Liu et al.，2004b）

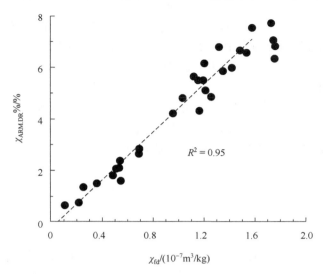

图 21-3　中国塬堡剖面黄土/古土壤 L2-S1-L1 序列样品 $\chi_{ARM.DR}$% 与 χ_{fd} 的相关图（Liu et al.，2004b）

虚线代表线性趋势

　　尽管 ARM 与 TRM 在理论上有一定的可比性，但是对于不同磁畴状态的颗粒，其 ARM 与 TRM 并不完全一样。具体来说，对于粒径大于 2μm 的颗粒，其 χ_{TRM}/χ_{ARM} 与粒径弱相关。但是对于 200nm 左右的 PSD 样品，其 χ_{TRM}/χ_{ARM} 可大于 10（图 21-4）（Dunlop and Argyle，1997）。

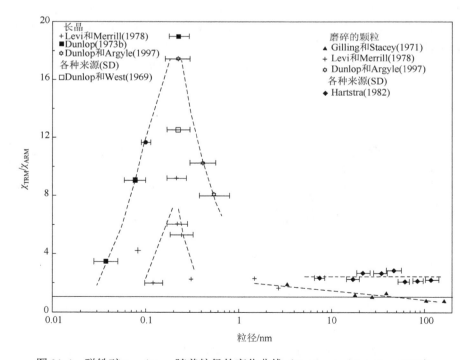

图 21-4　磁铁矿 χ_{TRM}/χ_{ARM} 随着粒径的变化曲线（Dunlop and Argyle，1997）

ARM 与 TRM 还具有相似的交变退磁曲线，只是 SD/PSD 颗粒的 TRM 比 ARM 稍"硬"些。Yu 等（2003）利用合成样品及天然样品对二者的热退磁性质进行了研究（图 21-5），发现对于 SD 颗粒和 MD 颗粒，其 ARM 与 TRM 的热退磁曲线几乎一致；而 PSD 颗粒的 TRM 明显比 ARM"硬"，这可能是 PSD 中 ARM 和 TRM 二者的微观结构不同造成的。粒径大小对 TRM/ARM（比值 R）有着很强的影响，合成样品中，粒径为 0.2μm 时，R 最大，更有趣的是合成样品的 R 要比天然样品的更"陡"些。

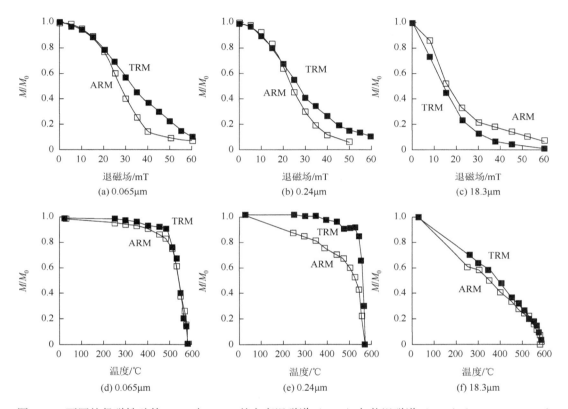

图 21-5 不同粒径磁铁矿的 ARM 与 TRM 的交变退磁谱（a～c）与热退磁谱（d～f）（Yu et al.，2003）

第 22 章 沉 积 剩 磁

　　SD 颗粒的 TRM 基于尼尔理论，在不发生热转化的情况，我们只需要简单的加热、降温等手段就可以在实验室合理地模拟 TRM（pTRM）获得过程。能够记录 TRM 的自然介质主要为火山岩，尤其是玄武岩这种喷发岩，喷发快冷却快，于是形成的磁铁矿颗粒一般都很小，能够记录稳定的剩磁。对于那些侵入岩，比如花岗岩，其冷却时间非常长，因此可以结晶出大颗粒的磁铁矿。结晶时间长还对应着另外一个弊端，就是一块样品记录的是很长一段时间内地磁场的综合响应。所以，目前基本不会用花岗岩来研究古地磁场变化。

　　另外考古中用的瓷片、陶片、瓦罐等都要经过煅烧，于是也能记录 TRM，是考古磁学研究的上乘材料。前面提及，洋壳是玄武岩喷发后形成的，符合 TRM 原理。所以，可以把洋壳钻取上来进行研究，不过这不是一件容易的事情。一旦 IODP 航次计划钻取洋壳样品，就要积极申请参加。出于保护机制，上船工作的研究人员可以优先对采集的样品开展研究，过了两年的保密期，其他科研人员才能申请。

　　这些 TRM 信息较为准确，但是时间上不连续。我们不能要求一座火山定时定点喷发。考古材料只能用来研究过去几千年的历史，而地质历史长达几十亿年，二者时间尺度相差很大。尽管洋壳可以记录过去一亿年以来的事件，但是洋壳样品非常难得。于是，我们把目光转移到另外一种常见介质——沉积物。湖底或者河底的淤泥，就是沉积物。用手一捞，松松散散的一团泥巴，这个也能记录古地磁信息？

　　在环境比较稳定的情况，沉积物会越积越厚，在重力压实作用下，水分会慢慢析出，最后经过成岩作用，慢慢变成了沉积岩。在沉积物中，一般会含有磁性矿物。这些磁性矿物存在一个初始磁化强度，可能是 TRM，也可能是 CRM。在地磁场的作用下，这些磁性颗粒的 M 会沿地磁场方向发生偏转。最后在沉积压实过程中，磁性颗粒慢慢被基质锁定（lock-in），从而记录了地磁场的信息，当然也包括地磁场的方向和强度，我们把该剩磁称为沉积剩磁或碎屑剩磁（depositional/detrital remanent magnetization，DRM），如图 22-1 所示。

　　我们会发现，在水-沉积物交界面以下几厘米到十几厘米的深度，沉积物中含水量太高，以至于磁性颗粒可以自由地发生偏转，不能有效地记录地磁场信息。只有在这个深度之下，磁性颗粒才能在压实作用下固定下来。我们称这个深度为 DRM 锁定深度（lock-in depth）。

　　除了锁定深度，在其上我们还要考虑一个表面混合层（surficial mixing layer，SML）厚度。海底并不平静，那里还生活着不少生物，比如虾、螃蟹、鱼等。它们会搅动海底的淤泥，使得 SML 这一层里的磁性矿物不断地沉积再扰动，然后再沉积。如何判断这一层的厚度？工业社会以来，人类制造了很多自然界没有的东西，比如微塑料和工业相关的各种污染物等。这些物质由于混合作用，会在表面混合层分布。一般情况下，SML 的厚度为几厘米。

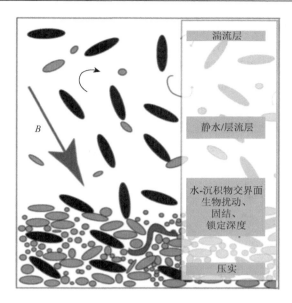

图 22-1　磁性矿物在沉积过程中记录地磁场信息（Tauxe et al.，2006）

　　在 SML + 锁定深度之下,磁性颗粒会逐渐被固定,从而记录了和地磁场相关的 DRM。实验表明,DRM 和地磁场呈正相关关系。但是,我们不能把 DRM 理解成 TRM。后者是在解阻情况,M 向 H_0 方向排列,当然肯定不能全部偏转过去,那就会得到 M_s,这显然不是事实。在获得 DRM 过程中,磁性颗粒的排列效率更低。通过计算模拟显示,其实,只要每个颗粒朝向 H_0 偏转一点,对于一个样品来说,其 DRM 就会和 H_0 正相关（图 22-2）（Tauxe，1993）。

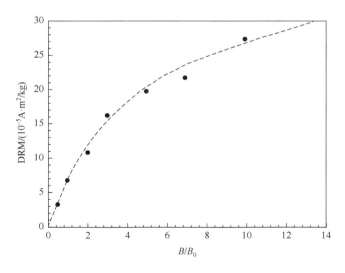

图 22-2　DRM 与外磁场之间的关系

当外磁场较小时，二者线性相关，数据来自（Johnson et al.，1948）

在沉积物沉积过程中，磁性颗粒很难独自行动，经常和其他颗粒絮凝（flocculation），形成更大的颗粒。这就使得 DRM 成为一种非常复杂的天然剩磁。DRM 的形成过程和非磁性的基质以及水溶液的离子浓度密切相关，离子浓度的变化决定着颗粒之间的汇聚状态。在实验室中，我们可以模拟这些因素的影响。比如我们不在纯水中，而是在 NaCl 溶液中进行沉积实验。结果表明，随着 NaCl 浓度的增加，DRM 的强度迅速降低。当 NaCl 浓度超过 30ng/L 时，趋于稳定（图 22-3）。离子浓度的变化直接影响颗粒表面的电荷分布，进而影响颗粒的絮凝。可见离子浓度变化的影响甚至会超过外磁场的作用。

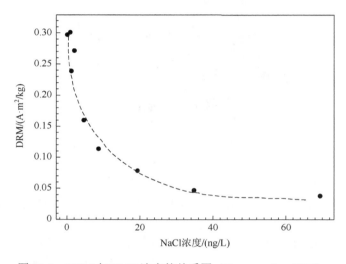

图 22-3　DRM 与 NaCl 浓度的关系图（Tauxe et al., 2006）

目前对海洋沉积物 DRM 的研究，成果颇丰，而对湖相和边缘海沉积物的研究则滞后很多。大部分情况下，后者很难得到较为合理的 DRM 结果。虽然没有深入研究，我们猜想应该受限于两个主要因素：一是离子浓度的变化。无论是湖泊还是边缘海，水深较浅。湖水蒸发会造成离子浓度增加。边缘海更是淡水和海水交界的地方，水中离子浓度变化较大。二是这些沉积环境中物质颗粒变化很大，不均一性太强，不适合 DRM 研究。

对于磁性颗粒而言，比如磁铁矿，多大的粒径适合记录 DRM？SP 颗粒肯定不行，因为它不记录任何剩磁。SD 颗粒能记录稳定的 TRM，但是能记录稳定的 DRM 吗？虽然单个 SD 颗粒能够记录一个稳定磁化强度，但是 DRM 是这些颗粒的磁化强度再次发生旋转而获得的。SD 颗粒太小，在沉积物中容易发生物理转动，因而并不是一种可靠的载体。MD 颗粒也不是最佳载体，因为其剩磁不稳定，本身由于颗粒太大，在外磁场中的偏转效率不高，而且也容易受到扰动影响。实验证实，PSD 颗粒才是记录 DRM 的主体。在自然界中，大部分情况都是以 PSD 颗粒占主导。

第 23 章　DRM 倾角变浅

　　还有一类样品我们必须提及，那就是黄土、石笋、珊瑚等介质。黄土的压实很小，所以它不可能通过正常的锁定过程来锁定 DRM，更多的是胶结过程。同理，石笋和珊瑚也不可能是传统的锁定过程。石笋靠的是 $CaCO_3$ 结晶胶结，所以它记录的磁场方向就较为准确。

　　靠压实过程锁定的 DRM，其倾角经常会变浅（King，1955）。DRM 倾角变浅是一个广泛存在的现象。我们想象一个极端情况，如果把一个沉积层都压成扁片了，所有的磁性矿物颗粒的长轴都会在水平面上分布，其倾角肯定会向水平方向偏转，导致倾角变浅。有人会问，沉积物记录的地磁倾角变浅了会产生什么后果呢？古地磁学家通过地磁倾角来计算所处地方的古纬度。如果倾角变浅了，那么计算出来的古纬度就偏低。本来板块处在中纬度，倾角变浅后，就会把板块安排到低纬度，这在板块运动和古地理重建时，会产生很大的偏差。因此，对于倾角浅化的样品，要进行系统校正。

　　通过实验我们得知（图 23-1），在小倾角（＜10°）或者大倾角（＞80°）范围，倾角变化误差较小。在 45° 左右，倾角变浅的现象非常明显。通过经验公式，我们得出：

$$\tan I_{观测} = f \tan I_{真实}$$

在这里 f 是一个常量系数（不代表频率），$0 < f < 1$。

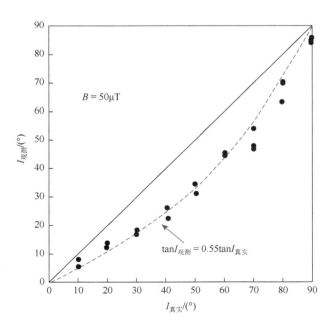

图 23-1　DRM 实验得出的倾角变浅现象

数据来自（Tauxe and Kent，1984）

如果我们能够通过实验得到这个系数，就可以把真实倾角给校正回来。

第一种思路是利用 AMS 结果进行校正（Kodama，1997；Tan and Kodama，2003）。在压实过程中，除了 DRM 的倾角会变浅，样品的 AMS 参数也会变化（图 23-2），比如 P 值会增大。如果我们能够建立 AMS 参数和 f 之间的关系，就能通过 AMS 参数计算 f。

除了 AMS，其他参数也有各向异性。比如 IRM 和 ARM，相应的各向异性叫作 AIRM 和 AARM（Jackson et al.，1991）。对于剩磁来讲，AARM 和 AIRM 可能会比 AMS 更相关。但是和 AMS 比起来，AARM 和 AIRM 的测量方式会复杂些。

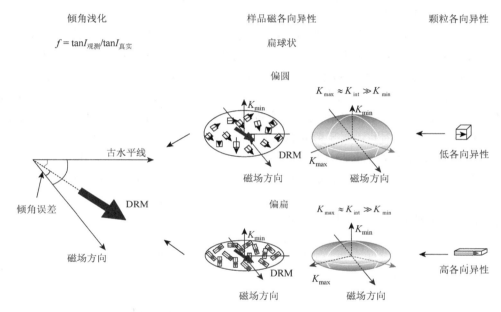

图 23-2　倾角浅化与样品各向异性和单个颗粒各向异性参数的关系

第二种方式比较复杂，利用古地磁场方向的统计特征。我们知道，地磁场的极并不总是指向正南正北，而是围绕着南北方向转圈。在统计意义上，比如把几个百万年的极点统计一下，就会发现这个统计的极点才指向正南正北，这个模型叫作 GAD 模型。由于极点的绕动，在地球上任何一个位置的倾角和偏角也遵循一定的分布（椭圆形分布）。根据现今地磁场卫星磁测结果，我们发现，越靠近赤道，这个椭圆分布的拉长度就越高，越靠近高纬度，这个分布就越接近圆形，拉长度变低。Lisa Tauxe 教授首先建立了一个拉长度和纬度变化的标准曲线（图 23-3），以它为模板，和实际数据去对比（Tauxe and Kent，2004）。

沉积物经过压实后，其倾角会变浅，其相应的倾角和偏角的分布拉长度也会变化。于是，利用 $\tan I_{观测} = f \tan I_{真实}$ 这个关系式，寻找一个 f 值，使得改正的拉长度和理论拉长度一致，这样我们就认为寻找到了一个合理的 f 值，并用它来统一校正观测的倾角值。这个方法叫作 E-I 校正法（图 23-4）（Tauxe and Kent，2004）。

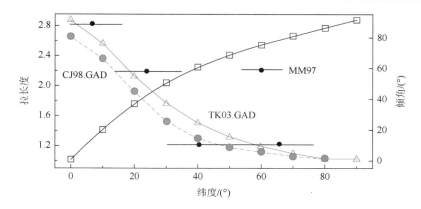

图 23-3　TK03.GAD 和 CJ98.GAD 模型中拉长度与倾角随纬度的变化（Tauxe and Kent，2004）

△，●表示拉长度，□表示倾角

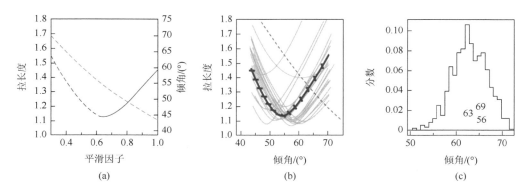

图 23-4　（a）拉长度与倾角随平滑因子的变化；（b）TK03.GAD 模型中，拉长度和倾角的关系；
（c）1000 个解靴带数据集中交叉点的直方图（Tauxe and Kent，2004）

　　火山岩记录 TRM 没有压实作用，倾角不会变浅。所以如果碰到沉积层和火山岩互层时，就可以把火山岩记录的倾角和沉积层记录的倾角相互比较，如果二者相近，说明倾角变浅现象不明显。否则，就可以用火山岩的数据对沉积层数据进行校正。这看起来很合理，但是我们知道火山岩是间断性喷发的，记录的是瞬时信息。地磁场本身就是在变化的，瞬时信息会有偏差，所以，截至目前，这种相互比较的方法并没有完全解决这个问题。

　　还有一种方法，那就是把野外采集回来的沉积物，在实验室磁场环境中重新进行沉积实验模拟。尽管存在各种环境不一致性，但是通过沉积实验，改变外磁场的磁化方向，做一条 $I_{观测}$ 和 $I_{真实}$ 之间的相关曲线，可以把 f 值拟合出来。尽管实验量很大，但是值得去做。

　　总之，和地学相关的数据都很复杂，所有信息都是被介质记录的，地质记录过程就是一个滤波器，或多或少都会对原有信息进行改造。因此，我们尽可能用多种方法对同一现象进行研究，如果多种方法的结果有可比性，就会增加数据解释的合理性。比如，我们可以同时做 AMS 校正和 E-I 校正，看校正后能否得到一致的结果。如果有火山岩数据，可三者同时对比。

第 24 章　相对古强度（RPI）

对于火山岩，我们可以在实验室模拟 TRM 获得过程，在已知外磁场 H_0 下获得实验室 TRM，并推算古地磁场强度。对于沉积物，如果我们也能在实验室中模拟 DRM 获得过程，是否也能推算古地磁场强度？

理论上讲，如果我们能够完美地模拟自然界的沉积过程，应该能够达到这一目的。可是，实际情况要比这个复杂得多。首先就是沉积后的压实过程。除了正常沉积，如果要锁定 DRM，需要通过压实过程，这个在实验室很难被完美模拟。另外就是沉积环境中的离子浓度。不同的离子浓度对 DRM 结果影响很大，我们并不清楚自然沉积物沉积时具体的沉积环境参数。总之，在实验室进行一些 DRM 的简单模拟是可行的，但是无法达到 TRM 这样完美的模拟程度，所以目前为止，还不能利用 DRM 来确定绝对古强度，不过这将是一个可以发展的方向。

但是 DRM 确实和地磁场强度密切相关。一般情况，地磁场强度越大，DRM 也就越大。但是，还有一个因素需要考虑，那就是磁性矿物的含量。显然磁性矿物的含量越高，样品的整体剩磁就会越高。因此，一块沉积物样品的 DRM 和地磁场强度、磁性矿物含量都相关。要想突出地磁场的影响，就必须要把磁性矿物含量的影响压制。

目前我们所提及的大部分磁学参数（χ、SIRM、ARM）除了受磁性矿物含量的影响，都和磁性矿物的粒径密切相关。M_s 确实只代表含量，但是想要获得 M_s 就需要测量磁滞回线，实验工作量很大。但是，M_s 作为相对古强度（relative paleointensity，RPI）的磁性矿物含量指标，需要系统研究。最终，大家还是选用 χ、SIRM 和 ARM 作为常用的磁性矿物含量替代指标，前提是磁性矿物的粒径变化不大。

磁畴状态与粒径相关，所有确定磁性矿物磁畴状态的实验，在这里都可以派上用场，如磁滞回线参数、FORC 等。还有一种更为便捷的方法就是把以上几种参数做相关图。如果它们之间都具有很好的线性正相关关系（图 24-1），说明磁性矿物的粒径变化不大，这些参数主要代表含量变化，可以被用来确定相对古强度。

磁性矿物的性质一定会变化，因为它们还受气候的影响。全球气候在轨道周期尺度上变化，随之磁性矿物的物源、传输路径、保存状态等都会受到影响。于是，Lisa Tauxe 教授提出，只要磁学参数的变化范围不超过一个数量级（10 倍），就认为可以被用来构建 RPI 曲线（Tauxe and Wu，1990；Tauxe，1993）。大家会问，为什么是一个数量级，而不是其他的阈值？事实上，这个数值确实有一点随机。如果只是含量变化，影响会小些。如果是粒径大幅度变化，情形就复杂了。所以不能一概而论，也不能拿这个阈值当尚方宝剑。

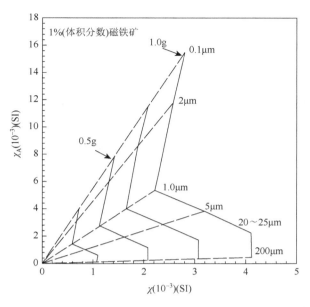

图 24-1　非磁滞磁化率（χ_A）、磁化率（χ）与磁性颗粒粒径、磁性矿物含量的关系（King et al.，1983）

那么，到底如何确定 RPI？最简单的方法就是用归一化的方法：

$$RPI = DRM/含量参数$$

一般情况下，我们会同时测量 χ、SIRM 和 ARM。这样就会得到三条 RPI 曲线，可以相互验证。总的说来 χ 更为复杂，而 SIRM 和 ARM 相对简单些，因为 SIRM 和 ARM 与 DRM 一样是剩磁，性质类似。

为了进一步去除一些软磁（矫顽力较小）成分的影响，古地磁学家发展出了稍微复杂的 RPI 确定方法。对 DRM 和 ARM 及 SIRM 都做逐步交变退磁处理，然后做 DRM 和 ARM 以及 DRM 和 SIRM 的相关曲线，在高场部分做线性拟合（图 24-2），这就避免了低场 VRM 的影响，以及测量的误差问题（Valet，2003；Hofmann and Fabian，2009）。这样做的实验量会增加，但是结果会更可信。

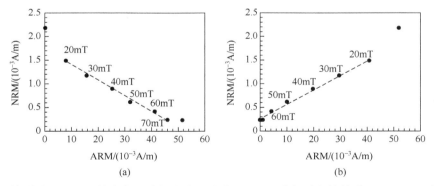

图 24-2　天然剩磁（NRM）的交变退磁与非磁滞剩磁（ARM）获得过程的关系（a）；NRM 与 ARM 退磁过程的关系（b）（Valet and Meynadier，1998）

两个参数表现出线性关系，20mT 之前已经将黏滞成分清洗掉

经过这些实验，我们得到了一条所谓的 RPI 曲线，它一定会高高低低变化，这些特征代表真实的地磁场变化吗？这个问题不简单。我们首先想到的是 DRM 被分母归一化之后，会不会受到分母的调制作用？也就是说所谓 RPI 变化可能是由于分母的变化造成的。在这种情况下，RPI 和其归一化参数之间就会存在相关性。目前比较流行的方法是做二者之间的频率谱相关性检测。如果二者的频率谱不相关，这就说明归一化参数的变化并没有引起二者的 RPI 特征变化，那么 RPI 的变化特征就代表地磁场信息。为了进一步加强曲线的可靠性，另外一种方法就是在不同区域多构建几条同一时段的 RPI 曲线，如果大家长得都非常相似，就可以相互验证曲线信息的可靠性。

要想得到完全一样的曲线，那是不可能完成的任务。不同曲线其时间框架都存在误差，沉积环境也不一样，有的地方非偶极子场的影响很显著。林林总总的因素加在一起，使得不同地区的曲线总是存在一些不一致的情况。这也难不倒古地磁学家，他们采用了一种 bootstrap 方法，合成一条标准曲线，同时还有误差分布信息（Guyodo and Valet，1996，1999）。Bootstrap 方法被前人亲切地翻译为"解靴带法"（Tauxe et al.，1991）。对于一种数学算法，更准确的意思应该是自适应法，或者自助法，这是一种抽样方法，对小样本非常有效。RPI 研究为什么用 bootstrap 方法来进行统计？因为样本数太少，经过不同学者几十年的研究积累，最多能够得到一二十条同一时段的 RPI 曲线。

经过上面的各种努力，我们获得了一条所谓的标准 RPI 曲线，而且有误差分布，这是否可以代表地磁场的相对变化特征呢？不一定，还需要其他方法得到的古地磁场强度数据进行验证。比如，虽然用火山岩获得的绝对古强度是零星分布的，但是有总比没有好。如果 RPI 曲线和绝对古强度曲线变化很一致，这就进一步增加了 RPI 的可信度。对于长序列的 RPI 曲线，需要和洋壳获得的磁化强度变化曲线进行对比。

还有一种信息也非常有效，那就是宇宙核素，比如 ^{10}Be 含量的变化。地磁场是地球的保护伞，可以屏蔽宇宙射线。地磁场强度的变化是进入地球宇宙射线通量变化的影响因素之一。宇宙射线粒子与地表大气或岩石矿物中的原子发生反应，可以形成一系列宇宙核素，如 ^{10}Be。在大气中产生的宇宙核素能够迅速参加到地表的地球化学循环中，进行迁移、转化。宇宙核素的相对含量与地磁场强度呈负相关关系，即当地磁场强度增强时，大气中的宇宙核素相对含量下降，反之亦成立。测量 ^{10}Be 和 ^{9}Be 可没那么容易。目前只有几个大型加速器实验室能做这样的测量，产出的曲线并不多。但是，有限的结果显示，^{10}Be 数据和 RPI 数据确实有反相关关系（图 24-3），佐证了 RPI 的可靠性（Frank et al.，1997）。

我们还可以通过对比 ^{10}Be 和 RPI 曲线来估算 DRM 的锁定深度。锁定过程相当于一个低通滤波过程。我们的曲线可以被分解为不同波长（频率）和幅度的成分，通过简单的快速傅里叶变换（FFT）就可以实现。所谓的滤波器就是只让一定频率的成分通过，其他成分都被压抑。噪声属于高频信息，所以低通滤波器就可以把这些噪声压制。对于古地磁记录，在沉积物慢慢压实的过程中，产生低通滤波效果。那些高频成分就无法被记录，信号的强度会降低，同时古地磁信息会向下移动，使信息偏老。但是 ^{10}Be 就不需要经过这样的过程。

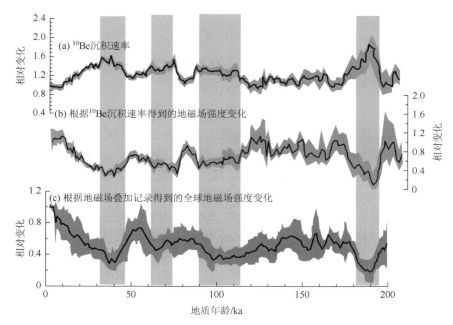

图 24-3　（a）全球 ^{10}Be 沉积速率与地质年龄的关系；（b）根据 ^{10}Be 沉积速率变化得到的地磁场强度变化；（c）根据地磁场叠加记录得到的全球地磁场强度变化曲线（Frank et al.，1997）

阴影区域代表标准误差

　　当然，这两种信息都会受到表面混合层的影响。表面混合层和锁层还是有着本质区别的。前者虽然也会让古地磁信息记录向下移动几厘米，但不是低通滤波器。如果我们仔细观察 ^{10}Be 峰值和 RPI 低值之间的深度关系，就会发现二者经常错位，其错开的厚度就是所谓的锁定深度。

　　我们假设锁定深度都是 15cm。对于一个快速堆积的沉积层来说，这个影响会很小。但是对于沉积速率很慢的沉积物来说，15cm 可能就代表着很长的时间。当把深度转换为时间后，就会发现古地磁记录被向下移动了很多，造成了不同剖面之间古地磁信息（比如古地磁极性倒转边界）无法准确横向对比。

第 25 章 RPI 曲线

RPI 最大的优点就是它的连续性。最为著名的一条 RPI 曲线叫作 Sint-800（synthetic intensity curve since 800ka）（Guyodo and Valet，1999）（图 25-1）。通过这条曲线，我们发现地磁场强度一直在变化。在约 780ka 的时候，地磁场发生了最后一次极性倒转，叫作松山-布容（Matuyama-Brunhes）极性倒转，其界线一般简记为 MBB。此时，RPI 非常低。之后 RPI 恢复到正常值的水平，并伴随着一些波动。有时候磁场强度会低于 $4 \times 10^{22} \mathrm{A \cdot m^2}$，大部分被证明都对应着地磁极性漂移事件。还有一些 RPI 低值区，截至目前还没有明确对应着任何地磁极性漂移事件，但是越来越多的证据表明，很可能这些 RPI 低值区，都对应着一些小的地磁极性漂移事件，但是受海洋沉积物分辨率的限制，无法记录。最近石笋研究有了新的进展。比如在 90ka 左右，RPI 显示一个低值，石笋记录明确显示了一次地磁极性漂移事件，我们称之为 post-Blake 事件（Chou et al.，2018）。目前大家最为熟悉的地磁极性漂移事件叫作拉尚（Laschamp）事件，发生在 40ka。这个事件看似具有全球性，甚至可以为海洋沉积物提供定年点。

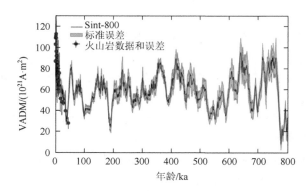

图 25-1　Sint-800 RPI 曲线（Guyodo and Valet，1999）（后附彩图）

我们把镜头拉近，看看过去 75ka 以来的 RPI 变化特征。Laj 教授在绝对古强度和相对古强度方面做了很大的贡献。北大西洋 RPI 合成曲线目前成了 RPI 全球对比的重要标准曲线之一（图 25-2）。显然，41ka 的拉尚事件最具有特征性。此外，在 64ka 也有一个范围宽泛的低值区。整体来看，在 10ka 和 75ka 之间，有 7～8 个低值特征，这些特征常被用来进行年代框架构建。

如果沉积序列很长，记录了 MBB，那么我们很容易就会获得 0.78Ma 这个年龄控制点。但是，如果沉积物序列较短，或者沉积速率太快，都无法记录到 MBB，这时候就无法用传统的磁性地层学来构建年龄。比如，在中国东部大陆架区，沉积物沉积速率太快，打到 200m 钻孔深度，都检测不到 MBB，这对定年造成了一定的困扰。

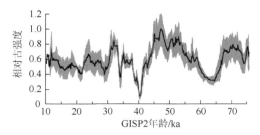

图 25-2　NAPIS-75 北大西洋标准曲线（Laj et al.，2000）

氧同位素曲线目前是海洋沉积物中主要的定年手段之一。可是在北太平洋地区，海水上涌，其碳酸盐补偿深度（CCD）很浅，碳酸钙壳体被溶解了，根本无法记录有效的氧同位素曲线。

此时，RPI 曲线会提供特别重要的年龄线索。根据 RPI 和气候曲线的主要特征，同时与全球标准曲线对比，就会得到"自洽"的年龄框架。这种研究思路已经在北太平洋以及东海进行了应用，取得了很好的效果。

Sint-2000 曲线是 Jean-Pierre Valet 教授课题组的又一里程碑式的 RPI 研究成果。他们把 RPI 的变化特征拓展到过去 2Ma。该曲线再一次证实在每一次地磁极性发生倒转的时候，都对应着强度的大幅度降低。从整体上来看，RPI 从 2Ma 以来有一个逐渐上升的趋势（图 25-3）。

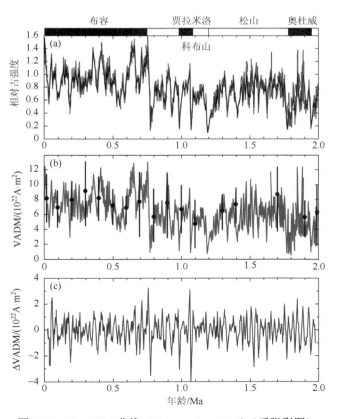

图 25-3　Sint-2000 曲线（Valet et al.，2005）（后附彩图）

　　我们现今的地磁场整体处于一个较高的水平。过去 100 年来，地磁场的强度快速下降，让人们产生了一些恐慌感，担心强度进一步降低会发生地磁极性倒转。对于完全的极性倒转，我们不必担心。在过去 1Ma 以来，地磁场强度有很多次比现在更低，但是都没有引起倒转。但是，那些持续时间较短（几百至几千年）的小事件会频繁发生。对人类来说，这个时间尺度也足够对人类生存环境产生重大影响。

　　随着时间尺度的延长，我们如何才能判定以上的 RPI 变化特征是合理的？

　　在此，我们根据洋壳记录的地磁场变化特征，二者对比一下便知。

　　我们发现在低频特征上，RPI 和洋壳记录的地磁场相对变化特征几乎可以一一对比（图 25-4），这就说明了 RPI 记录是可以记录地磁场信息的。但是我们也发现，在很多细节上还存在差异。这有两个原因：第一，洋壳扩张并不是匀速的，在扩张速率比较慢时，会丢失一些细节信息；第二，RPI 记录还受其他因素影响。但是，无论数据距离完美还有多远，就目前的曲线来看，已经揭示出地磁场强度一直在变化的特征。

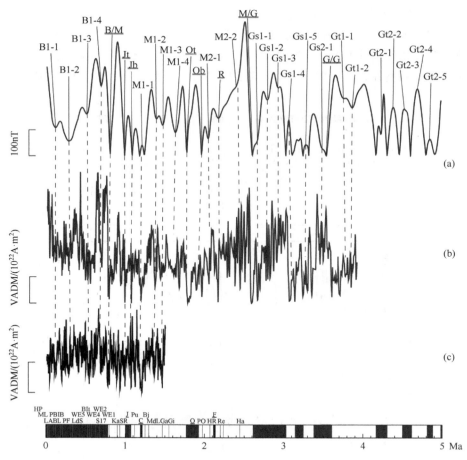

图 25-4　洋壳记录的地磁场强度变化（a），海洋沉积物记录的 RPI 对比图（b）VM93（Valet and Meynadier，1993）和（c）PISO-1500（Channell et al.，2009）

第26章 低温测量技术

低温测量会增强实验的系统性，其最大的优势是对样品无破坏，对一些特征矿物和磁性矿物磁畴状态变化较为敏感，如磁铁矿、赤铁矿等（Verwey，1939；Morin，1950）。常规的低温测量包括：零场冷却（zero-field cooling，ZFC）或有场冷却（field cooling，FC）后的剩磁或磁化强度升温测量、交变场磁化率测量、饱和等温剩磁的旋回测量（SIRM-cycle）等。

首先我们系统介绍两种 ZFC-FC 测量。

第一种 ZFC-FC 测量：首先零场降温到目标温度（比如 10K），然后加一个小场（比如 0.4mT = 4Oe），测量其磁化强度升温（到 300K）曲线；之后在有场环境下降温到 10K，再次测量磁化强度升温曲线，如图 26-1 所示。这等同于测量了 0.4mT 直流场磁化下的磁化率（$\chi = M/H$）随温度变化的曲线。

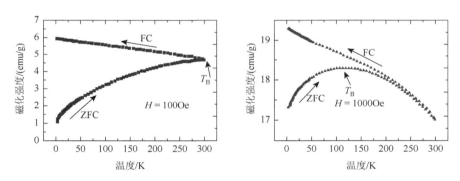

图 26-1　ZFC-FC 处理后弱场环境下磁化强度升温曲线（Aguiló-Aguayo et al.，2010）

图中磁化强度及磁场强度采用的是高斯单位制，1emu/g = 1A·m²/kg

从图 26-1 可以看出这两条磁化强度升温曲线并不重合，另外，当外磁场增大时，其 T_B 向低温移动，说明 T_B 明显受到外磁场强度影响。为了研究这两条曲线不重合的原因，Liu 等（2004c）测量了含铝针铁矿的 ZFC-FC 曲线，同时测量了同一外磁场下获得的 TRM 升温热退磁曲线，结果发现：

$$TRM = M_{FC} - M_{ZFC}$$

FC 和 ZFC 曲线的磁化强度差是 TRM。对于高温测量，在升温时并没有加场，降温时才加场。但是即使是升温时加场，对于获得 TRM 过程并没有影响，因为只有在降温时才会发生剩磁锁定。因此，根据第一种 ZFC-FC 测量，通过降温与升温曲线的磁化强度之差，可以获得 TRM 的热退磁谱。

第二种 ZFC-FC 测量：首先在零场降到低温（比如 10K），给样品施加一个 2.5T 的外磁场，使样品获得 SIRM，测量 SIRM 升温（到 300K）退磁曲线。然后在 300K，重新加

2.5T 的场，在有场的情况下，把温度降到 10K，撤掉外磁场，然后再次测量 SIRM 的升温退磁曲线。

在这个测量中，我们实际上获得了两条 SIRM 升温退磁曲线。这两个 SIRM 获得的方式不相同。我们以 10K 为参考点，第一个 SIRM 是在 10K 直接获得的。而第二个 SIRM 是有场情况下，从 300K 降温过程中获得的。

有的读者会问，这会不会有 TRM 的影响？

如果能问这个问题，说明对 TRM 有一定的了解，但还是没有抓住核心问题。TRM 一定要在外磁场比较小（比如几十微特斯拉）的情况下获得。加 2.5T 磁场，磁铁矿早就饱和了，和 TRM 没有什么关系。

那么在有场降温过程中，磁铁矿会有什么特别"经历"呢？

前文曾介绍过，磁铁矿在 120K 会经历 Verwey 转换。在降温过程中，磁铁矿晶体会由立方晶系变成单斜晶系，其易磁化轴要发生改变，磁矩也会随之转向。在没有外磁场的情况下，磁矩的转向是随机的。但是当有一个较大外磁场时，磁矩会更多偏向于和外磁场一致的易磁化轴方向。

所以，对于第二种 ZFC-FC 测量（图 26-2），两次获得的 SIRM 在本质上是有区别的。我们来看看实测结果。

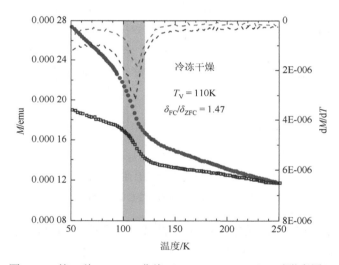

图 26-2　第二种 ZFC-FC 曲线（Pan et al.，2005）（后附彩图）

对于第二种 ZFC-FC 测量，FC-SIRM 的值高于 ZFC-SIRM 的值，其差别是由 Verwey 转换造成的。Bruce Moskowitz 教授最早利用这种 ZFC-FC 技术来研究磁小体磁铁矿的低温行为。他定义经过 Verwey 转换时的磁化强度降低幅度为 δ，δ_{FC}/δ_{ZFC} 的大小与磁小体链的排列有关。当 $\delta_{FC}/\delta_{ZFC} > 2$ 时，指示磁小体的存在（Moskowitz et al.，1993）。但是，当有 MD 磁铁矿存在时，这个比值就会受到很大的影响，整体会让比值降低。此外，低温氧化作用会压抑 Verwey 转换特征，也会使比值趋向于 1。第二种 ZFC-FC 测量对于鉴别海洋沉积物磁铁矿种类可以提供关键信息（图 26-3）（Chang et al.，2016）。

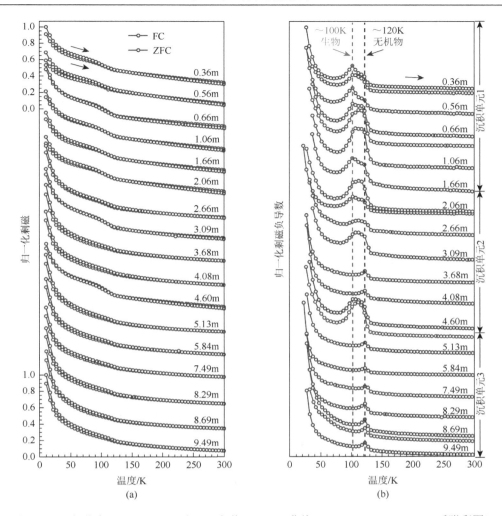

图 26-3　阿拉伯海 CD143-55705 岩心沉积物 ZFC-FC 曲线（Chang et al.，2016）（后附彩图）

100K 和 120K 附近的 Verwey 转换行为可以分别反映生物成因和碎屑成因磁铁矿的存在

　　另外一种常见的测量方式叫作 SIRM 低温旋回（low temperature cycle，LTC）测量。在室温 300K 给样品施加 2.5T 外磁场，撤掉外磁场，使其获得 SIRM。在零场环境下降温至某一低温点（如 10K），再升温至室温 300K，在该过程中同时测量每一个温度点的磁化强度。

　　室温剩磁 SIRM（ARM 或者 DRM）经过 LTC 后，会有两种表现，第一种是降温曲线与升温曲线不重合，升温曲线明显低于降温曲线。经过 LTC 处理，室温的剩磁被部分退磁。对于 MD 磁铁矿，LTC 处理是很好的一种退磁方式（图 26-4a）。当磁铁矿的粒径逐渐变小时，LTC 的退磁效果会变差（图 26-4b）。对于 SD 磁铁矿，几乎变成可逆的行为。因此，对于 SIRM 低温旋回曲线，第二种常见结果就是降温曲线与升温曲线基本重合，这种情况一般对应 SD 颗粒。

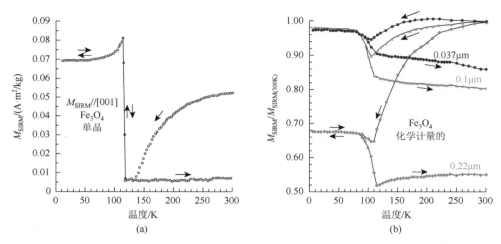

图 26-4　MD 磁铁矿室温 SIRM 的 LTC 行为（a）；不同粒径的磁铁矿 LTC 行为（b）（Özdemir et al.，2002）
（后附彩图）

　　ARM 经过 LTC 处理，也会受到影响。显然，随着获得 ARM 直流（DC）场强度的加强，ARM 的行为越来越趋向 SIRM。在 DC 场较小时，表现为可逆状态。随着 DC 场强度的增加，LTC 会逐渐增大其退磁效果（图 26-5）。

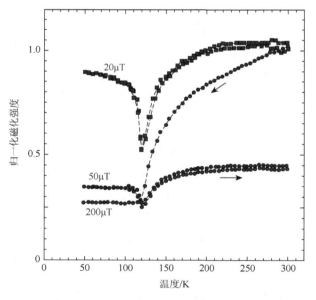

图 26-5　磁铁矿在不同 DC 场下获得的 ARM 的 LTC 行为（后附彩图）

　　沉积物或沉积岩样品中获得 DRM 到底是什么矿物携带的？这并不是一个容易回答的问题。Liu 等（2003b）研究了中国黄土/古土壤携带的 NRM 和 ChRM（经过 300K 热退磁）的 LTC 行为。因为 MPMS 仪器设定的磁化方向为垂向，所以首先要确定样品的 NRM 和 ChRM 方向，然后沿着它们的方向把样品切成圆柱状，放在胶囊里进行测量。

这个测量非常新颖，解决了 ChRM 载磁矿物类型的问题。对于黄土样品，其低温旋回曲线出现了明显的 Verwey 转换，说明是磁铁矿，其整体行为类似于 PSD 磁铁矿。而对于古土壤样品，其 ChRM 的低温旋回曲线为典型的可逆特征，并且随着温度的降低，剩磁强度反而上升，这是 SD 磁赤铁矿的典型特征（图 26-6）。这一结果表明黄土记录的是原生 DRM，由大颗粒 PSD 磁铁矿携带，而古土壤样品记录了 CRM，由成土作用产生的 SD 磁赤铁矿携带。

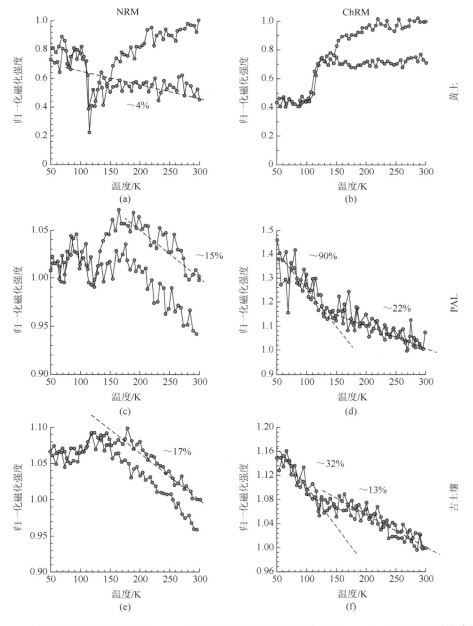

图 26-6　中国黄土/古土壤携带的 NRM 和 ChRM 的低温旋回行为（Liu et al.，2003b）（后附彩图）

另外，低温测量技术非常适合追踪纳米颗粒的生成过程。Liu 等（2008）系统研究了水铁矿（ferrihydrite）在老化过程中逐渐生成强磁性矿物的过程（图 26-7）。随着时间的增长，可以明显观测到磁化强度逐渐增加，解阻温度（T_B）向高温移动。这说明新的强磁性矿物逐渐生成，粒径逐渐增大。在 90～120d 之间，磁化强度突然降低，说明强磁性矿物转化为弱磁性矿物，但是样品中仍然含有一些未转化的水铁矿。

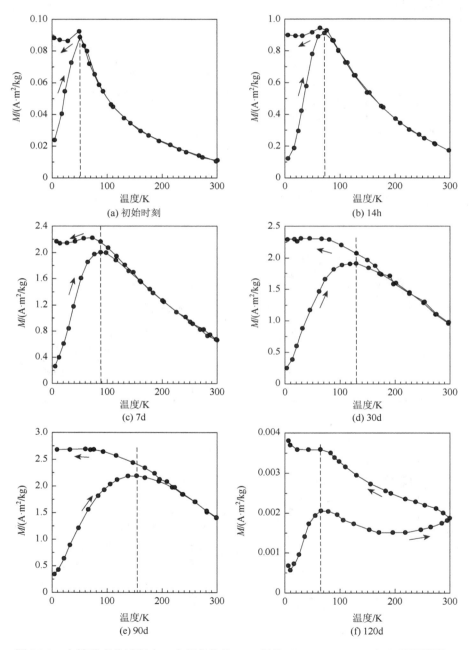

图 26-7　水铁矿老化过程中，中间产物的 LTC 行为（Liu et al.，2008）（后附彩图）

第 27 章　磁性分离技术

　　天然样品通常包含多种磁性矿物，每种组分的来源和粒径各有不同，有必要用物理、化学或数学方法分离出各个组分的信息。对于磁化率来说，因为不同组分反映的环境过程各不相同，不宜一概而论，所以对于磁信息的分离显得非常必要。

　　一种分离信息的方法是通过组合使用简单的参数（如χ、ARM、不同外磁场下获得的IRM 及这些参数的比值，比如 HIRM、S 比值和 L 比值），对于鉴别样品中主要的磁性矿物是有效的（Roberts et al.，1995；Maher and Thompson，1999）。不过，该方法局限性很大，因为天然样品的磁性矿物通常比较复杂，如具有多种磁畴状态混合、金属离子替代现象普遍等，这些因素都会造成数据解释的困难。Lowrie（1990）提出一个简单易行的方法分离混合矿物的矫顽力信息，即三轴实验。该方法沿三个正交方向，依次施加强中弱三个外磁场，样品获得三个正交的 IRM。第一个方向上的 IRM 由高矫顽力的颗粒携带，最后一个方向上的 IRM 由低矫顽力组分携带。接下来，对样品进行逐步热退磁。这样，三轴的退磁数据分别反映了矫顽力高中低三个组分的解阻温度谱，提供了相对丰富的信息。该方法对海洋沉积物中含铁硫化物的鉴别效果十分显著（图 27-1）。

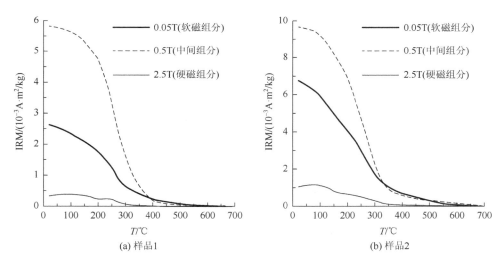

图 27-1　中国南黄海 CSDP-1 岩心沉积物胶黄铁矿富集层位三轴热退磁图谱（Liu et al.，2016）

　　Roberts 等（1995），Maher 和 Thompson（1999）设计了相关流程图，通过有序的测量，获得矫顽力、热稳定性和粒径分布的信息，从而鉴别矿物。France 和 Oldfield（2000）也提到了相似的方法，他们的流程依次为高场（>2T）正交退磁以及在−196～680℃之间对 SIRM 进行冷却加热。高矫顽力特征是鉴别赤铁矿和针铁矿的重要依据（France and Oldfield，2000；Maher et al.，2004）。

　　磁选是常用的物理分离方法，可以将强磁性矿物从弱磁性的基质中提取出来（Petersen et al.，1986；Stolz et al.，1986）。不过对于像赤铁矿和针铁矿这样的弱磁性矿物，分离的效果不理想（Liu et al.，2003a）。利用重力沉降可以将样品分离成不同粒径的组分。尤其是利用重液分离得到的磁性矿物，具有和原始样品相似的矫顽力分布（Franke et al.，2007）。

　　另一种方法是按照粒径大小分选矿物。不同于磁选，该方法不会遗漏磁性组分从而能更可信地分析物源沉积物。步骤为先用六偏磷酸钠将沉积物分解，然后进行筛选和吸取，这样就可以得到适合磁学测量的组分。针对粉尘和气溶胶样品使用该方法，有助于更真实地对比沉降物质与源区物质（图27-2）（姜兆霞和刘青松，2011）；而对于古土壤，该方法有助于分离整体测量信息，从而让研究者能够分别评价碎屑和成土作用组分的信息（Hao et al.，2008）。对于湖相沉积物，筛除生物成因组分后的样品才适合用来研究沉积物源的信息（Hatfield and Maher，2009）。

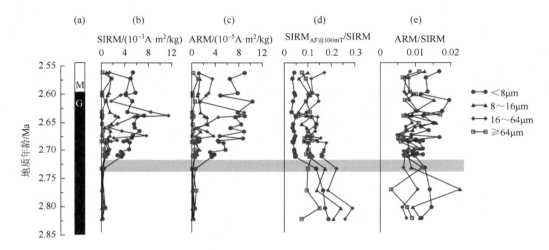

图27-2　西北太平洋ODP Hole 882A岩心沉积物分粒级后磁学参数变化序列（姜兆霞和刘青松，2011）（后附彩图）

　　CBD方法是常用的化学分离方法。这种方法能非常有效地溶解土壤和古土壤中的细粒三价铁矿物，比如赤铁矿、针铁矿和磁赤铁矿（Mehra and Jackson，1958；Verosub et al.，1993），也可能适用于细粒磁铁矿（Hunt et al.，1995c）。当土壤的整体磁学性质主要受成岩作用组分的影响时，用CBD提取的Fe可以很好地反映成土作用（Liu et al.，2010）。土壤中结晶不好的氧化物（如水铁矿）可以利用酸性草酸铵去除（Cornell and Schwertmann，2003）。CBD方法在中国黄土环境磁学研究中得到了广泛应用（图27-3）（胡鹏翔和刘青松，2014）。

　　由于不同矿物热稳定性的差异，低温和高温的特殊处理也是有效分离磁性信息的方法。比如，在低温对样品施加SIRM，之后升温解阻。利用SP+SD与MD磁铁矿在低温的不同特点，Liu等（2004a）在以SP+SD信号为主的背景中分离出了MD磁铁矿的Verwey转换信号。针铁矿的矫顽力大，交变退磁方法难以将其携带的剩磁完全清洗，但

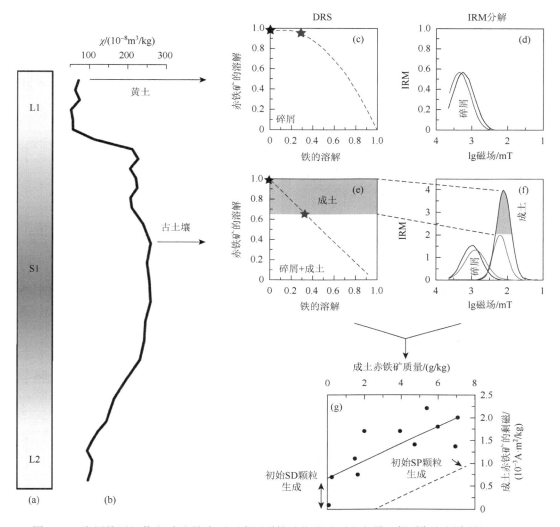

图 27-3　洛川第四纪黄土/古土壤中不同来源磁性矿物的鉴别和定量（胡鹏翔和刘青松，2014）

在 150℃进行加热处理可以有效退磁。磁赤铁矿和磁铁矿的热稳定性有差异，成土作用成因的纳米级磁赤铁矿在温度大于 300℃时会转换成赤铁矿。依据这个原理，土壤样品 300℃附近的磁化强度或磁化率的下降程度可以用来评估磁赤铁矿的含量（Deng et al.，2001）。

　　不论是物理分离、化学分离还是高温处理，都会破坏样品。相反，借助数学方法对常规磁学测量数据加以处理，可以无损地分解信息。比如样品的矫顽力谱可以通过拟合 IRM 获得曲线而获得（Robertson and France，1994；Kruiver et al.，2001；Heslop et al.，2002；Egli，2004a，2004b，2004c）。高矫顽力成分（几百毫特斯拉至几特斯拉量级）通常是赤铁矿或针铁矿引起。尽管由于铝替代的原因，针铁矿尼尔温度低于室温，通常不携带剩磁，但是若要进一步区分二者的贡献，可以将样品加热（＞150℃）进行高温 IRM 测量。总之，结合多种方法可以减少解释的不确定性。仅依靠室温 IRM 数据也能够较准确地分离样品中的各个组分。Egli（2004a，2004b，2004c）介绍了具体的原理、实验过程以及实例。Heslop 和 Dillon（2007）提出端元模型，基于一系列样品的 IRM 获得曲线来分离各组分信息。两种方法的前提假设都是各磁性组分的剩磁可线性叠加。分解海洋沉积物的 IRM 获得曲线，可以定量分离其中风成、河流相以及生物成因的组分（图 27-4），所以在研究样品所蕴含的环境信息的问题上被广泛应用（Yamazaki，2009；Roberts et al.，2011b；Just et al.，2012）。

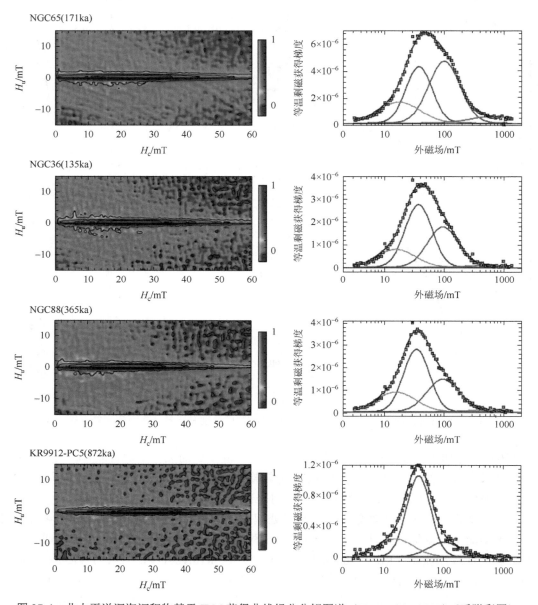

图 27-4　北太平洋深海沉积物基于 IRM 获得曲线组分分解图谱（Yamazaki，2009）（后附彩图）

磁滞回线反映的同样是样品中各磁性矿物的综合信息，解释磁滞回线数据的一种经典方法是把测量数据投影到 Day 图中（Day et al.，1977）。Day 图以 B_{cr}/B_c 为横轴、M_r/M_s

为纵轴，已知不同磁畴状态的磁铁矿在 Day 图中位于不同区域，以此为参考，可以根据样品数据所在区域来判断样品中磁性矿物的磁畴状态。但实际上，尤其当样品为混合矿物时，Day 图给出的信息是模棱两可的，因此饱受争议。由于 Day 图已在岩石磁学和环境磁学领域被广泛使用，因此，有人提出基于 Day 图的分离信息方法，试图提高 Day 图解释的准确性。Heslop 和 Roberts（2012a，2012b）应用端元分解法来区分两种混合物的 Day 图。Dunlop（2002a，2002b）详细地介绍了二元混合物在 Day 图上的性质，但 Heslop 和 Roberts（2012a）介绍的方法更有利于定量地分离混合样品信息。不过，天然样品中的混合组分通常比二元混合复杂，因此 Heslop 和 Roberts（2012b）改进的方法更适用于多种组分。如同 IRM 分解法，分解磁滞回线数据及其他非磁学测量数据也主要依靠数学方法，都将有助于定量化研究环境问题。

　　另外一种磁滞测量可以提供更丰富的信息。Pike 等（1999）和 Roberts 等（2000）介绍了通过测量一阶反转曲线来获得 FORC 图，进而提取磁性矿物的矫顽力分布以及磁性颗粒间的磁相互作用信息（图 27-5）。近年来，越来越丰富的研究实例加深了人们对 FORC 图的理解（Muxworthy et al.，2005；Roberts et al.，2006；Yamazaki，2009；Egli et al.，2010）。不过 FORC 图的应用仍以定性为主，定量分解不同组分的 FORC 信号的方法则是发展趋势（Zhao et al.，2017）。

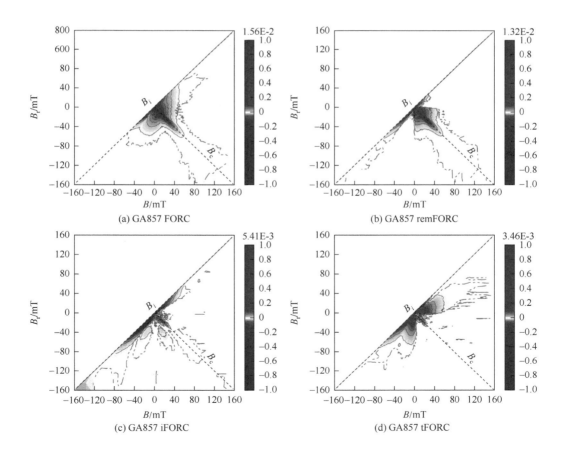

(a) GA857 FORC　　　　　　　　　　　(b) GA857 remFORC

(c) GA857 iFORC　　　　　　　　　　　(d) GA857 tFORC

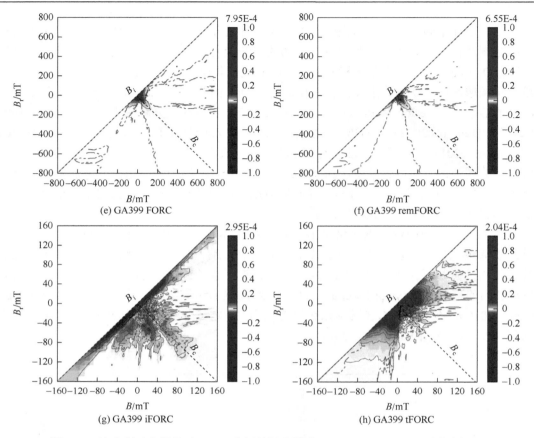

图 27-5　澳大利亚土壤基于 FORC 分解的组分图谱（Hu et al., 2018）（后附彩图）

第 28 章　非磁性技术

同步辐射 X 射线吸收谱技术在研究原子尺度的精细结构上有重要的应用，比如，电子状态、原子配位结构、固体结构、固体的氧化状态和磁性。这些应用并不像传统的 XRD 技术那样依赖样品的物理性质，比如同步辐射 X 射线对结晶程度不同的纳米颗粒同样适用。同步辐射技术的测量非常迅速，因此可以测量模拟自然界氧化还原反应的化学实验。这些优势可以很好地辅助环境磁学研究，更深刻地理解自然过程。

同步辐射装置是同步加速器中的电子储存环（图 28-1）。带电粒子做加速运动时都会产生电磁辐射，所以当加速器中的电子束被注入插入元件时，电子运动方向被弯转磁铁或波荡器改变并形成包括 X 射线在内的辐射光源。辐射光源的性质决定于电子储存环的能量，X 射线的能量从几百电子伏至上万电子伏不等。同步辐射沿着电子储存环管壁切向的引出口进入光束线路。光束线路中配有不同的光学装置，最重要的装置是单色器，起到分选入射光源能量范围的作用。光源经过能量分选、分光和聚焦后，进入与光束线末端相连的实验站。实验站内包括探测器、数据采集系统和控制系统等设备，可满足不同的测量需求。

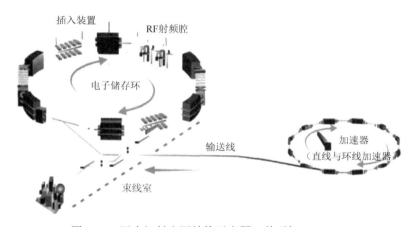

图 28-1　同步辐射光源结构示意图（曾昭权，2008）

同步辐射 X 射线吸收光谱可以测量样品对具有不同入射能量的 X 射线的吸收系数。随着能量的升高，吸收系数出现多次非连续性突变，这些吸收光谱上突变处称为吸收限。吸收限对应的能量等于被激发的内层电子的束缚能，并且根据被激发的内层电子的层位命名吸收限。K 吸收限对应的内层电子为 1s 层电子，L_1 吸收限对应 2s 层电子，$L_{2,3}$ 吸收限对应 2p 层电子。X 射线吸收光谱（XAS）上可以明显区分开三个区域。吸收限之前的区域（pre-edge region）反映了吸收原子的氧化状态和配位状态，吸收限附近的区域称为 X 射线吸收近限谱（XANES），是由吸收原子的邻近原子对出射光电子的背散射引起的，可作为一个特征来与标准样品进行对比（Fredrickson et al., 2000; Mikhaylova et al., 2005;

Dräger et al.，2010）。扩展 X 射线吸收谱（EXAFS）能够反映吸收原子与相邻原子间的距离，以及相邻原子的数量和类型（Guyodo et al.，2006）。将该方法应用到结晶较差的 6 线水铁矿的研究中，这些水铁矿的低温磁性存在差异，而根据其在铁的 K 吸收限的扩展 X 射线吸收谱，可以判断这些矿物的 Fe—O 和 Fe—Fe 键的平均距离相同，意味着它们的短程排列相似。由于这些样品短程与长程排列的相似性，研究者将样品的低温磁性的差异归结为由粒径引起而并非矿物结构的差异导致。借助 EXAFS 的研究还发现水铁矿中有 20%～30% 的 Fe^{3+} 位于四面体结构中，证实了之前的假设（Michel et al.，2007，2010）。对水铁矿在铁的 K 和 $L_{2,3}$ 吸收限的 X 射线磁性圆二色（X-ray magnetic circular dichroism，XMCD）的测量（图 28-2）（Guyodo et al.，2012），表明 6 线水铁矿晶格的四面体结构中有大量的 Fe^{3+}，与 EXAFS 的结果一致（Maillot et al.，2011）。

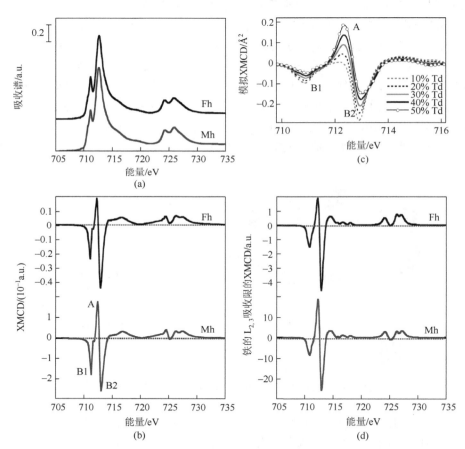

图 28-2　（a）合成 6 线水铁矿（Fh）和磁赤铁矿（Mh）的 $L_{2,3}$ 边各向同性的 X 射线吸收谱（XAS），温度为 15K，瑞士光源（Guyodo et al.，2012）；（b）Fh 和 Mh 对应的 XMCD 谱，在 6T 磁场下左右循环极化的 XAS 的差，数据是多次实验的平均值，根据前人的配位场多次谱理论计算（Brice-Profeta et al.，2005），由四面体内的铁（Fe_{Td}）引起的正向峰值标记为 A，而另外两个由八面体内的铁（Fe_{Oh}）引起的负向峰值标记为 B1 和 B2，Fh 的 XMCD 谱形状与 Mh 的类似，这表明 Fh 中含有大量的 Fe_{Td}；（c）Fe_{Td} 的含量变化对利用配位场多次谱理论计算的 XMCD 形状的影响，这表明 A 和 B2 峰对 Fe_{Td} 的含量最为敏感；（d）Fe_{Td} 的质量分数分别为 28% 和 37.5% 的 Fh 和 Mh 的 XMCD 谱

XMCD 可以获得特定元素的轨道磁矩和自旋磁矩，因此适合研究微观相互作用、粒径效应等引起的铁磁性材料磁矩微小的变化。铁磁性材料中具有未配对的电子自旋，即向上自旋与向下自旋的数目不等，这导致其对入射 X 射线的左右旋圆偏振光的吸收系数不相同，这就是 XMCD。实验表明，在外磁场中（强度最大可达几特斯拉）依靠左圆偏振和右圆偏振两种 X 光源获得两条吸收谱，可以用来导出 XMCD 谱。Brice-Profeta 等（2005）使用 XMCD 研究了不同粒径和表面镀膜的磁赤铁矿，他们发现 $L_{2,3}$ 吸收限处，晶格中八面体和四面体内的铁原子是矿物宏观磁性的载体；三类样品中四面体与八面体中的铁元素占有率的比值相同，而细粒的表面镀膜的纳米颗粒的八面体结构中的 Fe^{3+} 自旋排列比较无序。这一研究结果支持了纳米磁赤铁矿的核壳结构假设，该假设认为纳米颗粒表面的自旋与内部原子的自旋交换相互作用低于内部自旋间的作用强度。

Carvallo 等（2008）对冷却到 200K 的纳米磁铁矿测量了铁 $L_{2,3}$ 吸收限的 XMCD 谱。实验结果表明生物成因的磁铁矿中 Fe^{2+} 含量比无机成因的磁铁矿更丰富，这就能解释生物成因的磁铁矿具有更完善的结晶程度与标准的化学计量。Lam 等（2010）使用扫描透射 X 射线显微技术（STXM）和 XMCD 研究了海洋类弧菌 MV-1（一种在海水中发现的趋磁细菌）体内的磁小体（趋磁细菌体内被细胞膜包裹的磁铁矿或胶黄铁矿），发现磁小体内确有过量的 Fe^{2+}。

综上所述，使用同步辐射技术可以对样品做空间尺度上非常精细的研究，并且不需要样品具有周期性的结构。因此该技术对于低结晶度的矿物和纳米颗粒这些环境研究非常关注的对象也适用，对这些样品表面性质的研究可以反映出许多环境信息。另外，通过这类技术可以深入理解铁氧化物原子尺度的磁性特征，从而有助于建立更真实的模型来理解样品宏观磁性与环境变化之间的关系。比如，弄清结晶较差（由于反应速度过快等因素导致）的晶体表面原子的排列将有助于模拟重金属吸收、矿物分解/沉淀，或者氧化还原反应过程（Boily et al.，2001；Casey and Rustad，2007）。这些优势使得同步辐射技术将在环境磁学领域得到更多的重视和应用。

第 29 章　磁铁矿和磁赤铁矿

　　磁铁矿（Fe_3O_4）是磁学研究的重中之重，它的晶格结构（图 29-1）是一种典型的反尖晶石结构。磁铁矿分子中有三个铁离子，其中两个 Fe^{3+}，一个 Fe^{2+}。一个 Fe^{3+} 单独存在于 A 位（A-site），与周边的氧离子形成一个四面体（图 29-1）。而在 B 位（B-Site），一个 Fe^{3+} 和 Fe^{2+} 与周边的氧离子一起形成一个八面体。四面体和八面体中的两个铁离子的磁矩刚好相反，于是互相抵消，独留下八面体中的 Fe^{2+}，此即为磁铁矿的强磁性来源。连接相邻两个八面体对角线方向，就是它的易磁化轴方向。这种由于 A 位和 B 位磁矩不相等，不能相互抵消而形成的磁性叫作亚铁磁性（ferrimagnetism）。

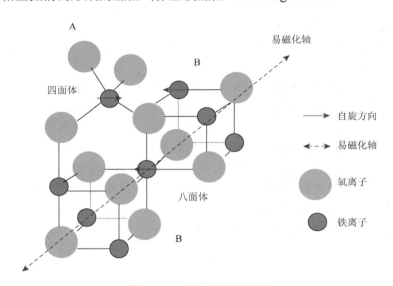

图 29-1　磁铁矿的晶格结构

　　磁铁矿的内禀性质有

$$T_C = 578℃$$
$$M_s = 480kA/m = 92A \cdot m^2/kg$$
$$T_V = 120K（Verwey 转换温度，对应化学计量纯度 100\%）$$
$$a = 8.396Å（晶格参数）$$

以上是我们用来鉴别样品中是否存在磁铁矿最有效的参数。

　　关于居里温度，目前我们有两种方法来确定。

　　第一种是磁化率-温度（χ-T）曲线。χ-T 曲线测量简单，但是，该曲线还受到粒径分布的影响。大部分情况下，为了避免加热过程中样品被空气中的氧气氧化，加热时通氩气。但是这会造成样品的还原环境，新形成很多细粒磁铁矿。这就导致升温曲线中出现的磁铁矿存在多解性。只有在 χ-T 曲线的升温曲线和降温曲线相对可逆的情况下，得出的特殊磁化率峰才代表解阻行为，否则如果降温曲线高于升温曲线，就说明新生成的磁性矿物影响较大。很多初学者会迷惑，为什么矿物转化在升温过程中看不到，而在降温过程却大幅度增加？这是由于新生成矿物的化学反应发生在 580℃ 之上，此时磁性大幅度降低。但是，在降温到居里温度之下时，它们的磁性就会立刻显现出来。

第二种就是饱和磁化强度-温度（J-T）曲线，可以通过居里秤获得。它的好处在于饱和磁化强度和粒径不相关，解释起来相对简单。同时，一般情况下在实验过程中不会加氢气，所以很难加热生成磁铁矿。即便有磁性矿物生成，在加热过程中很快就氧化成赤铁矿。

Verwey 转换是磁铁矿特有的低温性质。对于纯磁铁矿（化学计量纯度）来说，这个温度发生在 120K。如果磁铁矿晶格中掺杂了一点杂质（比如，空位或者 Ti^{4+}），在物质的量浓度小于 4% 时，T_V 会随着化学计量纯度的降低而降低。

物理学家对磁铁矿的 Verwey 转换进行了详细的研究。在 120K 之上，磁铁矿晶格中 A 位和 B 位之间铁离子的电子有自由交换行为，从而整体晶格表现为立方体。随着温度的降低，在 120K 之下，电子变得懒惰，没有多余能量在两个层位之间进行交换，那么晶格结构就变得不对称，从而形成一种单斜结构（图 29-2）。

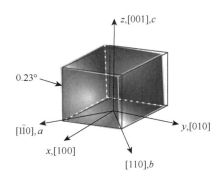

图 29-2　在 T_V 时磁铁矿的晶格结构从立方体变为单斜结构

磁铁矿这种晶格结构上的变化，会引起其易磁化轴的变化。也就是说在 120K 之上的一些易磁化轴，在 120K 之下就变成难磁化轴。其直接结果就是，磁矩会从难磁化轴发生偏转，寻找邻近的易磁化轴。在剩磁上，就表现为磁性变得混乱，被退磁了。反过来也一样，在 120K 之下获得的剩磁，在通过 T_V 时，由于易磁化轴的变化，磁矩也会部分发生混乱，造成退磁。

实验结果表明，磁铁矿的低温剩磁在 T_V 确实会大幅度变化，其变化幅度与其磁畴状态相关。对于 MD 颗粒，可下降 90% 以上。随着粒径变小，SD 颗粒的剩磁下降幅度最小（图 29-3）。对于 SP 颗粒是什么情形？SP 颗粒会逐渐解阻其剩磁，在 120K 并不会产生特殊行为。正是由于这种与磁畴的关系，磁铁矿的 LTSIRM 热退磁曲线还可以被用来分离 MD、SD、SP 颗粒的剩磁。比如，在 T_V 大幅度下降的剩磁为 MD 颗粒主导，逐渐解阻的剩磁是 SP 颗粒的行为，在 300K 剩下的剩磁则是 SD 颗粒主导。

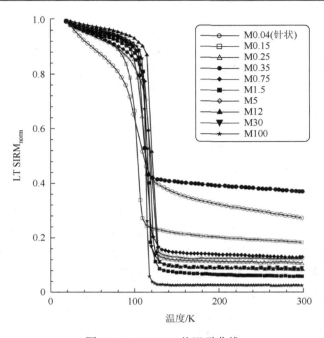

图 29-3　LTSIRM 热退磁曲线

在 T_V 处，随着颗粒粒径的增大，退磁效果也会增强

　　磁铁矿的 T_V 并不是一个常量，随着其晶格结构中杂质的增多，T_V 会逐渐下降。当含有杂质时，磁铁矿可以表示为 $Fe_{3(1-\delta)}O_4$（对应氧化程度时的晶格空位）或者 $Fe_{3-x}Ti_xO_4$（对应着钛磁铁矿）（图 29-4）（Kozłowski et al.，1996）。实际上，只要有一点杂质，比如摩尔百分比为 4% 的 Ti^{4+}，T_V 就下降到 80K。另外，在 100～110K，不存在 T_V 的变化。所以，测量自然介质，我们观察不到 105K 的 T_V，因为它根本就不存在。

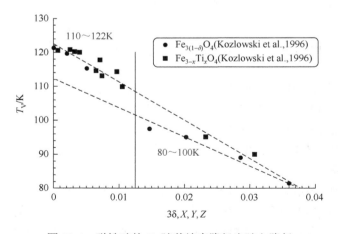

图 29-4　磁铁矿的 T_V 随着纯度降低也随之降低

　　研究发现磁小体的 T_V 一般为 110K，即使对新鲜的样品也是这个结果。这说明，磁小体磁铁矿的化学计量纯度不是 100%。高倍 TEM 观测发现，磁小体磁铁矿晶格中确实

存在着空位。

压力对 T_V 也会产生很大的影响，如果磁铁矿受到压力作用，T_V 会向低值移动。比如，在陨石坑里经常存在两类磁铁矿，一类磁铁矿的 T_V 为 120K，另一类的磁铁矿 T_V 为 110K。如果不是磁小体的影响，那么后者就对应着压力影响。我们可以把样品加热一下，后者晶格内存在的应力会释放，这个 110K 的 T_V 也会随之消失。磁小体的低值 T_V 不会因加热处理而改变。

磁铁矿被氧化时，其晶格里的 Fe^{2+} 会被氧化成 Fe^{3+}，同时晶格内产生空位。当 Fe^{2+} 全部被氧化成 Fe^{3+} 时，其分子式就会和赤铁矿完全一致（Fe_2O_3），但是其晶格结构还和磁铁矿相同，这种矿物叫作磁赤铁矿。

磁赤铁矿的主要特征：

$$M_s = 380\text{kA/m}$$
$$a = 8.337\text{Å}$$

对于小颗粒磁赤铁矿，具有热不稳定性，在 300℃ 之上会慢慢转化为赤铁矿。与黑色的磁铁矿相比，其颜色偏红，不具有 Verwey 转换。

第30章　赤　铁　矿

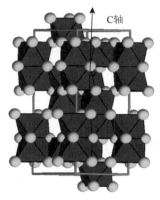

图 30-1　赤铁矿的晶格结构

赤铁矿（α-Fe_2O_3）具有刚玉结构，一个 FeO_6 组合为一个八面体。相邻两层 Fe^{3+} 的磁矩排列方向刚好相反，相互抵消，因此赤铁矿具有反铁磁性（antiferromagnetism）。每一层铁离子组成的面叫作 C 面，垂直于 C 面的轴叫作 C 轴。赤铁矿的晶格结构如图 30-1 所示。

赤铁矿的 T_C 比磁铁矿要高，大约为 670℃。其晶胞参数为
$$a = b = 0.5034nm$$
$$c = 1.3752nm$$

赤铁矿 M_s 很小（约 0.4A·m^2/kg），比磁铁矿小两个数量级。因此，其形状各向异性能很小，磁结晶各向异性能提供主要的磁能。磁结晶各向异性能与 M_s 成反比，也就是说 M_s 越小，其矫顽力就越大。磁铁矿的矫顽力一般在 20mT 左右，而赤铁矿的矫顽力可以高达几百毫特斯拉，甚至更高。这就给我们提供了一个契机，可以根据磁铁矿和赤铁矿矫顽力的差别，来确定二者对样品磁性的贡献。

首先，对一块样品在 X 轴方向加一个饱和场（比如 1T），样品获得的剩磁为 IRM_{1T}。然后在反方向加一个 300mT 的场，让样品重新磁化。所有剩磁矫顽力小于 300mT 的颗粒，其磁矩都会沿着反方向被饱和磁化，而剩磁矫顽力大于 300mT 的颗粒，其磁矩仍然保持正向磁化。此时，样品中就含有两种相反的磁矩，整体剩磁为 IRM_{-300mT}。

如果想要估算硬磁组分（hard IRM，HIRM）的贡献，我们可以把两个剩磁相加：
$$HIRM = 0.5 \times (IRM_{1T} + IRM_{-300mT})$$
其中，系数 0.5 是因为高矫顽力组分对 IRM_{1T} 和 IRM_{-300mT} 都有贡献，相加时软磁组分被抵消，而硬磁组分被重复计算，所以需要除以二。另外，在计算 HIRM 时，一定要注意，IRM_{1T} 和 IRM_{-300mT} 都是矢量，而超导仪器测出的剩磁强度只显示数值，不显示方向，所以在进行二者相加时，一定要注意 IRM_{-300mT} 倾角方向，不能简单地进行数值相加，否则就会引起错误的解释。一般情况下，HIRM 越高，表示样品中高矫顽力组分的含量越高。

除了计算 HIRM，还可以利用上面的参数计算高矫顽力和低矫顽力成分之间的相对含量：
$$S = -IRM_{-300mT}/IRM_{1T}$$
S 越接近于 1，表示软磁组分含量高，S 越低，表示硬磁组分含量越高。

上面我们选择 300mT 作为阈值，其实还可以选择其他的阈值，比如 100mT。为了区分起见，我们重新定义：
$$HIRM_{x\,mT} = 0.5 \times (IRM_{1T} + IRM_{x\,mT})$$

后来的研究表明，赤铁矿的剩磁矫顽力变化很大，尤其是含铝赤铁矿，剩磁矫顽力可能会小于 300mT，于是传统的 HIRM$_{-300mT}$ 就不能真正代表赤铁矿的含量变化。

为了解决这一难题，Liu 等（2007b）提出 L 比值的概念：

$$L = HIRM_{-300mT}/HIRM_{-100\ mT}$$

L 比值与高矫顽力组分的剩磁矫顽力正相关。L 比值越大，表示其剩磁矫顽力越大。只有当 L 比值变化不大时，剩磁矫顽力的变化对 HIRM 影响较小，HIRM 才能被用来衡量高矫顽力组分的变化。如果 L 比值变化很大，说明 HIRM 不再单纯地表示高矫顽力组分的含量。反而 L 比值本身可能代表着高矫顽力组分物源的变化。

和磁铁矿相似，赤铁矿也有一个低温转换温度，发生在 250K 左右，叫作 Morin 转换，该温度叫作 Morin 转换温度（T_M）（Morin，1950）。在该温度剩磁会突然发生变化。我们来一起做一个实验。找一个晶型完美的赤铁矿，首先我们在 300K 沿着 C 面方向加场，让赤铁矿获得一个剩磁。然后在 C 面和 C 轴方向，同时测量剩磁随着温度降低的变化特征。在 250K 左右，我们发现沿着 C 面的剩磁突然大幅度下降，而沿着 C 轴方向上的剩磁突然大增。这说明在 300K 沿着 C 面获得的剩磁在 T_M 突然转向到了 C 轴。所有这种磁矩突然转向的行为都可以用能量最小原理来解释。

我们来考察一个正向放置的碗，此时碗底是能量最小状态。而对于一个反向放置的碗，其碗底则是一个能量最大状态。计算磁能需要一个系数，这个系数是随着温度变化的。当这个系数在 T_M 处会发生正负符号变化，能量最小状态就发生改变。在 T_M 之上，M 沿着 C 面定向排列，而在 T_M 之下，M 会发生 90°偏转，变成沿着 C 轴定向排列。

T_M 也不是一个固定值，和 T_V 一样，受赤铁矿的晶型、所含杂质等因素影响。另外，自然界中赤铁矿大部分以纳米颗粒存在，很难用 T_M 检测其存在。如果样品显示 Morin 转换，说明其所含赤铁矿颗粒的粒径偏大，纯度较高。

在 T_M 之下，我们发现，赤铁矿的剩磁并不为零，这是什么原因？

这种情况下，赤铁矿的剩磁主要来源于缺陷剩磁（图 30-2），也就是说赤铁矿在晶体内含有一定的晶格缺陷，正反两个方向磁矩不再匹配，于是产生了剩磁。可是，当温度逐渐回升，在跨越 T_M 之后，又恢复了一部分剩磁（图 30-2），这又是怎么回事？

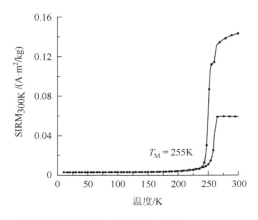

图 30-2　赤铁矿剩磁的低温冷却循环过程（Jiang et al.，2012）

在赤铁矿晶体内部存在很多晶格缺陷，在这些部位，当温度回升时，会重新长出磁畴，剩磁会增长，但是肯定恢复不到原来的状态。Özdemir 和 Dunlop（2006）证实了这一点，T_M 之下的剩磁和经过 LTC 之后的室温剩磁具有很好的正相关性。这说明 LTC 之后的室温剩磁确实受到晶格缺陷控制。

赤铁矿晶体一般呈板状，在不同的环境下形成的赤铁矿形状差异较大（图 30-3）。板状晶型的赤铁矿很容易产生 DRM 倾角浅化问题。纳米级赤铁矿显示红色，是极好的染色材料。我们看到土壤红通通的，是因为含有很多成土作用产生的纳米赤铁矿。火星表面的红色也是因为其表层土壤里含有大量的纳米级赤铁矿。所以，研究赤铁矿不仅对地球的环境气候有重要意义，对探索火星帮助也很大。

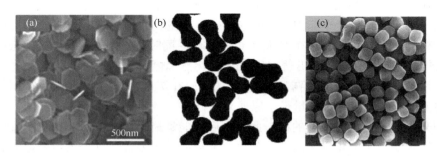

图 30-3　赤铁矿的几种晶型（Sugimoto et al.，1993）

赤铁矿除了对环境敏感，其参数可作为环境变化指标，它本身还是古地磁学中天然剩磁的重要载体。磁铁矿的 SD 区间很狭窄，在几十到一百纳米之间。而赤铁矿 SD 的下边界和磁铁矿类似（几十纳米，其上边界可达十几微米）。也就是说自然界中的赤铁矿几乎全在 SD 区间。

纳米级赤铁矿大多和沉积化学风化有关，是沉积后期形成的，容易携带化学剩磁（CRM）。而粗颗粒的赤铁矿是源区物理风化产生，在沉积区携带的是 DRM。如果 CRM 形成时间明显滞后（比如百万年尺度），导致其与 DRM 方向存在明显区分，此时的 CRM 可以理解为次生剩磁。原生剩磁被后期次生剩磁完全或部分覆盖的现象即为重磁化，这是古地磁研究中普遍存在的一个问题（McCabe and Elmore，1989；Van der Voo and Torsvik，2012）。重磁化现象会干扰古地磁数据的分析，进而导致对后期构造过程的错误判断，解决这个问题的关键是对这两类剩磁进行系统分离。

Jiang 等（2015）通过合成一系列赤铁矿样品，在实验室进行 DRM 沉积实验和 CRM 获得实验，发现 CRM 和 DRM 的热退磁谱完全不一样。携带 CRM 的赤铁矿粒径小，T_B 值相对低，很容易被热退磁，其退磁谱相对宽泛。而携带 DRM 的赤铁矿颗粒相对较大，其解阻温度相对要高，不容易在低温解阻（图 30-4）。这种区分化学剩磁和沉积剩磁的方法已被同行应用到青藏高原的古地磁研究中。

赤铁矿与其他矿物不同，MD 颗粒比 SD 颗粒更容易获得 TRM（图 30-5）。MD 赤铁矿的 TRM 很高，只比 SD 磁铁矿低一个数量级，这为我们以后的研究提供了一个新的思路，尤其是对火星的研究要重视 MD 赤铁矿的贡献（Kletetschka et al.，2000a，2000b）。

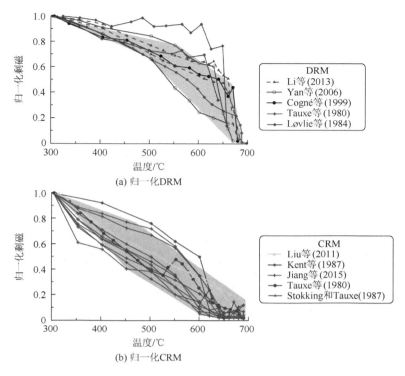

(a) 归一化DRM

(b) 归一化CRM

图 30-4　赤铁矿 CRM 和 DRM 热退磁谱对比（Jiang et al.，2015）（后附彩图）

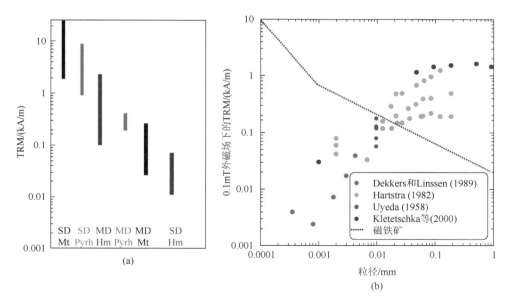

图 30-5　不同磁畴状态的磁性矿物所携带的 TRM 比较（a）；赤铁矿和针铁矿 TRM 与粒径的关系比较（b）（Kletetschka et al.，2000a，2000b）（后附彩图）

第31章　针　铁　矿

　　针铁矿，顾名思义，形状像针一样，又细又长。它的分子式为α-FeOOH。其中 Fe 均为 Fe^{3+}。晶格里有氢和氧，在加热过程中容易脱水，形成赤铁矿。针铁矿属于斜方晶系，$FeO_3(OH)_3$ 组成一个八面体，呈双链排列，两双链之间由两排空位隔开（图 31-1）。

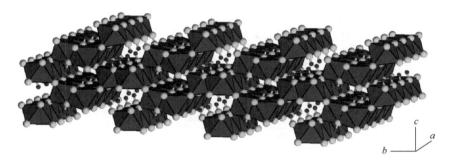

图 31-1　针铁矿的晶格结构

　　针铁矿的晶胞参数为：$a = 0.9956$nm；$b = 0.30215$nm；$c = 0.4608$nm。针铁矿为反铁磁性，同时附存一个较弱的亚铁磁性，但是该亚铁磁性要比赤铁矿弱得多（Özdemir and Dunlop，1996）。因此，针铁矿的特征磁学参数为：$M_s = 0.001 \sim 1$A·m²/kg，$T_N = T_C = 120$℃。平行于针铁矿 C 轴更容易获得 TRM，$M_{TRM//} = 2.4 \times 10^{-4}$A·m²/kg，垂直于 C 轴不容易获得 TRM，$M_{TRM\perp} = 1.2 \times 10^{-5}$A·m²/kg，如图 31-2 所示。

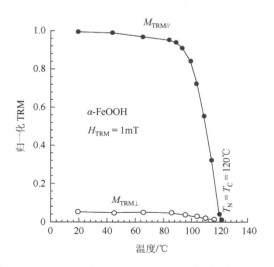

图 31-2　针铁矿平行或垂直于 C 轴获得的 TRM（Özdemir and Dunlop，1996）

　　和赤铁矿一样，由于针铁矿的 M_s 非常小，其矫顽力受到磁结晶各向异性能主导，所以具有非常高的矫顽力，可以达到几特斯拉，甚至更高。Rochette 等（2005）系统测量了针铁矿的饱和情况。对于较纯的针铁矿，在 $B = 57T$ 时，IRM 曲线仍未饱和。在实验室里，我们一般可以把场最大加到 $2\sim3T$，在 $B = 3T$ 时，针铁获得的 IRM 不到其最大值的10%。所以，平时的仪器测量低估了针铁矿对剩磁的贡献。也正是由于针铁矿具有这么高的矫顽力，AF 交变退不适合对针铁矿进行磁清洗。

　　自然界中的针铁矿常常和赤铁矿伴生，如果不经受热改造，它也是非常稳定的剩磁携带者。确定针铁矿是否携带天然剩磁，最直接的方法还是加热法，100 多摄氏度（＜120℃）的解阻温度是针铁矿最重要的鉴别标志。

　　为了提高实验效率，我们通常采取一种三轴实验方法。首先在 X 轴加一个大场（＞2T），然后在 Y 轴加一个中间场，比如 500mT，最后再在 Z 轴方向加一个更小的场，比如 50mT。这么做的主要目的是让不同矫顽力组分沿着三个正交方向排列。

　　我们来判断一下，经过三次加场，在 XYZ 三个方向各是什么成分占主导？在 X 轴方向加的场最大，假设会把所有成分都饱和。在 Z 轴，50mT 的场会让那些最软的成分沿着这个方向排列，而 Y 轴则是一种中间混合信息。这样一块样品就可以得到 XYZ 三个方向相互独立的三条热退磁曲线。

　　在 X 轴，一般都是赤铁矿和针铁矿占主导，所以如果针铁矿对剩磁有贡献，我们会在 120℃ 观测到大幅度的剩磁降低，另外剩磁会在 780℃ 之前完全解阻，暗示赤铁矿的存在。在 Z 轴，我们一般不会看到赤铁矿和针铁矿的信息，而是强磁性矿物占主导，比如磁铁矿和胶黄铁矿等。针铁矿的形状如图 31-3 所示。

| (a) GtIII0(Al = 0) | (b) GtIII8(Al = 2.8) | (c) GtIII20(Al = 5.3) |

图 31-3　针铁矿的形状（Jiang et al.，2014a）

　　针铁矿的尼尔温度很低，大约 120℃。一般情况下利用 MPMS 做实验，不愿意把温度加热到 400K，而只是在 300K 以下。如果实验室能够把 MPMS 的测量温度升到 400K，那么我们就可以利用这台仪器对针铁矿和赤铁矿的信息进行分离。

　　随着晶格中 Al 的摩尔百分比增加，针铁矿的 T_N 会随之降低，差不多在摩尔百分比为 20% 时，其 T_N 降低到室温 300K（图 31-4）。我们知道在尼尔温度之上，颗粒处于顺磁性。当尼尔温度逐渐逼近室温时，针铁矿在室温就会趋近顺磁性，而不能记录稳定的剩磁，但是对高场顺磁性磁化率会有贡献。所以，对于含铝针铁矿，很多时候我们用剩磁方法可能无法检测到。

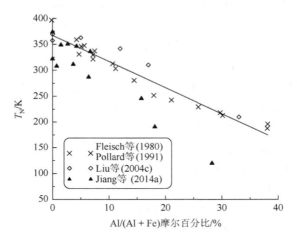

图 31-4　针铁矿的尼尔温度与铝含量关系

首先，当温度趋近 T_N 时，针铁矿的磁性会迅速下降。反之，当其尼尔温度趋近室温时，只要稍微一降温，针铁矿的磁性会迅速升高（图 31-5），而含铝赤铁矿就不会有这种特征（Liu et al.，2006）。其次，赤铁矿在 LTC 实验中会丢失剩磁，而针铁矿不会。把这两种性质叠加在一起，利用 MPMS 测量就可以区分针铁矿和赤铁矿的贡献。

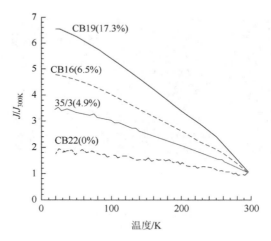

图 31-5　针铁矿在室温获得的剩磁与温度的关系（Liu et al.，2006）

第 32 章 胶 黄 铁 矿

铁硫化物是一个特殊的体系，其中包括强磁性的胶黄铁矿（Fe_3S_4）和磁黄铁矿（Fe_7S_8）。如果在充分还原的环境里，最稳定的硫化产物是黄铁矿（FeS_2）。

和磁铁矿类比，我们会发现胶黄铁矿和磁铁矿一样具有反尖晶石结构。由于 S 的离子半径比 O 的离子半径大，所以单位体积内铁离子的含量小，因此它的 M_s 也要随之减小。

$$M_s = 23\sim30\text{A·m}^2/\text{kg} \approx \frac{1}{4}M_{s,\text{磁铁矿}}$$

$$B_c = 20\sim30\text{mT}（比磁铁矿要高一些）$$

由于胶黄铁矿具有热不稳定性，测量胶黄铁矿的居里温度一直是个难题。研究表明，其居里温度 T_C 为 320～400℃（Chang et al.，2008）。与磁铁矿不一样，胶黄铁矿的易磁化轴一直在＜100＞方向（Heywood et al.，1990），所以它不具备磁铁矿那样的低温转换特征，但是在经过 LTC 处理后，也会退磁。

胶黄铁矿是一种中间产物，其形成的机制有两种：一是向黄铁矿转化的过程被打断，从而停留在中间状态。在台湾地区大量存在胶黄铁矿。我们可以这样解释，台湾在近几百万年以来一直处于快速隆升阶段，在构造过程中，容易形成这种"打断"机制，使得胶黄铁矿保留下来。二是硫的含量相对较少，不足以形成黄铁矿。以前的模型一直认为胶黄铁矿要在氧化还原界面之下形成。刘建兴博士系统研究了黄海和渤海的沉积物，发现胶黄铁矿的出现常常伴有 Cd 含量的增加（Liu et al.，2018）。我们知道 Cd 容易与微量 S 形成 CdS，在氧化还原界面沉淀下来。Cd 的峰值一般认为是弱氧化-弱还原环境，也就是氧化还原界面。这种一致性说明胶黄铁矿应该在氧化还原界面处形成。黄海和渤海属于边缘海，水深很浅。随着海进与海退，氧化还原界面会发生重要变化，所以胶黄铁矿会生成。只要胶黄铁矿一出现，就暗示着有水环境。所以胶黄铁矿可以被用来研究这些地区的海进情况以及海平面升降等过程。

Rowan 等（2009）研究了沉积物中胶黄铁矿的生成过程（图 32-1）。在沉积物浅部属于氧化环境，原生磁铁矿会得以保存。随着深度增加，逐渐转向还原环境，原生磁铁矿就会发生部分溶解。最开始小颗粒磁铁矿优先溶解，所以磁铁矿的整体粒径分布向粗颗粒方向移动，但是整体磁性会降低。深度再增加，原生磁铁矿会被大幅度溶解，胶黄铁矿会逐渐生成。该过程在 Day 图上表现为一个逆时针旋转过程。粒径先变粗后变细，最后逐渐向 SD 颗粒方向转化。

自然界中形成的胶黄铁矿一般处于 SD 状态，呈葡萄状集合在一起，磁相互作用很强，其 FORC（图 32-2）是典型的"牛眼状"特征，非常易于识别。其剩磁会在 300℃ 左右快速下降，这也是识别胶黄铁矿的主要证据之一。

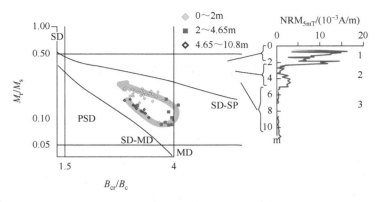

图 32-1　胶黄铁矿生成与原生磁铁矿溶解（Rowan et al.，2009）（后附彩图）

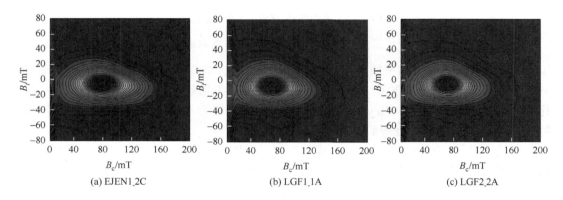

图 32-2　典型的胶黄铁矿 FORC 图（后附彩图）

　　如果样品含有胶黄铁矿，在 AF 退磁过程中，非常容易获得旋转剩磁（GRM）。具体表现为在 50~60mT 之上，剩磁不但不下降，反而会逐渐升高。这对于传统的交变退磁绝对是一个干扰。很多情况下，只能用 60mT 之下的退磁数据来确定古地磁场的方向。GRM 很强的样品在 FORC 图上存在两个独立的"牛眼圈"，一个矫顽力小，对应着 SD 磁铁矿，另外一个矫顽力偏高，对应着胶黄铁矿。对样品进行 300℃加热处理，胶黄铁矿受热不稳定分解。之后再做 FORC 图，就会发现胶黄铁矿的"牛眼圈"消失了（图 32-3），同时热处理后的样品不再获得 GRM（Duan et al.，2020）。这充分说明胶黄铁矿对 GRM 的贡献。同时，也有效地证明了前期的 300℃加热处理，是消除胶黄铁矿 GRM 干扰的有效方法。

　　胶黄铁矿不只产生 GRM，它还能对整个磁性地层产生干扰。Liu 等（2014）在研究黄海样品时，在 MBB 边界附近发现多次"极性倒转行为"。如果按照传统的思路，会直接把这些"极性倒转"与 GPTS 一一对应，从而建立年龄框架。可是，随后的研究发现，有的极性倒转层对应着胶黄铁矿富集层。这说明某些极性倒转其实不是真实的信息，而是由胶黄铁矿造成的。只有把这些干扰信息去除掉，才能得到准确的年龄框架，并和生物地层年龄框架完美统一。

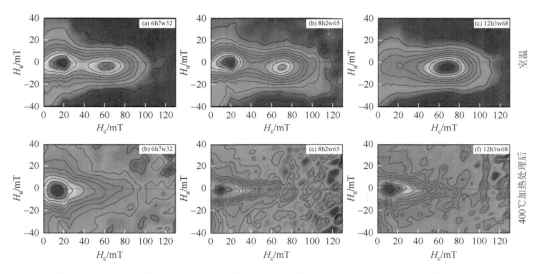

图 32-3 GRM 很强的样品加热前后的 FORC 图（Duan et al.，2020）（后附彩图）

那么胶黄铁矿是如何记录这种反向磁化的呢？胶黄铁矿自身不具有反向磁化的能力。对 MD 磁铁矿和 SD 胶黄铁矿体系的微磁模拟表明，MD 颗粒聚集在一起的时候，会形成涡旋磁化。有的方位磁场是正向磁化，有的则是反向磁化。在这些反向磁化 MD 磁铁矿旁边，如果生成 SD 胶黄铁矿，受 MD 颗粒涡旋磁矩的影响，这些 SD 胶黄铁矿就会记录反向磁化。随着还原程度加强，MD 磁铁矿会被溶解，最终就只剩下这些反向磁化的胶黄铁矿（图 32-4）（Ge and Liu，2014）。

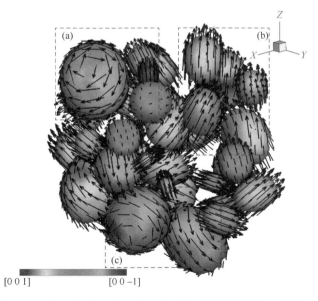

图 32-4 聚集在一起的 MD 磁铁矿在磁化时局部出现反向磁化状态（Ge and Liu，2014）（后附彩图）

第33章 磁黄铁矿

黄铁矿是一个门类，自然界中有磁黄铁矿 $Fe_{1-x}S$（$0 < x < 0.13$）（pyrrhotite）。我们考虑两种磁黄铁矿：单斜（monoclinic）晶系（Fe_7S_8，$x = 0.125$），以及六方晶系（hexagonal，Fe_9S_{10}，$x = 0.1$；$Fe_{11}S_{12}$，$x = 0.083$）。

单斜晶系磁黄铁矿 Fe_7S_8 具有亚铁磁性，$M_{s,磁黄铁矿} = 15A \cdot m^2/kg = 1/6M_{s,磁铁矿}$，$T_C \approx$ 320℃。其磁性来源于其晶格内大量存在的铁空位，因而形成亚铁磁性。

其晶胞参数为

$$a = 1.190nm$$
$$b = 0.687nm$$
$$c = 2.281nm$$

单斜磁黄铁矿具有较高的磁结晶各向异性，SD 磁黄铁矿的矫顽力要比 SD 磁铁矿的高，其 SD 上边界是 1.6μm。单斜磁黄铁矿的 FORC 图也是牛眼状，但是其中心矫顽力会更高些。通过分析磁铁矿、胶黄铁矿和单斜磁黄铁矿，我们可以清晰地得出，其磁结晶各向异性能和 M_s 成反比。M_s 越小，磁结晶各向异性能越大，矫顽力越大，SD 的上边界也就越大。单斜磁黄铁矿一般为 SD 颗粒，可以稳定地记录剩磁信息。它在自然界中分布也很广，尤其在花岗岩、岩浆岩、玄武岩岩墙，以及蛇绿岩、变质岩等岩石都发现过其踪迹。这说明单斜磁黄铁矿的生成与高温高压有关系。在硫化物处于热稳定状态的岩石中，单斜磁黄铁矿可以提供十分重要的古地磁信息。

单斜磁黄铁矿在低温也存在一个特征转换点（Besnus 转换），在温度 30~34K 时，其剩磁会发生剧烈变化（图 33-1）（Dekkers et al.，1989a，1998b；Rochette et al.，1990），这是用低温技术检测单斜磁黄铁矿的重要特征。

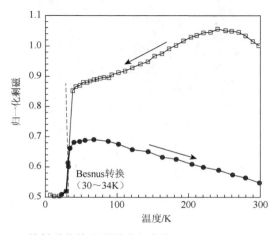

图 33-1 单斜磁黄铁矿剩磁冷却曲线（Rochette et al.，1990）

　　早期研究磁黄铁矿比较多的是 Pierre Rochette 教授和 Mark Dekkers 教授。后来 Andrew Roberts 教授、洪崇胜教授等对台湾地区的磁黄铁矿进行了细致研究。从台湾来的碎屑物中含有铁硫化物，因此，在冲绳海槽，铁硫化物一般认为来源于台湾。在青藏高原地区，由于印度板块碰撞产生区域变质作用，磁黄铁矿在青藏高原南缘的岩石中广泛存在，造成重磁化现象。在这方面 Erwin Appel 教授做了很好的综述（Appel et al.，2012）。

　　第二种磁黄铁矿是六方晶系磁黄铁矿，它的晶型是对称的，所以不存在铁空位，因此，它具有反铁磁性。但是，在温度 200℃时，六方晶系磁黄铁矿由反铁磁性转化为亚铁磁性，主要是热扰动促使晶格空位定向排列引起的（图 33-2）。这个特征是检测这种六方晶系磁黄铁矿的主要证据之一。

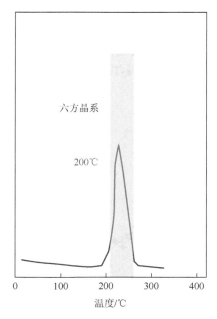

图 33-2　六方晶系磁黄铁矿在 200℃转换为亚铁磁性磁黄铁矿的示意图

第34章　钛磁铁矿与钛磁赤铁矿

　　和赤铁矿与针铁矿一样，磁铁矿的晶格中也会掺入杂质，最为常见的是 Ti^{4+}，形成钛磁铁矿 $Fe_{3-x}Ti_xO_4$（$0<x<1$）。钛磁铁矿常简写成 TMx，比如 TM60 表示 $Fe_{2.4}Ti_{0.6}O_4$。当 $x=0$ 时，就是磁铁矿（Fe_3O_4）；当 $x=1$ 时，就是钛尖晶石（Fe_2TiO_4）。对于钛尖晶石，其晶格结构中不含有三价铁离子，其价态模式为 Fe^{2+}（$Fe^{2+}Ti^{4+}$）O_4。

　　随着钛含量的增加，钛磁铁矿的性质会显著变化。首先其 T_C 会随着钛含量的增加而降低，如图 34-1 所示。对于 TM80，其 T_C 已经低至室温，从而变为顺磁性。对于 TM60，其 T_C 在 150~200℃之间，非常容易和铁硫化物混淆。区别在于 TM 系列是热稳定性的，而铁硫化物热不稳定。对于钛尖晶石（Fe_2TiO_4），其 T_C 低于-100℃，在室温下也为顺磁性物质。

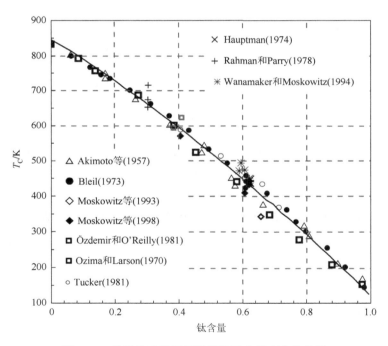

图 34-1　钛磁铁矿的居里温度随钛含量变化的曲线

　　由于 Ti^{4+} 的离子半径比 Fe^{2+} 大，所以随着钛含量的增加，钛磁铁矿的晶格变大，饱和磁化强度降低，同时矫顽力会大幅度增加，这可能是两种机制造成的：第一种是增加了磁弹性能，第二种是降低了 M_s。

　　钛磁铁矿在自然界中容易被氧化，变成钛磁赤铁矿（图 34-2），$Fe^{3+}_{[2-2x+z(1+x)]R}Fe^{2+}_{(1+x)(1-z)R}$

$Ti^{4+}_{xR}\square_{3(1-R)}O^{2-}_4$，其中 $R = 8/[8 + z(1 + x)]$，$0 \leqslant z \leqslant 1$。钛磁铁矿被氧化后，其分子式变得非常复杂，其中包含两个重要参数 x 和氧化度 z。同时，还产生了一定量的空位。氧化过程中，先消耗八面体内的 Fe^{2+}，M_B 降低，当 B 位的 Fe^{2+} 消耗完，A 位的 Fe^{2+} 开始被消耗，M_A 降低。为了达到平衡，在 A 位产生的空位会扩散到 B 位，也就是 B 位的铁离子扩散到 A 位，这叫离子排序（ionic ordering）。此时，M_B 继续降低，M_A 会有所升高。

没有氧化时，$M_B > M_A$。氧化后，可不可能 $M_B < M_A$？如果可能，此时获得的 CRM 的方向与外磁场什么关系？

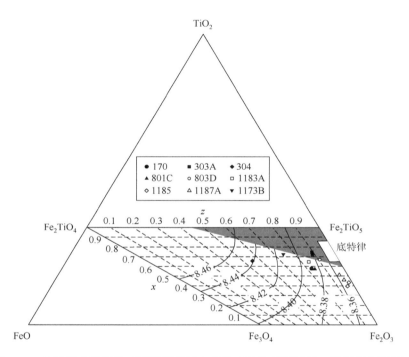

图 34-2　钛磁铁矿被氧化（阴影区表示在高钛高氧化度情况下，引起反向磁化）

显而易见，钛磁铁矿在氧化后，其磁矩有可能变成负的，造成反向磁化的效果。也就是说，当你正向加场时，得到的却是负的剩磁。当钛的摩尔百分比高于 60%，氧化度高于 0.5 时，就有可能出现反向磁化的现象。在最早发现岩石能够记录反向磁场方向时，有两种主要的机制：地磁场倒转与磁性矿物反向磁化。随着研究的深入，全球各地，各种介质都记录了负极性，这不可能全用反向磁化来解释，于是地磁极性倒转机制被确认，引发了地学的重大革命。但是，这不代表反向磁化现象不存在。如图 34-3 所示，在中温段，剩磁不但不降低，反而会升高，使得退磁出现平行的三段特征。这个中温段的剩磁代表着反向磁化（Doubrovine and Tarduno，2006）。

钛磁铁矿主要产于岩浆矿床中，在火成岩中分布较为广泛，尤其在大洋玄武岩中，是主要的剩磁携带者。因此，对于大洋中观测到的磁异常条带，钛磁铁矿的贡献很大。随着时间的增加，钛磁铁矿逐渐氧化，其 M_s 和剩磁会降低，这使海底磁条带记录的磁信号从新到老减弱，造成我们对地磁场演化趋势的误判。在氧化过程中，其 T_C 会逐渐上升，造成居里面（T_C：150℃→500℃）深度增加。

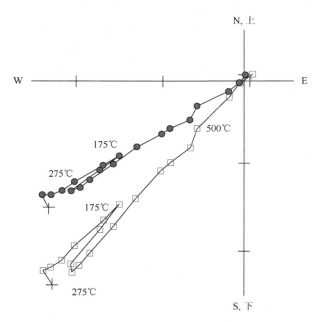

图 34-3　典型反向磁化的样品热退磁 Z 氏图（Doubrovine and Tarduno，2006）

第 35 章　磁性矿物转化

铁离子分为二价 Fe^{2+}（ferrous）和三价 Fe^{3+}（ferric）。当 $E_h > 5$ 时，Fe^{2+} 会通过以下几种形式被氧化成 Fe^{3+}：

$$Fe^{2+} + 3H_2O \rightarrow Fe(OH)_3 + 3H^+ + e^{-1}$$

$$2Fe^{2+} + 4HCO_3^- + 1/2O_2 + 4H_2O \rightarrow Fe_2O_3 + 4CO_2 + 6H_2O$$

$$Fe_2O_3 + H_2O \rightarrow 2FeOOH$$

当 Fe^{2+} 从黏土矿物中析出来后，先被氧化成 Fe^{3+}，和水结合形成水铁矿，以水铁矿为基础，向赤铁矿和针铁矿方向转化。一般情况下，赤铁矿和针铁矿成对出现。当相对湿度较小时，赤铁矿更容易形成；当升高温度时，赤铁矿也会比针铁矿更容易出现。如果水铁矿中的 Fe^{3+} 被 Al^{3+} 替代，那么含铝水铁矿不容易形成针铁矿。这说明，赤铁矿更容易在比较干燥、高温以及晶格中有杂质的情况下形成。

如何来理解赤铁矿和针铁矿的这种竞争关系？

针铁矿的形成需要水铁矿先溶解，再结晶。而赤铁矿则需要水铁矿先聚集，然后晶格发生拓扑形成赤铁矿。水铁矿粒径很小，一般在几到十几 nm。因此，利于水铁矿溶解的环境条件可以促进针铁矿形成，而利于水铁矿聚集的条件可促进赤铁矿的形成。

首先看温度，随着温度的升高，水铁矿的溶解速率降低，不利于针铁矿形成，于是赤铁矿占主导。因此，我们可以根据赤铁矿和针铁矿的含量，用反推法来判断水铁矿的溶解速率。pH 对针铁矿和赤铁矿的形成非常重要。pH = 7~8，温度约 90℃，赤铁矿占主导。pH = 12~14 时，针铁矿是唯一的产出物。那么，pH 为多少时，水铁矿的溶解速率最高？显然，在 pH = 12~14 时，水铁矿的溶解速率最高，所以针铁矿最容易形成。

如果溶液中还有很多其他的有机质，比如 P 元素，会对反应造成什么样的影响（图 35-1）？这种杂质会吸附在水铁矿表面，既可以阻止水铁矿溶解，让针铁

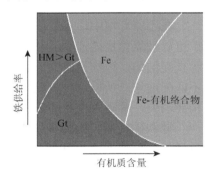

图 35-1　水铁矿转换与铁供给率和有机质含量的关系图

矿不容易产出，同时还可以阻止水铁矿凝聚，不利于形成赤铁矿。因此，溶液中的 P 元素会减缓矿物的形成速率。如果溶液中存在 Al^{3+}，那么 Al^{3+} 会和 Fe^{3+} 发生竞争关系，不容易让针铁矿结晶。但是含铝赤铁矿还是能够聚集的，所以更容易产生含铝赤铁矿。

我们再看铁供给率的影响，当铁含量变高时，水铁矿的含量会变高，更容易发生聚集，所以赤铁矿更容易形成。反之，当铁含量变低时，水铁矿的含量也会相应变低，这时候更容易形成针铁矿。

当有机质含量比较高时，赤铁矿和针铁矿都不容易形成，从而保持稳定的水铁矿状

态。当有机质含量更高时，铁会和有机质形成一种有机配合物。所以要想研究自然界中的水铁矿，必须找有机质含量较高的土壤。

我们来总结一下赤铁矿和针铁矿的形成环境（表 35-1）。赤铁矿主要形成环境：温度高（低纬度、低海拔、或者高温环境）、干燥、土壤下部（有机质含量低）、铁含量高的母岩（铁供给率高、水铁矿含量高、容易聚集）。针铁矿的形成环境：温度低（高纬度、高海拔、低温）、潮湿、土壤上部（有机质含量偏高、铁含量低的母岩、高铝）。我们观察一个土壤剖面，在其顶部有机质含量高，所以更容易形成针铁矿。在土壤中下部，土壤的颜色会变红，这是因为形成了大量纳米级的染色赤铁矿。

表 35-1　赤铁矿和针铁矿的形成环境对比

针铁矿	赤铁矿
高纬度	低纬度
潮湿	干燥
海拔高	海拔低
土壤上部	土壤下部
铁含量低的母岩，高铝，难溶解	铁含量高的母岩

磁性矿物之间，由于氧化还原环境的变化，会发生相互转化（表 35-2）。通过研磨或者加热，针铁矿晶格中的水析出，可以形成赤铁矿。当然其中有可能会生成中间产物磁赤铁矿。水铁矿可以转化为几乎所有的常见磁性矿物。加热直接形成赤铁矿。溶解沉淀则形成针铁矿。如果在溶解沉淀时，存在 Fe^{2+}，还可以形成磁铁矿。

在还原环境中，赤铁矿和磁赤铁矿可以转化为磁铁矿。反之，在氧化环境下，磁铁矿可以被氧化成磁赤铁矿和赤铁矿。在低温氧化状态下，大颗粒磁铁矿可以被氧化成一种核壳结构，内核是磁铁矿，而外壳是磁赤铁矿。由于核壳之间的晶格结构不同，造成不匹配现象，所以这种核壳结构会产生较高的矫顽力。但是经过热处理后，这种核壳结构会消失，矫顽力也会降下来。

针铁矿受热转换为赤铁矿，转换温度随着晶型提高而升高（260℃→320℃）。Al 含量增加，转换温度也升高。在转化中，阴离子格架基本不变，脱水，阳离子重新排列。3 个针铁矿晶胞转化为 1 个赤铁矿晶胞。

表 35-2　各磁性矿物之间转化可能性

	针铁矿	纤铁矿	水铁矿	赤铁矿	磁铁矿	磁赤铁矿
针铁矿				+		+
纤铁矿	+			+	+	+
水铁矿	+	+		+	+	+
赤铁矿					+	
磁铁矿				+		+
磁赤铁矿				+		

注：符号"+"表示可以转化。

　　磁赤铁矿受热会转化为赤铁矿，造成磁性大幅度降低。但是，这种转化与磁赤铁矿的粒径密切相关。磁赤铁矿颗粒越大，越稳定。在 J-T 曲线中，经过一次热处理，其饱和磁化强度会比初始值低，这就表明磁赤铁矿发生了转化，可以把加热前后二者的比值定义为磁赤铁矿的转化率（P_I）。对于大颗粒磁赤铁矿，P_I 在 10% 左右。对于几百纳米的颗粒，P_I 可以达到 50%。对中国黄土/古土壤中系列磁赤铁矿加热表明，其最大粒径可以达到几百纳米，所对应的 P_I 约为 50%（图 35-2）（Liu et al.，2003a）。

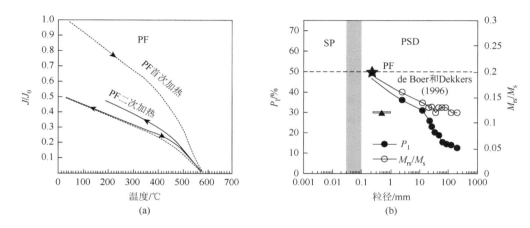

图 35-2　磁赤铁矿受热转化为赤铁矿（Liu et al.，2003a）

第 36 章　单一磁学参数总结

岩石磁学参数和磁性颗粒的种类、磁畴状态以及含量等因素密切相关，这些因素又和地质过程紧密相连。因此，在特定的环境中，我们就有可能把岩石磁学参数和地质过程联系起来。

岩石磁学参数众多，我们先总结一下常见的单一磁学参数。

磁化率单位为 m^3/kg：

$\chi_{\text{low-field}}$	低场磁化率
$\chi_{\text{hifi-field}}$	高场磁化率
χ_{ferri}	铁磁性磁化率（$\chi_{\text{low-field}} - \chi_{\text{hifi-field}}$）
χ_{lf}	低频磁化率
χ_{hf}	高频磁化率
χ_{fd}	频率磁化率（$\chi_{\text{lf}} - \chi_{\text{hf}}$）
χ_{ARM}	ARM 磁化率，$\chi_{\text{ARM}} = \text{ARM}/H_{\text{DC}}$

剩磁参数单位为 $A \cdot m^2/kg$：

SIRM	饱和等温剩磁
ARM	非磁滞剩磁
TRM	热剩磁
HIRM	SIRM 中的硬磁组分

磁滞回线参数：

M_{s}	饱和磁化强度
M_{rs}	饱和等温剩磁
B_{c}	矫顽力
B_{cr}	剩磁矫顽力
MDF	退掉一半剩磁需要的 AF 峰值场，与剩磁矫顽力相关
$B_{\text{c-FORC}}$	FORC 图中峰值密度对应的矫顽力

磁学参数给出了磁性矿物浓度、颗粒磁畴状态（或间接的磁性颗粒尺寸）以及磁性颗粒的矿物学性质，所有这些都涉及最初的环境地质或后期的环境过程。许多磁学参数的物理解释在此前已经有了很好的总结（Thompson and Oldfield，1986；Dunlop and Özdemir，1997；Evans and Heller，2003；Tauxe，2010）。

低场磁化率是使用最广泛的磁学参数之一（χ 代表质量磁化率，或者 κ 代表体积磁化率），定义为材料的磁响应（或磁化强度 M）与外磁场强度（H）之间的比值，$\chi = \text{d}M/\text{d}H$。与剩磁不同，所有的物质对于磁化率均有贡献。因此，尽管磁化率应用广泛，但它是一个很复杂的参数，包含了多种矿物的贡献，如强磁性矿物（即铁磁性物质，如磁铁矿、磁赤铁矿）、弱磁性矿物（即反铁磁性物质，如赤铁矿、针铁矿），以及一些"非磁性"物质，包括顺磁性物质（如硅酸盐、黏土）和抗磁性物质（如石英、碳酸钙）。因此，为了能表征亚铁磁性矿物（如磁铁矿、磁黄铁矿、胶黄铁矿）的磁化率，需要扣除顺磁性物质和不完全反铁磁性物质（如赤铁矿和针铁矿）对磁化率的贡献。亚铁磁性矿物趋向于在较高的外磁场获得饱和。而饱和场下的磁化率（即高场磁化率，χ_{high}）可以用来指示非磁性物质的贡献（即顺磁性矿物和抗磁性矿物）。因此，我们可以得到亚铁磁性的磁化率：$\chi_{ferri} = \chi - \chi_{high}$。$\chi_{ferri}$ 依赖于磁性矿物粒径，这是由于影响磁化率强弱的自旋结构效应同样依赖于磁性矿物的粒径大小和形状。例如，对于几百纳米的磁铁矿颗粒，其内部磁结构将会分解为多个均匀一致的磁化区域（磁畴），以降低整体的磁能（Dunlop and Özdemir，1997；Tauxe，2010）。磁畴壁通过在晶体内的迁移来应对不断变化的外磁场和温度条件（磁畴的结构如图 36-1 所示）。因此，具有磁畴壁的 MD 颗粒和无磁畴壁一致磁化的 SD 颗粒对于外磁场的响应是不同的。在粒度谱最小端，SD 颗粒的磁矩被限制在了特定的方向，这也限制了它们的磁化率大小。但最小的 SD 颗粒受到热波动的影响强烈，它们的磁矩也不再受到限制，表现出 SP 行为，并具有比 SD 颗粒更高的 χ。

　　磁矩对外磁场的响应能力取决于时间和温度的影响。因此，χ 依赖于所使用的测量频率或测量的时间长度。一般来说，MD 和 SD 颗粒的磁性能反映了本质不同的磁化机制：MD 颗粒磁化受到成核作用、粒子的湮灭和磁畴壁运动的影响，而 SD 颗粒的磁化则是由磁化强度矢量的旋转运动引起的。因此，MD 和 SD 颗粒可以很容易区分。然而，SP 和 MD 颗粒的磁学特征有许多相似之处，因为它们不如 SD 颗粒性质稳定，并且指示粗颗粒与细颗粒存在的环境过程是千差万别的，所以在环境磁学研究中从 MD 颗粒中明确区分出 SP 颗粒是至关重要的。

　　一个中等大小的颗粒，太小不足以分成多个磁畴，但太大不足以被均匀磁化，于是表现出复杂的电子自旋模式（图 36-1），磁性颗粒会形成一个近似畴壁形态主导的结构，称作"旋涡"状态，而不是由畴壁分隔成两个磁畴，更小的颗粒可能产生"花状"结构。这些表现出了介于 MD 颗粒和 SD 颗粒之间过渡行为的颗粒，被称为假单畴（PSD）颗粒（Stacey，1963；Stacey and Banerjee，1974）。

　　SD、PSD 或 MD 内部的自旋构造意味着，χ_{ferri} 会受到晶粒尺寸（图 36-2）及强磁性矿物浓度的影响（Peters and Dekkers，2003）。当粒径接近 SP/SD 边界（约 20~25nm 的磁铁矿）时，磁性变得更加复杂。粒子从稳定的 SD 颗粒转变为 SP 颗粒有一个阈值时间，如果观测频率足够高，就可以观测到颗粒对外磁场的响应，因此这一粒径区域同时受时间和温度的影响。通过降低温度或观察的时间跨度，SP/SD 边界以下的颗粒可以从 SP 状态改变为稳定的 SD 状态（O'Reilly，1984）。在实践中，这可以通过增加观测频率来实现（例如，从 470Hz 到 4700Hz，这是 Bartington 磁化率仪常用的两个工作频率）。从 SP 到稳定的 SD 状态的改变，会导致 χ 急剧下降（Thompson and Oldfield，1986；Till et al.，2011）。因此，绝对频率磁化率 χ_{fd}（$= \chi_{470Hz} - \chi_{4700Hz}$）可以用来确定 SP/SD 边界颗粒的含量。用 χ_{ferri} 对 χ_{fd} 进行归一化，可得到 $\chi_{fd}\%$（$= \chi_{fd} / \chi_{ferri} \times 100\%$）。$\chi_{fd}$ 和 $\chi_{fd}\%$ 都可以用于检测 SP

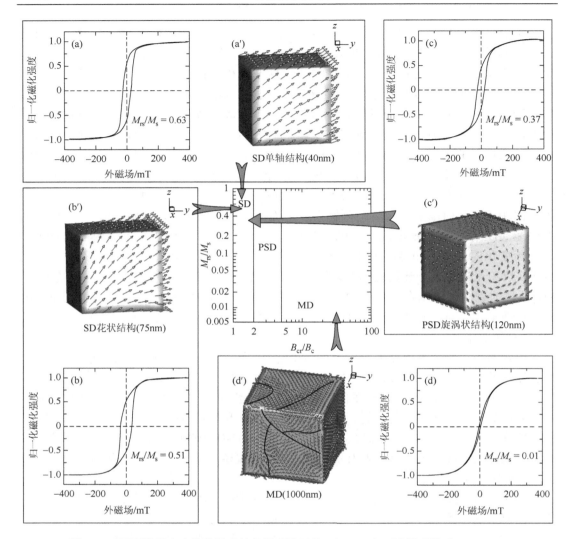

图 36-1　不同粒径大小的单轴磁铁矿的磁滞回线（a～d）和理论微磁模型（a′～d′）

随着粒径的增加，自旋结构从（a）单轴结构，到（b）花状结构，（c）旋涡状结构，（d）多畴结构。中间附图是根据磁滞参数比值（M_{rs}/M_s，B_{cr}/B_c）得到的颗粒粒径分布图（Day 图）（Day et al.，1977），主要包括三个区域，即 SD、PSD、MD 区间。更多相关信息可参考（Dunlop，2002a，2002b）

颗粒的存在（Zhou et al.，1990；Liu et al.，2005c）。$\chi_{fd}\%$ 还与 SP/SD 边界处粒子集的分布形态有关。SP 颗粒的行为具有极强的温度依赖性，这意味着测量 χ 随温度变化的函数是非常有意义的。

　　稳定的 SD 颗粒具有最低的 χ_{ferri}，但却有最高的记录剩磁的能力（King et al.，1982；Hunt et al.，1995b）。通过给样品施加一个交变场（约 100mT）再叠加一个小的直流场（约 50 μT），可以获得样品的 ARM。ARM 的大小与直流场强度成正比，因此经常以 ARM 的磁化率形式（$\chi_{ARM} = ARM/H_{DC}$）出现。一般情况下，ARM 主要反映 SD 颗粒的含量变化。

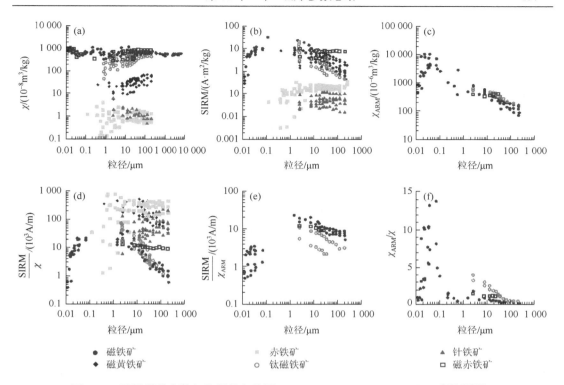

图 36-2　不同磁学参数与粒径的相关图（Peters and Dekkers，2003）（后附彩图）

　　虽然 ARM 是一个有用的参数，但对 ARM 的解释仍存在一定的复杂性。例如，χ_{ARM} 和 χ_{fd}（或 $\chi_{fd}\%$）对于 SP 和稳定 SD 颗粒的浓度十分敏感。此外，χ_{ARM} 的假设是，ARM 与直流偏转场线性相关，而这个假设在 DC 场大于 $80\mu T$ 才是基本成立的（Tauxe，1993）。ARM 强烈依赖于磁性颗粒浓度，但是由于磁性颗粒之间的相互作用，ARM 也会随着浓度增加而减小。最后，ARM 的获得同时受设备差异、AF（或 DC）场的大小、衰减速率以及不同实验参数的影响（Yu et al.，2003）。

　　当样品暴露于瞬间的（纳秒或毫秒）大磁场下时，它将沿着外磁场方向重磁化，这个剩磁即被称为等温剩磁（IRM）。IRM 随着外磁场的增加而增加，直到饱和，最后获得室温下的饱和 IRM（SIRM 或 M_{rs}）。通常使用的直流场大小为 1T，但是这样的场并不会使反铁磁性矿物（赤铁矿、针铁矿）达到饱和，因此，通常将 1T 磁场下获得的 IRM 称作 IRM_{1T} 而不是作为 SIRM。更高的外磁场（$1.5\sim2T$）是最好的，但即使这样仍然无法完全饱和赤铁矿或针铁矿，其中针铁矿（不包括 Al 替代）甚至到 57T 仍然无法饱和（Rochette et al.，2005）。

　　SIRM 可以在磁性矿物成分和粒径保持相对稳定时反映磁性矿物浓度。与 χ_{ARM}/χ_{ferri} 类似，$\chi_{ARM}/SIRM$ 也可以用来表征矿物粒径变化（Peters and Dekkers，2003）。在某些情况下，$\chi_{ARM}/SIRM$ 要比 χ_{ARM}/χ_{ferri} 更能反映粒径变化，因为前者只受稳定磁化颗粒的影响（即那些稳定的 SD 颗粒和晶粒尺寸较大的颗粒），而后者会受到 SP 颗粒的强烈影响。$SIRM/\chi$ 也常用作沉积环境中 SD 胶黄铁矿颗粒含量的指标（Roberts，1995），因为相对于 χ，

SIRM 的增强表明了具有强磁记录能力的 SD 颗粒含量。

与剩磁一样，磁化强度（M）也随着外磁场的增加而增加。在临界磁场（磁铁矿约 300mT）时，电子自旋是完全一致，M 不再随着外磁场的增加而增加，此时所产生的磁化强度为饱和磁化强度（M_s）。与其他参数不同，M_s 不依赖于粒径大小，因此，它可以很好地表征磁性矿物浓度。因为 M 是有场测量，所以需要将顺磁性物质对磁化率（从高场斜率中估算）的贡献减掉才能得到真实的测量结果。M_s 同样可以与其他参数进行综合表征，例如，χ_{ferri}/M_s 对 SP 颗粒的存在非常敏感（Hunt et al.，1995b），因为 M_s 对 SP 颗粒的响应比 SD 颗粒强。

亚铁磁性矿物（磁铁矿、磁赤铁矿、磁黄铁矿、胶黄铁矿）的磁化强度比反铁磁性矿物（赤铁矿和针铁矿）高出两个量级，因此这些弱磁性矿物的信号往往被强磁性矿物所掩盖（Liu et al.，2002）。然而，它们的磁信号可以利用磁"硬度"（即矫顽力）进行不同程度的分离。对于一个随机定向的赤铁矿颗粒分布，B_c 通常在 100～300mT（针铁矿更高），而磁铁矿（磁赤铁矿）只有几十毫特斯拉。为了从磁铁矿（磁赤铁矿）中区分出赤铁矿或针铁矿的矫顽力信号，可以利用"硬"的 IRM [HIRM，HIRM =（SIRM + IRM$_{-0.3T}$）/2，其中 IRM$_{-0.3T}$ 是反向施加 300mT 场后的 IRM]、S 比值（S = –IRM$_{-0.3T}$/SIRM）（King and Channell，1991）。HIRM 可用来检测高矫顽力磁性矿物（如赤铁矿和针铁矿）的浓度，而 S 比值用来判断亚铁磁性矿物（如磁铁矿、磁赤铁矿）和高矫顽力矿物的相对含量。当 S 比值接近 1 时，亚铁磁性矿物占主导地位。赤铁矿（针铁矿）的浓度增加，S 比值逐步降低。但 S 比值表征高低矫顽力矿物相对浓度的变化是非线性的，并且其解释也不唯一（Heslop，2009）。Liu 等（2007b）提出 L =（SIRM + IRM$_{-0.3T}$）/（SIRM + IRM$_{-0.1T}$）来判断赤铁矿的矫顽力对 HIRM 和 S 比值的影响。只有当 L 比值稳定时，HIRM 和 S 比值才能按照传统解释。L 比值的变化表明了高矫顽力组分的粒径分布变化，这可能反映了源区变化或其他因素影响了赤铁矿和针铁矿的性质和相对含量。

第 37 章 磁学性质的温度效应参数总结

温度对应着热能，可以扰动磁矩的定向排列，因此对磁性材料的磁学性质有直接的影响。测量χ或M_s随温度变化的曲线时会发现，测量值在超过某一温度后会急剧下降，意味着热能已经完全打乱了磁性矿物自旋的交换相互作用，从而使磁性物质转化为顺磁性物质。该温度点对于铁磁性矿物来说，是居里温度（T_C），对于反铁磁性矿物来说，是尼尔温度（T_N）。这是鉴别磁性矿物非常重要的温度效应，因为化学计量的磁性矿物有着各自特征的T_C或T_N。当$T < T_C$时，磁各向异性能相对热扰动具有优势，磁矩可以沿易磁化方向排列，而不随外磁场（弱场）方向排列，即可以保存剩磁，处于阻挡状态。随温度升高至某一临界点，热扰动增强至恰好克服各向异性能对磁矩的束缚时，磁矩变得容易响应外磁场，即容易被磁化，所以磁化率迅速升高，这是矿物的阻挡状态与解阻状态的临界温度点，称为阻挡温度或解阻温度（T_B）。$T > T_B$后磁性矿物转为超顺磁性状态（SP，其对磁场的响应行为与顺磁性物质相似，可以用相同的方程描述，但是由于自旋的交换相互作用仍然保留，所以具有很强的磁性，因此称为超顺磁性）。但随着温度的继续升高，由于M_s的下降，χ也会下降。因此在磁化率-温度（χ-T）曲线上，T_B处会出现一个峰值，即霍普金森峰。T_B随矿物粒径的增加而增加，趋向于T_C。自然样品中，磁性矿物粒径通常具有较宽的展布，在χ-T曲线上对应着较宽的霍普金森峰，并且$(T_B)_{max}$接近T_C。

化学计量磁铁矿的T_C为580℃，赤铁矿的T_N为675℃，但如果矿物不是标准化学计量的（如存在离子替代或晶格缺陷）（图37-1），这个特征温度会发生变化。比如，在自然环境中，赤铁矿中经常出现铝替代的现象，称为含铝赤铁矿（Al-Hm）。铝替代导致赤铁矿T_N下降而接近磁铁矿的T_C。尽管如此，通常含铝赤铁矿的矫顽力仍然大于磁铁矿（Roberts et al.，2006；Liu et al.，2007b）。针铁矿的T_N约为120℃，但晶格中铝含量的增加也会造成T_N下降从而接近室温，同时也会造成针铁矿的矫顽力急剧下降，从正常的10～20T降至于磁铁矿相当的水平（几十毫特斯拉，甚至更低）（Liu et al.，2006）。磁赤铁矿理论上的T_C为645℃，但因该矿物热稳定性差，容易转化为其他磁性矿物（通常为磁铁矿和赤铁矿），所以其T_C难以确定，但这个性质对应一个重要应用。中国黄土高原的古土壤样品的典型χ-T曲线中，在300～450℃之间常见到磁化率的明显下降，这个特征被认为是古土壤中磁赤铁矿加热发生转化引起的（Deng et al.，2001；Liu et al.，2005a）。钛磁铁矿的T_C小于磁铁矿，而且与钛含量成反比。利用这一点，通过χ-T可以判断铁离子被替换的程度。单斜磁黄铁矿的T_C为325℃（Dekkers，1989b），而胶黄铁矿在280℃以上会发生热转化（Roberts，1995；Dekkers et al.，2000），虽然已知T_C大于400℃（Chang et al.，2008；Roberts et al.，2011a），但如何取得准确的值仍是个挑战。高温测量的一个弊端是在加热/冷却过程中可能会形成次生磁性矿物，从而影响实验结果。

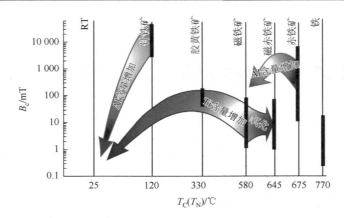

图 37-1　不同磁性矿物 B_c 和 $T_C(T_N)$ 之间的相关性

箭头代表同形替代和氧化对这些矿物磁学性质的影响，RT 指示室温

综上所述，在 300~400℃这个温度段，包括多种矿物的居里温度，也容易发生热转化、钛磁铁矿、磁赤铁矿、胶黄铁矿和磁黄铁矿的出现都会影响这个温度段的热磁测量信号。因此单凭热磁测量手段，很难解释清楚矿物种类，必须借助其他手段。铁硫化物与铁氧化物可以很容易利用 SEM 观测加以区分，因为磁黄铁矿和胶黄铁矿具有特殊的微观结构和组成（Roberts et al.，2011a）。FORC 图的使用可以给出磁性矿物间的磁相互作用情况，而磁性的铁硫化物由于其特殊的结构通常具有很强的相互作用（Roberts et al.，2006；Rowan and Roberts，2006），但也非必然（Roberts et al.，2011a）。高温测量方法本身的局限性意味着它难以精确地确定样品中的磁性矿物成分，需要借助更多的辅助方法。

低温测量可以为判断磁性矿物成分提供非常有价值的辅助信息，这是因为磁性矿物性质在低温同样存在显著的变化，比如磁铁矿在约 120K 的 Verwey 转换（Verwey，1939），赤铁矿在约 250K 的 Morin 转换（Morin，1950），单斜磁黄铁矿在 30~34K 的 Besnus 转换（Dekkers et al.，1989a；Rochette et al.，1990）。这些低温转换特征是鉴别相应矿物的重要标志，比如低温测量中出现的略低的 T_V（约 110K）（Pan et al.，2005；Li et al.，2009），结合 FORC 图上无相互作用的 SD 信号，可以作为样品中存在生物成因磁铁矿的判据（Chang et al.，2016）。如果高温测量中出现约 675℃的 T_N，而低温测量又出现 Morin 转换，则赤铁矿的存在是毋庸置疑的。不过低温没有特征转换现象，不代表能够排除某些矿物的存在。例如，胶黄铁矿并没有特征低温转换（Chang et al.，2009），不是所有磁铁矿（赤铁矿）都表现出 Verwey 转换（Morin 转换）。针铁矿虽然没有特征的低温转换，但却有特殊的低温行为（Dekkers，1989a；Rochette and Fillion，1989；Liu et al.，2004c，2006），可以作为其存在的判据。

低温转换的过程受到矿物自身性质的影响。化学计量的磁铁矿的 T_V 通常在 120~122K，T_V 前后磁化强度的变化幅度则与粒径有关。MD 磁铁矿的 Verwey 转换要比 SD 磁铁矿明显。氧化的磁铁矿的相变过程受到压制，T_V 及 T_V 处磁化强度差都随氧化程度增强而下降，直至消失。其他导致磁铁矿化学计量关系发生变化的因素（如同质类象替代）一般都会造成 T_V 的下降及相变过程趋缓。

当赤铁矿从较高温度冷却至 T_M 时，其各向异性能常数的符号改变，意味着赤铁矿亚晶格中的自旋方向由沿晶格基面变为晶格对称轴（C 轴）。同磁铁矿一样，T_M 也受到多种因素影响。粒径小于 10~20nm 的赤铁矿的 Morin 转换完全被抑制。杂质、晶格空位、应变积累以及晶格缺陷都会降低 T_M（Morrish，1994；Jiang et al.，2012）。

应用篇

第38章　磁学参数比值与相关图的环境应用

在磁性矿物种类固定的情况下，磁化率、ARM 和 SIRM 等参数主要受控于磁性矿物的含量与粒径分布。于是，我们可以采用参数比值来压制含量的影响，突出粒径变化信息。这类比值包括 χ/χ_{ARM}（或者 χ_{ARM}/χ）、$\chi/SIRM$、ARM/SIRM、M_{rs}/M_s、χ_{fd}/χ_{ARM}、χ/M_s 等。

基于 χ 和 ARM（或 χ_{ARM}）与粒径之间的不同关系，Banerjee 等（1981）提出建立 χ 和 χ_{ARM} 图（Banerjee 图）可以有效地检测粒径的变化。King 等（1982）通过对比 χ_{ARM} 与 χ_{ferri} 修正了 Banerjee 图，后来被称作 King 图。King 图最大的优势在于可以清晰地判断粒径和含量的双重变化。远离原点，表示含量增加，而向左上方偏转，表示粒径变小。

Kissel 等（2009）研究了北大西洋钻孔的磁性特征，沿着洋流路径从北向南，会发现两个重要特征，第一个是磁性矿物含量变低，第二个是在 King 图中逐渐向左上方偏转，表示磁性颗粒的粒径逐渐变小。这两个特征符合物理分选的过程（图 38-1）。也就是沿着洋流路径大颗粒会优先沉积，小颗粒会被洋流带往更远处。

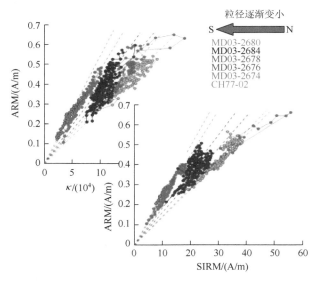

图 38-1　ARM 与磁化率以及 ARM 与 SIRM 的相关图（Kissel et al.，2009）（后附彩图）

采样点在北大西洋

在 King 图中任意一点的斜率其实就是 χ_{ARM}/χ。于是，我们还可以根据 χ_{ARM}/χ 随深度的变化曲线，来判断磁性颗粒粒径的变化。在全新世 8.2ka 发生了一次温度快速降低的冷事件。为了确定这次气候冷事件的机制，Kleiven 等（2008）研究了 ARM/κ 的变化特征，发现在 8.2ka，ARM/κ 快速增加，指示磁性颗粒的粒径变小，表明大西洋深层水的洋流流动速度减慢。可见，巧妙地运用磁学参数，可以有效地识别相关的气候和环境问题。

　　ARM/SIRM 是另外一个常用的粒径变化指标。因为分子和分母都是剩磁，所以顺磁性颗粒和超顺性磁颗粒对其没有影响，主要指示 SD-MD 颗粒的粒径变化。与前面两个参数相比，χ/M_s 应用并不是很广泛，这主要是因为 M_s 相对不容易获得。这个参数主要突出的是 SP 颗粒的贡献，效果和频率磁化率类似，很多情况下，二者正相关。χ_{fd}/χ_{ARM} 这个比值在土壤等与纳米颗粒密切相关的环境研究中用途很广。我们还经常做二者的相关图（图 38-2）。如果测量点都落在一条直线上，就说明在 SD-PSD 范围，粒径变化不大。如果不落在一条直线上，说明纳米颗粒的粒径发生了变化，是很好的环境指标。

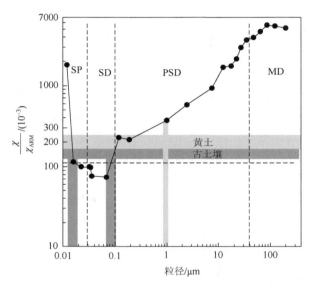

图 38-2　χ/χ_{ARM} 随粒径变化图（Liu et al.，2004b）

　　综上所述，对于相关图，测量数据如果可以拟合成一条直线，一般都说明粒径很稳定，变化不大。当这条直线过原点时，参数比值与直线斜率相等。但是当存在 X 轴和 Y 轴的截距时，参数比值就会造成错误解释，这种情况一定要加以正视。

　　我们以 χ_{fd}/χ_{lf} 为例，分子 χ_{fd} 代表着 VSP 颗粒含量的变化，而分母则比较复杂。对于古土壤样品，它包含两部分，一部分是粉尘物质携带的磁化率，和成土无关，也不具有频率磁化率特征，另外一部分是成土作用产生的纳米颗粒造成的磁化率。如果我们做 χ_{lf}-χ_{fd} 的相关图，就会发现二者正相关，可以拟合成一条直线，这充分说明成土作用产生的纳米颗粒粒径分布很稳定。当拟合的直线外延 $\chi_{fd}=0$ 时，也就是说没有成土作用时，所对应的磁化率就认为是粉尘物质最初的磁化率本底值，我们把它记作 χ_0。χ_0 的变化可以被用来研究物源输入的变化。

第 39 章　磁学参数综合定性解释

单一磁学参数解释起来存在多解性，大部分情况下，我们需要组合多参数特征，提高信息量，减少多解性。我们选取最为常见的四个参数为例子，探讨它们之间的相互制约关系。这四个参数是 χ、χ_{fd}、ARM、SIRM。每一种参数都对应着三种状态，即增加（↑）、不变（□）、减小（↓）。我们来讨论其中一些代表性的模式：

1）χ（↑）、χ_{fd}（↑）、ARM（↑）、SIRM（↑）

2）χ（↓）、χ_{fd}（↓）、ARM（↓）、SIRM（↓）

这两种情况相对来说比较好解释，所有参数同甘共苦，共进退。如果 ARM/SIRM 变化不大，这基本上表示粒径影响不大，磁性矿物含量变化导致所有磁学参数的变化。

我们把问题稍微复杂一点，在其他参数增加的时候，SIRM 不增加，反而下降：

3）χ（↑）、χ_{fd}（↑）、ARM（↑）、SIRM（↓）

可不要小看这一点变化，解释起来就复杂多了。这告诉我们含量变化就不是唯一因素了，粒径变化的影响不容忽视。ARM/SIRM 比值变高，说明颗粒粒径变小。χ（↑）、χ_{fd}（↑）、ARM（↑）三者增加，说明 SP + SD 颗粒的含量增加，而大颗粒成分减少很多。

4）χ（↓）、χ_{fd}（↓）、ARM（↓）、SIRM（↑）

第四种情况和第三种刚好相反，这可不是同一种情况。ARM/SIRM 减小，这说明粒径整体变粗，SP + SD 颗粒的含量降低。

现在我们把第三种情况改变一下，把 ARM 和 SIRM 的状态互换：

5）χ（↑）、χ_{fd}（↑）、ARM（↓）、SIRM（↑）

此时，ARM 随着其他参数的增加反而降低，这又是什么情形呢？显然 χ（↑）和 χ_{fd}（↑）及 SIRM（↑）正相关，说明样品的磁化率主要受到 SP 颗粒含量的影响，PSD/MD 颗粒含量的贡献也很明显。SD 颗粒含量对磁化率贡献不大，所以 ARM 降低对磁化率本身影响不大。对比 ARM 和 SIRM，ARM/SIRM 比值降低，说明颗粒粒径整体变粗，所以虽然 ARM 降低，但是粗颗粒对 SIRM 的贡献超过 SD 颗粒，乃至于其整体 SIRM 还是增加。这个过程看起来有点怪异，除了 SD 颗粒含量降低，SP 颗粒和 MD 颗粒的含量都增加了。

如果我们把 5）中的 χ_{fd} 和 ARM 对调一下，会是什么情况：

6）χ（↑）、χ_{fd}（↓）、ARM（↑）、SIRM（↑）

这种情况下，ARM/SIRM 可能变化不大，也就是说能够携带剩磁的这部分颗粒整体含量增加了。因为 MD 颗粒也具有较大的磁化率，所以样品磁化率增加一点也不奇怪。χ_{fd} 降低，说明 SP 颗粒含量减少，但是 SP 颗粒减少对样品的磁化率没有造成很大影响，这说明 SP 颗粒含量很小，或者 MD 颗粒含量的增加补偿了 SP 颗粒含量的降低，整体磁化率反而上升。

这就引出了第七种情况：

7）χ（↓）、χ_{fd}（↓）、ARM（↑）、SIRM（↑）

在第七种情况里，磁化率参数都降低，而剩磁都升高。这说明样品的磁化率主要受到 SP 颗粒含量影响，SP 颗粒含量降低当然对剩磁没影响。正常情况下，SP 颗粒和 SD 颗粒会同时存在，即使 SD 颗粒含量减少，但是 MD 颗粒大幅度增加也会引起 ARM 的增加，而且没有能补偿 SP 颗粒含量降低造成的磁化率减小。

我们把第七种情况两两对调：

8）χ（↑）、χ_{fd}（↑）、ARM（↓）、SIRM（↓）

磁化率参数都增加，而剩磁参数都降低。很明显，剩磁携带者对样品的磁化率贡献不大，估计含量较低。样品磁化率的变化主要受到 SP 颗粒含量的影响。

现在我们让参数的变化交错一下：

9）χ（↑）、χ_{fd}（↓）、ARM（↑）、SIRM（↓）

频率磁化率和 SIRM 降低，而磁化率和 ARM 增加。看起来 SP 颗粒对样品整体磁化率影响不大，SP 颗粒含量不高。ARM 大幅度增加，且 ARM/SIRM 增加，这说明颗粒粒径整体向细颗粒移动（MD → PSD → SD），同时细颗粒的含量大幅度增加。

下面，我们再考察某些参数不变的情况，让 SIRM 保持不变：

10）χ（↑）、χ_{fd}（↑）、ARM（↑）、SIRM（□）

这说明 SP + SD 颗粒含量增加，是造成磁化率增加的主要机制。ARM 增加，肯定会引起 SIRM 增加，但是实际情况 SIRM 并没有变化，这就需要 PSD/MD 颗粒含量降低加以补偿，磁性颗粒的粒径必然会向细颗粒移动，这和 ARM/SIRM 增加是一致的。

11）χ（↑）、χ_{fd}（↑）、ARM（□）、SIRM（↑）

现在我们来到第十一种情况，其他参数增加，而 ARM 保持不变。磁化率和频率磁化率同时增加，这很好理解，可以认为磁化率受到 SP 颗粒含量的影响，SIRM 增加，而 ARM 不增加，说明 SD 颗粒含量对 SIRM 贡献很小，所以 SIRM 增加主要是大颗粒 MD 颗粒含量增加引起的。ARM 保持不变，这就需要 SD 颗粒的含量降低，从而整体粒径向大颗粒方向移动，这和 ARM/SIRM 降低是一致的。

我们把中间两个参数的状态互换一下：

12）χ（↑）、χ_{fd}（□）、ARM（↑）、SIRM（↑）

此时，除了频率磁化率，其他参数都增加。这说明样品的磁化率不受到 SP 颗粒含量的影响，而主要受到大颗粒含量的影响。因此，样品整体粗颗粒含量增加，而 SP 颗粒含量保持不变。ARM 的增加看起来主要也是由于粗颗粒整体含量增加引起的，而并非真正的 SD 颗粒含量增加了。

我们把χ和χ_{fd}的状态互换一下：

13）χ（□）、χ_{fd}（↑）、ARM（↑）、SIRM（↑）

χ是一个综合参数，所有成分对它有贡献。其他参数都增加，而磁化率居然不变，这看起来匪夷所思。我们来思考一下，SP 颗粒和大颗粒 MD 对磁化率都贡献很大。χ_{fd}增加，毋庸置疑，SP 颗粒含量增加了，这应该造成磁化率增加。ARM 和 SIRM 增加，这表明至少 SD 颗粒含量增加了。如果 MD 含量也增加，整体磁化率必然会增加，这与观测结果矛盾。所以，对于第十三种情况，只能是 MD 颗粒含量降低，抵消了 SP 颗粒含量增加，从而使得整体磁化率持平。SD 颗粒含量增加，ARM 和 SIRM 都会增加，但是 SD 颗粒含量对磁化率贡献很小。总结一下就是，SP + SD 颗粒含量增加，MD 颗粒含量减少。我们还可以预测，虽然 ARM 和 SIRM 都增加，但是 ARM/SIRM 必然要增加。

　　这种参数变化情形非常多，如果再加入另外一种参数，我们就没办法一一枚举了。只有掌握好各个参数的物理机制及复杂影响因素，我们才可以以逸待劳，以不变应万变。如果只死记硬背，面对新情况时，还是会茫然失措。

第 40 章　环境磁学参数的多解性总结

如前所述，磁学参数已广泛用于解决环境问题。Dekkers（1997）提出了磁学参数存在的一些弊端（例如，一些参数的非单一性，磁性矿物混合体的复杂性）。但是，在环境过程中通常忽略了磁学参数解释的非单一性。所以将磁学参数与自然过程联系起来时需要仔细考虑这些多解性。即使磁学性质只由一种磁性矿物控制，还是会受多种因素影响，包括磁畴状态、同形替代、磁相互作用等。下面逐一介绍这些变量的影响。

1. 磁学参数自身的复杂性

1）磁畴状态

正如前面章节提到的，矿物的磁学性质会随着磁畴状态系统变化。尽管 SP 颗粒和 MD 颗粒的磁学行为存在本质的不同，但是它们的许多磁学性质十分相似。例如，SP 颗粒和 MD 颗粒的磁化率远高于 SD 颗粒和细粒 PSD 颗粒的磁化率。如果样品中磁性矿物含量是固定的，那么χ的增强主要是由于 SP 颗粒增多（如成土作用形成的中国黄土/古土壤）或者颗粒变粗形成更多粗 PSD 颗粒或 MD 颗粒（如受风动力控制的西伯利亚古土壤）造成的。这个问题的解决办法是测出磁性矿物的混合粒径分布。如果颗粒存在相对较宽的粒径分布，包括 SP 颗粒和 SD 颗粒，那么χ_{fd}%可用来检测 SP/SD 界限（磁铁矿：约 20～25nm）附近的 VSP 颗粒。χ_{fd} 和全岩的χ的正相关关系表明χ主要由细颗粒含量控制，而不是粒径的变化。然而，χ_{fd}（或者χ_{fd}%）对极细的颗粒（粒径小于 10nm）并不敏感，因为这些 SP 颗粒的χ不随测量频率变化，低温（温度小于 300K）χ_{fd} 实验可以解决这个问题（Liu et al.，2005c；Jackson et al.，2006；Egli，2009）。然而，这些复杂的岩石磁学实验并没有被广泛普及。在这种情况下，结合χ_{fd}，χ/M_s，ARM 和χ的相关性，以及 IRM 随时间的黏滞衰减可以检测 SP 颗粒的存在。

对于较粗的 PSD 和 MD 磁铁矿或者钛磁铁矿，由于磁畴壁的松弛，χ_{fd} 在 50K 左右达到一个峰值（Moskowitz et al.，1998），这很容易与几纳米的 SP 颗粒信息混淆。Liu 等（2010）在阿根廷土壤样品中观测到了这个峰值，CBD 处理可以溶解成土作用形成的细粒亚铁磁性矿物，但是这个峰值并不受 CBD 处理的影响。这就说明阿根廷土壤样品在该处的峰值不是由超细 SP 颗粒引起的，而是由粗粒的成岩矿物引起的，因此排除了这种成土颗粒的特殊形成机制。

ARM 也会受到磁畴状态的影响。根据定义，SP 颗粒不能携带剩磁，但是天然样品通常存在一个粒径分布（如对数正态分布），所以 ARM 与平均粒径之间不存在一致变化。单位质量的 SD 颗粒具有最高的 ARM，所以 ARM 用于指示 SD 颗粒的含量。然而，当 PSD/MD 颗粒的含量很高时，它们对全样 ARM 的贡献是不容忽视的。在这种情况下，可先对 ARM 进行 20mT 交变退磁，去除 PSD/MD 颗粒的影响。通常，在半定量测量 SD 颗粒含量方面，部分 ARM（pARM）（经过 20mT 交变退磁的 ARM）要优于 ARM（Liu et al.，2005b）。

除了与含量有关的磁学参数，两个参数的比值可压制磁性矿物含量的影响，将与粒径有关的信息增强。最常用的比值有 χ_{ARM}/χ、ARM/SIRM、χ/M_s、M_{rs}/M_s 和 χ_{fd}/χ。这些比值的多解性主要有两个原因：首先，比值继承了单一参数（如 χ 和 ARM）的内在多解性；其次，比值受分母控制。双变量相关图可解除这种影响，鉴别出磁性颗粒粒径变化信息。例如，χ_{ARM} 和 χ 的线性相关关系表明对两参数有贡献的磁性颗粒的粒径分布是稳定的。相反，χ_{ARM}/χ 的变化指示了磁性矿物粒径的变化。

同样地，粒径分布对 χ_{fd}/χ（或者 $\chi_{fd}\%$）的影响明显高于磁性矿物含量的影响（Worm，1998）。例如，中国黄土/古土壤中成土作用形成的亚铁磁性纳米颗粒具有固定的粒径分布，峰值粒径为 20～25nm，这与磁赤铁矿的 SP/SD 界限一致（Liu et al.，2004b，2005c，2007a）。穿过黄土/古土壤界限时 χ_{fd} 和 χ 的线性相关关系证明了这一点，然而在初始土壤中 $\chi_{fd}\%$ 会随着成土作用增强而增加。所以，假设 $\chi_{fd}\%$ 只受粒径分布变化的影响会得到错误的结论，即越成熟的土壤，其成土作用形成的磁赤铁矿的粒径分布越窄，这种明显矛盾的结果主要是由于忽略了成岩作用的影响。

2）同形替代

磁性矿物中的 Fe 通常存在同形替代（在晶格结构中被 Ti 或者 Al 替代）。实际情况中人们通常把钛磁铁矿作为一种新的矿物而不是 Ti 替代磁铁矿，所以磁铁矿和钛磁铁矿之间的混淆就可以解决了。然而，离子替代的赤铁矿和针铁矿的性质仍然存在不确定性。它们属于高矫顽力矿物，但是事实上它们具有较宽的矫顽力分布。化学计量的针铁矿矫顽力高于几十特斯拉（Rochette et al.，2005），但是，由于它的 T_N 较低（～120℃），T_N 随着 Al 含量的增加迅速降低，矫顽力也相应地降低，所以当 T_N 达到室温时，铝替代针铁矿便是顺磁性的，那么矫顽力应该是零。Liu 等（2007b）提出当铝替代针铁矿中铝的摩尔百分比大于 13%～15%（土壤中含铝针铁矿的合理值）时，其在室温下的矫顽力小于 100mT，这和磁铁矿矫顽力相当。赤铁矿与铝替代也存在复杂的对应关系，赤铁矿的 T_N 是 680℃，铝替代对 T_N 的影响也不容忽视。但是，铝替代对赤铁矿矫顽力的影响主要通过两种方式，改变其内部应力和晶胞大小。初始铝替代会增加含铝赤铁矿的内部应力，进而增加其矫顽力，但是，随着铝替代的增加，晶胞减小，含铝赤铁矿粒径减小，最终会降低其矫顽力。当粒径降低到 20～30nm 之下，即纯赤铁矿的 SP/SD 界限时，含铝赤铁矿的矫顽力接近于零，因为含铝赤铁矿变成了 SP 颗粒。

含铝赤铁矿较宽的矫顽力分布严重影响了其他参数，如 HIRM 和 S 比值，这两个参数分别用于追踪赤铁矿和针铁矿的绝对含量和相对含量。显然，这两个参数不能用来测量纯针铁矿（矫顽力极高）或者铝的摩尔百分比高于 13%～15%（矫顽力低于 100mT）的含铝针铁矿。而含铝赤铁矿和针铁矿的 HIRM 与全样的矫顽力正相关，所以这两个参数只有在"硬度"参数（L 比值）稳定时才能正常应用。

3）磁相互作用

在环境磁学研究中，通常假设磁性颗粒之间的磁相互作用对磁学参数的影响可以忽略。但是，磁相互作用对 SP/SD 处颗粒的磁学性质具有十分重要的影响，Sugiura（1979）提出 ARM/SIRM 随着磁铁矿含量的增加而减小，Yamazaki 和 Ioka（1997）对太平洋沉积物的研究发现 ARM/χ 与沉积物中磁性矿物的含量相关。这表明磁相互作用对 ARM/χ 的影响使该参数作为粒径指标的解释更为准确，另外也可以将 ARM 作为一个可靠的磁性矿物含量指标来估测相对古强度（Yamazaki et al.，2008）。

根据数值模拟的结果，Muxworthy 等（2004）提出相互作用的 SD 颗粒会表现出 MD 颗粒的行为，这说明相互作用的 SD 颗粒比无相互作用的颗粒更"软"。相反，SP 颗粒之间的相互作用会使它们的磁各向异性增强，表现出 SD 颗粒的行为，导致 χ_{fd} 突然降低。同样地，粒径大于 100nm 的 PSD 磁铁矿在相互作用的影响下磁性更稳定，例如，其磁滞参数会由 PSD 向 SD 区域移动。

三个主要方法可用来检测磁相互作用的影响：①测量 Wohlfarth R 值（Cisowski，1981）；②测量 FORC 图中平行于 Y 轴的相互作用场分布（Pike et al.，1999；Roberts et al.，2000；Muxworthy et al.，2004）；③确定 ARM/χ（或者 ARM/SIRM）与磁性矿物含量的相关性（Yamazaki and Ioka，1997；Yamazaki et al.，2008）。无相互作用的 SD 颗粒 $R = 0.5$，磁相互作用会使 R 值降低（Cisowski，1981）。但是，对于 $R < 0.5$ 的理解还存在不确定性，因为无相互作用的 SD 颗粒也可能得到该范围的值。另外，相互作用的影响可以根据 FORC 图在 Y 轴较宽的展布判断。例如，天然样品中强相互作用的胶黄铁矿就属于这种类型（Roberts et al.，2006）。Pike 等（1999）提出，与 Cisowski（1981）的方法相比，FORC 图对磁相互作用的检测更为灵敏。最后，ARM/χ 与磁性矿物含量之间的反相关关系可用来检测相互作用（Yamazaki and Ioka，1997；Yamazaki et al.，2008）。但是，利用该参数的北太平洋沉积物是多种磁性矿物的混合，磁相互作用组分是否与沉积物中的强磁性组分一致还不明确。尽管在利用这些方法研究相互作用时要留意，但是它们都可以用来检测磁相互作用，并且 FORC 图是测量磁相互作用最为有效的方法。

2. 与环境过程相关的不确定性分析

利用各种复杂的磁学测量和数据分析方法可以解决磁学参数解释的不确定性。对于多种矿物混合，分离磁信息是十分重要的。但是，磁学参数和环境过程之间的联系还存在一些障碍，不像气候指标与环境过程之间存在定量关系（如氧同位素），在两个相反的气候状态相互转换过程，磁学参数通常只能提供半定量信息。大部分情况下，磁学性质通过大量的环境过程来与气候关联。从源区到沉积，岩石风化析出的磁性矿物经历了构造、环境和气候过程，这些过程搬运并改变了这些矿物。例如，中国黄土中的 PSD/MD 磁铁矿的粒径变化与源区距离或者风强度有关，或者与二者都有关，鉴别这两个过程的影响需要更详细的信息。另外，天然样品中的磁性矿物是多物源的。例如，人们最初认为北太平洋 ODP882 孔海洋沉积物的信息代表了冰筏碎屑物的信息（Haug et al.，1999），但是，有研究发现 χ 的变化主要是粉尘和火山灰输入引起的（Bailey et al.，2011）。沉积后改造过程也会不同程度地改变磁性矿物，进而掩盖了初始的环境信息。

所以，在解释岩石磁学结果时需要考虑源区和沉积物之间的可能联系。如果只是对全样进行实验，很多过程可能会使结果变得不可信（Oldfield et al.，2009），如水动力分选、搬运过程中的分选、沉积后改造、成土作用以及生物成因磁性矿物的贡献。尽管在解决这些不确定性时需要留心，但是前面总结的方法还是可以帮助我们得到比较有用的结论。

第 41 章　全球铁循环

　　环境磁学最先通过化学、物理、生物机制与全球铁循环联系在一起。铁循环作用于不同的尺度：沙漠粉尘、海洋生物与气候之间的全球性铁联系（Maher et al.，2010），以及有或者没有微生物参与条件下区域性和原地铁氧化物之间的转化（Cornell and Schwertmann，2003）。下面我们先简短讨论自然界中的铁循环（图 41-1），然后讨论与环境磁学相关的铁循环物理化学性质。

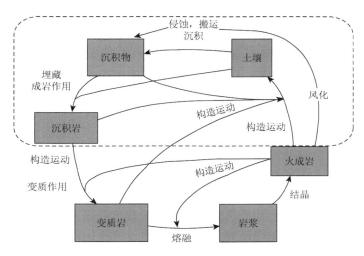

图 41-1　构造岩石循环（虚线方框代表环境磁学的主要研究内容）

　　我们通过研究含铁矿物在岩石中的转化来研究全球铁循环，而岩石中磁性矿物也是环境磁学重要的研究内容（图 41-1）。磁性矿物在火山岩冷却结晶时形成。磁铁矿在大陆、海洋侵入岩以及深成火山岩中都普遍存在，可能是原生的，也可能是其他矿物的矿物相变（如高温氧化、蛇纹石化和水热作用）形成的（Dunlop and Özdemir，1997）。大陆侵入岩和深成岩中经常含有单斜磁黄铁矿。钛磁铁矿（含有钛磁赤铁矿）一般存在于水成玄武岩，而钛赤铁矿一般存在于长英质火山岩中。侵入岩和深成岩在地壳中缓慢冷却生成的磁性矿物，一般颗粒较粗，而侵入岩在地表快速冷却生成的磁性矿物，一般颗粒较细。

　　当火山岩与空气和水开始接触时，它们就开始风化，在地表形成土壤。之前存在的磁性矿物从母岩中释放出来，经过改造形成新的（自生）磁性矿物。土壤中最常见的磁性矿物为磁赤铁矿、针铁矿、赤铁矿和含量很少的磁铁矿。海底玄武岩也会被侵蚀，其中钛磁铁矿往往被氧化成钛磁赤铁矿。当土壤中的原生和自生磁性矿物以及它们的母质受水、冰川和风的侵蚀作用时，通过不同的机制，历经不同的时间被搬运，然后沉积在地面（大陆）和水底（海洋和湖泊）（Maher，2011）。在搬运过程中，磁性矿物通过化学和物理作用被改造，但是母岩中大颗粒的磁性矿物性质在沉积过程中受到的影响很小。

当沉积物被掩埋时，在适当条件下发生的成岩作用通过溶解和重结晶使得碎屑磁性矿物被自生磁性矿物所代替。化学变化贯穿着岩石形成的历史，甚至沉积物岩化形成沉积岩时也在发生。自生矿物在有氧条件下生成磁铁矿和赤铁矿，在缺氧条件下生成磁黄铁矿和胶黄铁矿。埋藏过深或者受到岩浆作用影响都会使沉积岩变质，根据温度和压力条件的不同，化学性质发生极大的改变。磁铁矿和含量较低的磁黄铁矿是变质岩中最常见的磁性矿物。温度或压力的继续增加，会导致岩石融化，使得其循环回到起始位置（图 41-1）。

在地质时期，自然界中不同土壤、沉积物和岩石重复或部分重复着这样的岩石循环，含有与之形成时物理化学条件相对应的磁性矿物。生物作用与矿化过程紧密相连，而且可能是矿化过程的驱动力。生物过程包括在土壤以及沉积物成岩初期有机质的降解和发酵。目前，人类活动在成土作用、沉积物沉积和人工（工业）形成的磁性矿物等各种过程中起到的作用越来越大。环境磁学主要研究控制地球表面或者浅层铁循环的这些过程，主要包含：①风化和土壤的形成；②侵蚀、沉积物的沉积和运输（包含有机质，特别是人类和细菌的贡献）；③沉积物中早期的成岩作用。驱动沉积物中磁性矿物侵蚀、运输和积累的过程，例如铁的物理循环，携带与气候环境及人类活动对环境干扰有关的信息。相反，铁的化学循环主要记录成土作用、成岩作用、生物及人类活动信息，还有它们之中包含的环境信息。除这些过程外，其他的来源也会给沉积物带来磁性矿物，例如通过大气输入的火山灰、人类活动产生的烟尘以及来自太空的粉尘。深海烟囱也是海洋深部可溶金属的重要来源。

记录气候、水文和人类活动信息等环境变化的载体有很多，例如，土壤、沉积物和石笋等。环境磁学对这些变化很敏感，这些变化通过铁氧化物（磁铁矿、磁赤铁矿和赤铁矿）、铁的氢氧化物（针铁矿、水铁矿和纤铁矿）、铁的硫化物（胶黄铁矿和磁黄铁矿）和铁的碳酸盐（菱铁矿）等晶格中的 Fe^{2+} 和 Fe^{3+} 沉积或化学变化来实现。Fe^{2+} 和 Fe^{3+} 之间的电子转换对能量要求低（约 0.01eV），很容易发生，每次转换都会导致 1 玻尔磁子（$9.27 \times 10^{-24} A \cdot m^2$）的改变，这些改变发生在化合物不平衡的晶体位中。很多磁学技术手段对这种变化也很敏感，这为揭示环境变化历史提供了高精度的手段（Thompson and Oldfield，1986）。例如，铁的氧化物或者氢氧化物通过铁离子还原转变成磁铁矿，对追踪土壤铁氧化物类型变化很重要（Cornell and Schwertmann，2003；Guyodo et al，2006）（图 41-2），因而土壤能携带水文变化、有机质作用或者还原性铁微生物作用的信息。类似地，磁铁矿向胶黄铁矿的转化可以携带通过有机质降解形成的还原环境变化信息（Karlin and Levi，1983；Roberts et al.，2011a）。

铁循环是环境变化中影响沉积记录的一个重要因素。"循环"揭示的是铁离子从一个晶格（针铁矿）到另一个晶格（磁铁矿），当环境条件相反时，铁离子反向迁移也可能发生。环境条件变化可以用这些参数表示：酸碱度、化学键强弱、温度、有机碳（C_{org}）或者微化石含量（硅藻、自由硅）。铁循环伴随着电子从 Fe^{2+} 到 Fe^{3+}，当 Fe^{2+}（0K 时 4 玻尔磁子）变成 Fe^{3+}（0K 时 5 玻尔磁子），磁化强度增加 25%。确定磁性颗粒粒径的

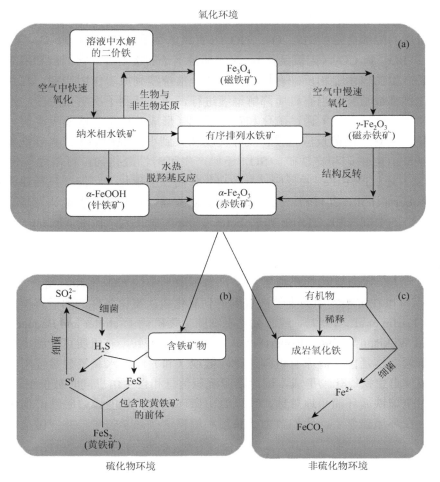

图 41-2 铁氧化物和铁硫化物的转化路径：（a）氧化环境；（b）硫化物环境；（c）非硫化物环境

上下的图框内信息分别代表了铁氧化物、铁硫化物和菱铁矿相关的循环反应

变化能识别这种环境变化，例如铁的还原作用会使土壤表面生成磁化率很高的 SP 颗粒（$d<20$nm）或者稍大的 ARM 很高的 SD 颗粒（20nm$<d<1$μm）磁铁矿和磁赤铁矿（Liu et al.，2004a）。SD/SP 颗粒的磁性矿物是铁循环强有力的证明。

氧化环境中，铁氧化物的铁循环伴随着两个特点：一是不同原子价的铁氧化物存在；二是晶体结构中有多面体链的氧离子和氢氧根离子。Fe^{2+} 和 Fe^{3+} 的移动性是通过电子跳跃产生的低活化能使 Fe^{2+} 变成 Fe^{3+} 来实现的，反之亦然。Waychunas（1991）揭示了铁氧化物的长程结构是通过不同结构矿物的组合（例如立方晶系的磁铁矿、针铁矿和六方晶系的赤铁矿）或者失去氧多面体链联合实现的。针铁矿沿[001]结晶方向每隔两个链丢失两个链。纤铁矿结构可以通过针铁矿结构丢失一个氧多面体而形成。至于磁铁矿和赤铁矿，它们之间没有链的丢失。通过这些多面体链以及铁离子电子跃迁造成的化学价变化，铁可以在除水铁矿以外的铁氧化物中循环。之所以排除水铁矿是因为水铁矿多面体链的晶体结构的稳定性很差。

　　对于含氧量少和无氧条件下沉积物中的铁循环，电子的转移也十分重要。在沉积环境中，有机质的降解会持续消耗 O_2、NO_3^-（有氧条件下）、MnO_2、Fe_2O_3、$FeOOH$（低氧条件下）、SO_4^{2-} 和 CO_2（无氧条件），这些都是电子的接受者，它们被利用的顺序和它们被还原后产生的自由能相反。有机质的降解一直持续到成岩作用初期，直到所有的有机质或氧化剂都被消耗。当有机质降解继续进行，尤其是到了次氧化阶段，岩石中的铁氧化物（和其他含铁矿物）通过硫化和黄铁矿化（形成黄铁矿）被逐步溶解。不同的铁氧化物对硫化物有不同的反应程度，反应程度从大到小的顺序如下：水合铁氧化物、纤铁矿、针铁矿、磁铁矿和赤铁矿。SO_4^{2-} 还原产生可溶性硫化物，可溶性硫化物促进铁（H_2S 和 HS^-）还原产生 Fe^{2+} 的反应，导致自生作用铁的硫化物沉淀，包括亚铁磁性的胶黄铁矿（Roberts et al.，2011a）。亚铁磁性单斜磁黄铁矿经常被错误地认为是早期成岩作用生成黄铁矿的中间产物。Horng 和 Roberts（2006）则认为六棱形（hexagonal）磁黄铁矿（常温为反铁磁性）只能在成岩作用初期形成，而现代沉积物中只含有碎屑单斜磁黄铁矿，自生的单斜磁黄铁矿则在成岩作用后期形成，因而可以携带后期的磁化强度。在无氧无硫环境下，铁硫化物的形成被抑制，当裂隙水中的 CO_2 饱和时将会形成菱铁矿。多余的 Fe^{2+} 可以在沉积物中向上扩散直到遇到氧化或次氧化条件，然后再次以铁氧化物形式沉积（Karlin et al.，1987），或者被趋磁细菌生物矿化（Schüler and Baeuerlein，1996；Tarduno and Wilkison，1996；Roberts et al.，2011b）。另外，有机质可能绝大部分在埋藏之前就被降解，这是由于海床有机碳通量较低或（和）底层水氧气含量较高。这样的氧化条件将驱使自生铁氧化物形成，因此陆源沉积信息和自生信息同时被保存。

　　通过对全球铁循环简短地总结，可以看出微环境的变化能导致磁性矿物信息发生较大的改变。在环境磁学中，我们致力于获得和解释这些磁学信号，并探讨与之相应的环境变化。

第 42 章　大陆介质磁信息

1. 黄土和其他风成物质

风成黄土覆盖了全球 10%左右的陆地表面，主要位于中纬度地区。形成黄土的粉尘（例如来自塔克拉玛干沙漠的粉尘）可以通过西风带输送到太平洋甚至更远（Sun et al.，2008）。亚洲被认为是格陵兰冰芯中粉尘的源区。因此，虽然黄土起源于其周围的沙漠，但是无法直接确定其来源。

中国中部的黄土（厚度 100～300m）覆盖面积非常广，是 250 万年来良好的古气候载体（Heller and Liu，1982，1986；Ding et al.，2001；Pan et al.，2001；Guo et al.，2002；Evans and Heller，2003）。中国黄土高原的黄土序列可能的来源包括戈壁沙漠以及西北部的 3 个盆地（准噶尔盆地、塔里木盆地、柴达木盆地）。根据电子自旋共振（ESR）信号强度和细粒石英的结晶度，Sun 等（2008）认为黄土高原细粒黄土主要来源于中国北部，包括戈壁和沙漠。在北美和欧洲，大部分黄土来源于冰川地区的岩石粉末。因此与中国黄土相比厚度较浅（一般小于约 30m）。虽然不同地区物源相差很大，但是有一个相同的特征即母质的磁性矿物含量较低。新西兰（Pillans and Wright，1990）、阿拉斯加（Lagroix and Banerjee，2004；Lagroix et al.，2004）和阿根廷（Carter-Stiglitz et al.，2006）黄土中包含有磁学性质大不相同的火山灰，因而增加了解释黄土/古土壤磁学信号的复杂性。Liu 等（2010）发现阿根廷土壤中母岩的磁化率贡献了 60%的磁性信号，除非不同粒度磁性矿物对磁学性质的贡献能够区分清楚，否则母岩与成土作用的磁学性质很容易混淆。环境磁学通过对经受风蚀的疏松沉积物表面的研究，探讨了气候变化对风成粉尘中磁性矿物的影响，确定了粉尘沉积物（主要为黄土）的源区（Maher et al.，2009）。

2. 河流沉积物

河流沉积物可以长时间（达百万年）连续沉积（达几千米）。这些沉积物常富含铁氧化物，其含量和粒径的变化可以反映气候的长期变化，但是却很难实现，因为这些环境下普遍缺乏高精度的古环境（如古生物）数据。尽管如此，大多数河流沉积物还是环境磁学研究的焦点，这主要是因为它们是陆源沉积物的主要来源，也经历了成土作用。除了其环境意义，河流沉积物源到汇的研究有助于解释海洋沉积记录（Salomé and Meynadier，2004；Horng and Roberts，2006；Horng and Huh，2011）。例如，确定大陆架海洋沉积物中的磁性矿物是否含碎屑或成岩来源是很关键的。通过河流系统追踪磁性矿物是一种确定其来源的有效方式，尤其是在大量物源涌入的位置，通常与台风或风暴事件从物源搬运至沉积区有关。

3. 湖泊沉积物

湖泊沉积物很重要，因为它们保存了高精度连续的大陆古气候信息。最早应用磁学方法研究湖泊沉积物可追溯到 1920 年。Ising（1943）在湖泊纹层的研究中开创性地发现玛珥湖春季沉积物中磁铁矿的含量比其他季节的高，表明湖泊沉积物的磁学性质受环境因素控制，但当时并不能完全解释其中的机制。1960～1980 年，英国湖泊磁学小组推动了湖泊沉积物环境磁学研究的突破性发展（Thompson et al.，1975；Dearing and Flower，1982）。从此，利用磁学方法研究湖泊沉积物在国际上得到广泛应用。

湖泊沉积物中铁氧化物的变化（成分、含量、粒径）过程与气候密切相关，如湖区土壤发育、侵蚀类型（如水、冰）、集水区的侵蚀及湖泊内的有机碳产量及沉积后过程。土壤发育和侵蚀类型影响磁性矿物组合中的陆源组分，而生物生产力控制有机碳含量，其影响陆源铁氧化物的溶解及生物与自生成因的次生磁性矿物的生成（比如生物成因磁铁矿和胶黄铁矿）。非稳定态成岩过程，包括氧化与缺氧状态间的转换，可以由古环境指示并根据沉积物性质轻易检测出来（Williamson et al.，1998）。图 42-1 概括了湖泊-源区系统中磁性矿物的运移、沉积及沉积后改造的详细过程。首先，全球气候背景（轨道应力）影响局部的气候和环境。在全新世，人类活动也影响了局部环境。集水区植被的扩张指示了全新世温和的气候条件，这会增加碳、赤铁矿/针铁矿以及溶解的营养物质输入，但是会使剥蚀和岩性输入减少。这种情况会促进成岩作用过程，加速湖内磁性矿物溶解。冷期时属于相反过程，图中箭头的粗细代表了释放到湖中的物质含量的变化。

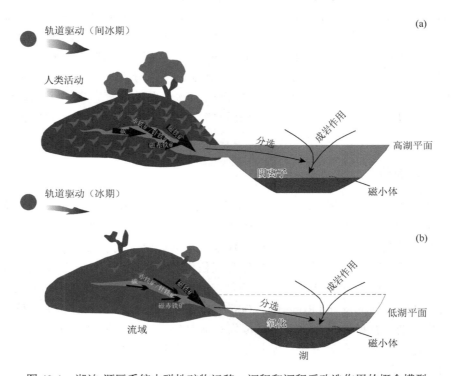

图 42-1　湖泊-源区系统中磁性矿物运移、沉积和沉积后改造作用的概念模型

前人研究表明格陵兰、北大西洋的海洋沉积记录与大陆环境、气候变化强烈遥相关。通过研究贝加尔湖的生物硅记录，Colman 等（1995）发现大陆内部的气候与全球气候系统相互作用，主要通过海洋/冰盖对轨道驱动的非线性响应。千年尺度上，Thouveny 等（1994）发现法国中部玛珥湖沉积物的磁化率与格陵兰冰芯 GRIP 和 GISP2 气候记录惊人的一致。利用冰期前沉积物的磁学性质可以合理解释与北大西洋气候变化相关的高山冰川活动问题。毋庸置疑，尽管湖泊区域的气候/环境变化首先受到全球气候背景控制，但对于现今沉积物，人类活动（例如，采掘业、清理土地、火灾、过度放牧、富营养化、集水区过度建设等）也会对区域环境产生重要影响。当沉积后的影响有限时，磁性矿物的含量可以用来半定量指示湖区的沉积通量（Dearing and Flower，1982）。但是，磁性矿物的总体磁性是相互作用的各种过程（包括气候因素）的综合反映。比如冰川气候转变为温和气候适宜湖区的植被生长，从而使碳通量和溶解氮增加，但冻融活动减弱导致侵蚀减少，表面凝聚力增强，陆源输入减少。因此，准确厘定湖泊沉积物中磁性矿物的来源对于解译环境信息是相当必要的。通常，风化产生的磁性矿物粒度较粗（PSD/MD）。但是，湖区中原生磁性矿物（如钛磁铁矿、磁铁矿）的转变会带来复杂性。成土作用产生 SP/SD 的磁赤铁矿和赤铁矿，因此湖泊沉积物中磁性矿物粒径的变化、磁赤铁矿与赤铁矿的相对含量可以用来追溯源区可能的风化过程。比如，在 Klamath 湖（美国俄勒冈州），S 比值的减小对应风化程度增强（Rosenbaum and Reynolds，2004），并且陆源碎屑在沉积到湖底之前，在运移过程中可能因为水动力的分选使粗颗粒逐渐减少从而改变其中的磁性矿物。

磁性矿物的性质与很多过程密切相关，比如源区的侵蚀历史、土地利用变化。通常重要的是表面侵蚀与沟壑侵蚀间的平衡，雨水冲刷与小河发育引起表面侵蚀，主要作用于风化层，而沟壑侵蚀冲走更多未风化的土壤。因此，为了精确解释湖泊沉积物中磁性矿物所蕴含的古环境信息，我们需要了解湖泊沉积物与源区物质间的联系。湖泊-源区系统主要由 3 部分组成：源区物质（基岩、土壤等）、运移路径中的物质（漫滩沉积物、河床沉积物、河流悬浮物）和湖泊沉积物。实例中通常同时研究湖泊沉积物和源区物质。Oldfield 等（1979）研究表明磁学参数在区别源区的不同磁性矿物方面很敏感。Dearing 等（2001）对湖泊沉积物与源区物质的关系进行了十分系统的研究，他们研究了法国 Petit Lac d'Annecy 中部平原的湖泊沉积物，两个漫滩钻孔，河床沉积物和源区的几百个土壤样品。湖泊沉积物中还经常有磁性矿物浓度的孤立峰值。这样的峰值往往涉及火山灰层、微滑塌层（高密度搬运和沉积的沉积物）或氧化还原环境快速变化导致胶黄铁矿的形成，当然其他机制也有可能。总体而言，虽然个别事件（如洪水、滑塌、火山爆发等）和成岩作用对湖泊沉积物的磁性记录有很大的影响，但湖泊沉积物仍然是陆地环境变化的一个重要信息来源。

4. 其他陆相材料

除了沉积物和土壤，其他材料也可以提供大陆古气候变化的环境磁学记录。这些材料包括极地冰盖、高山冰川和石笋。格陵兰冰芯（NGRIP）的环境记录研究表明粉尘含量和磁性矿物的浓度密切相关，这是由冰期-间冰期气候变化调控的（Lanci et al.，2004）。

NGRIP 样品中的磁性矿物包括磁铁矿/磁赤铁矿和赤铁矿的混合物，且不随时间改变，这与中国黄土相似，都为东亚起源（Lanci et al.，2004）。南极冰芯的磁学性质表明磁性颗粒浓度和气候变化之间没有明确的联系，相反，矫顽力的变化指示矿物类型及其来源在冰期-间冰期时间尺度有明显差异。位于塔克拉玛干沙漠和中国黄土高原之间的冰芯的初步岩石磁学研究也表明粉尘通量和来源在冰期-间冰期时间尺度存在差异，这进一步说明冰芯的岩石磁学性质具有记录冰芯中粉尘浓度、粒径及来源变化的潜在能力（Maher，2011）。

前人研究表明，常规的岩石磁学技术可以对石笋中磁性矿物的浓度进行测量（Lascu et al.，2018）。虽然对于石笋的岩石磁学研究的主要兴趣一直局限于地磁场记录的可靠性（主要为地磁场长期变和极性倒转）问题，但碎屑的天然磁化强度屡见不鲜表明，根据准确的 U-Th 年龄，石笋的环境磁学研究可能提供有用的气候变化记录。

第 43 章　海洋沉积物

磁性矿物主要以碎屑颗粒的形式由风、水或者冰川搬运到海洋中（Evans and Heller，2003）。目前，河流供给是海洋沉积物的主要来源，约 20000Tg/a（表 43-1），而冰川和风搬运来的碎屑沉积物相对较少，分别为 2900Tg/a 和 1100Tg/a（表 43-1），还有其他供给如沿岸剥蚀和宇宙尘埃，沿岸剥蚀供给约 200Tg/a，但是沿岸沉积物主要为粗粒物质，并且为近源的非连续沉积，所以它们不是环境磁学研究的重点。宇宙尘埃供给为 0.002Tg/a（表 43-1），尽管其在冰川中是可以测量到的（Lanci et al.，2012），但是其对环境磁学研究的贡献可忽略。火山也间歇地输入一定量的火山灰（大约 375Tg/a，表 43-1）到海洋沉积物中，火山灰层对于定年研究十分重要，但是缺乏古气候信息。

表 43-1　世界海洋的总陆源输入估计表

来源	沉积物总沉积量/(Tg/a)	河口和沿海地区沉积量/(Tg/a)	大陆架和大陆坡沉积量（水深＜1000m）/(Tg/a)	深海沉积量（水深＞1000m）/(Tg/a)
冰川（1）	2 900	1 400		1 500
河流（2）	20 000	18 000	1 700	300
粉尘（3）	1 100	1 000		100
沿海侵蚀（1）	200	200	0	0
宇宙颗粒（4）	0.002	0.000 2		0.001 8
火山喷发物质（5）	375	40		335
总量	24 575	22 340		2 235

注：（1）（Raiswell et al.，2006）；（2）（Milliman and Syvitski，1992）；（3）经（Maher et al.，2010）报道数据计算；（4）修改自（Love and Brownlee，2010）；（5）经（Straub and Schmincke，1998）计算并外推至世界大洋。按照 Raiswell 等（2006）的方法，对不同地点陆源输入的组分进行计算。

目前，冰川占地球表面积不到 10%，主要位于高纬度地区（＞60°）。河流几乎遍布所有纬度地区，但是其在极地区域的贡献并不重要，主要在气候温和地区、低纬度地区和季风主导的内陆区域贡献较大。粉尘主要来源于低纬度大面积的内陆地区（如亚洲内陆地区）以及沙漠地区（如撒哈拉、阿拉伯、澳大利亚、纳米比亚和阿塔卡玛）（Maher et al.，2010）。由于空气和水的携载能力较低，所以分别只有 10% 和 2% 的粉尘和河流搬运物能到达深海沉积环境。相反，冰川却可以将 50% 的沉积物搬运到深海沉积（表 43-1）。很多机制都可以改变陆源沉积物的沉积信息。一个是与地球自转或者入海口有关的底层流可以对沉积物进行再次改造，另外一个更为广泛的可以改造陆源沉积物沉积信息的过程是沉积物成岩作用，这主要是由细菌对有机质降解作用驱动的。下面我们会讨论如何根据磁学性质提取海洋沉积物中的环境信息，包括陆源沉积物的沉积信息和再次改造。

1. 冰川搬运的陆源碎屑物

由于冰川遇到水会融化，所以由冰川剥蚀并搬运到海洋中的沉积物（1400Tg/a，表 43-1）有一半聚集在大陆架和大陆坡等近源环境（Raiswell et al.，2006）。这些颗粒范围由巨砾到黏土，主要受重力流和底层流的再改造影响。另外一部分冰川剥蚀的颗粒（1500Tg/a）由冰川搬运到更远的地方。当冰川融化后，这些粒径范围由粗砂到黏土的冰筏碎屑（IRD）颗粒下沉聚集在海底。IRD 层的典型特征是大量的粗沉积颗粒（通常大于 150μm），与生物成因的碳酸盐贫乏的细粒沉积物（通常为黏土）互层。IRD 层在南北半球中都有存在，主要在第四纪之后的冰期，但是在 Heinrich 事件期间，Laurentide 冰架（LIS）的 IRD 层搬运到北大西洋中（Heinrich，1988）。这些事件对应着冰川末期百年尺度的冷期，记录了大量冰川的突然卸载。由于 LIS 汇集的主要为富含（钛）磁铁矿的强磁性火山岩，所以 IRD 层的磁化率远高于母质沉积物的磁化率。因此，磁化率不仅可以作为有效指标来描述北大西洋 IRD 层的范围和厚度，而且可以用来推断它们的源区和同时期的气候模式（Robinson，1986；Grousset et al.，1993；Lebreiro et al.，1996）。与含量和粒径有关的磁学参数可用来进一步证实由磁化率得到的结论，也可用来研究远到伊比利亚半岛的 IRD 范围（Robinson，1986；Thouveny et al.，2000）。但是，IRD 层不同水平层位的特殊磁学特征，以及与 Heinrich 事件无关的 IRD 层的存在，表明作为 IRD 层源区的其他冰原（如东格陵兰岛、英国、冰岛、芬诺斯堪迪亚）起主导作用，从而也证实了之前根据 IRD 同位素信息得到的推论（Grousset et al.，2000）。根据老的北大西洋沉积物的磁学特征可以将冰筏碎屑追踪到晚始新世（Eldrett et al.，2007），这表明通过研究冰川搬运到海洋的陆源碎屑物的岩石磁学特征，可以更好地约束古气候演化。

尽管岩石磁学方法可用来识别 IRD，但是我们发现只有少量的研究利用环境磁学参数（尤其χ）来研究南极的 IRD（Brachfeld et al.，2002；Pirrung et al.，2002；Venuti et al.，2011）。在整个新近纪期间，暖池包围着南极，这便阻碍了 IRD 在该时期的长距离搬运，但是流速的影响使第四纪 IRD 层的解释更为复杂（Pirrung et al.，2002）。无论如何，由于相对于母质沉积物 IRD 层具有较高的磁性矿物含量，所以和第四纪北大西洋 IRD 层类似，南极 IRD 层的主要特征是具有较高的磁化率（Pirrung et al.，2002；Venuti et al.，2011）。

2. 风搬运的陆源碎屑沉积物

通常，当火山和海底水热矿化对沉积物的贡献较小时，风成粉尘对沉积物的磁性贡献明显高于母质沉积物和生物成因沉积物。因此，磁化率作为一个普遍应用的岩石磁学参数，可以用来研究不同风成粉尘的变化，如来源于沙漠（如撒哈拉、阿拉伯、澳大利亚和巴塔哥尼亚）和内陆地区（如亚洲）并沉积在邻近的海盆如红海（Rohling et al.，2008）、印度洋（Bloemendal and Demenocal，1989）、太平洋（Yamazaki，2009）和北大西洋

（Bloemendal and Demenocal，1989）的粉尘。这些研究对于理解高低纬气候对季风气候演化的影响具有十分重要的意义。但是，对磁化率数据和其他环境参数以及粉尘输入的辅助指标的综合分析表明，除了一些良好记录外，由于其他陆内物源和磁性矿物的还原成岩作用的影响，粉尘输入和磁化率之间的联系并不清楚。前人的研究都表明，其他磁学参数，尤其是那些可以指示高矫顽力矿物相对含量 *S* 比值或者绝对含量（HIRM 及类似的参数）的参数，可作为风成粉尘输入的指标（图 43-1）（Larrasoaña et al.，2003a；Maher，2011）。沙漠的氧化和脱水环境使得赤铁矿大量存在于风成粉尘中，并可以利用环境磁学方法很容易地检测出来（Robinson，1986；Bloemendal et al.，1988，1992；Balsam et al.，

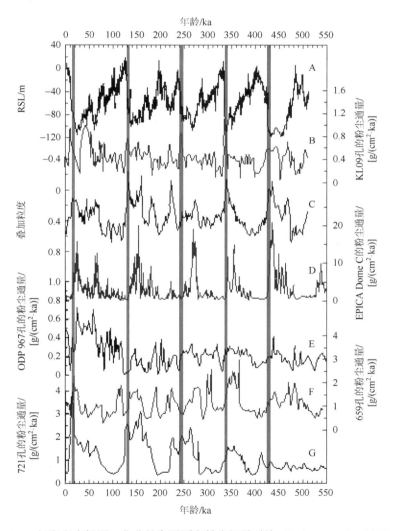

图 43-1　红海和南极洲、北非的海平面和粉尘记录对比（Roberts et al.，2011c）

垂直灰色条代表了 5 个冰期转换位置。A. 海平面（Rohling et al.，2008）；B. 红海 KL09 孔的粉尘记录（Roberts et al.，2011c）；C. 中国黄土高原赵家川和灵台剖面的粒径信息（Sun et al.，2006）；D～G 分别为南极洲 EPICA Dome C 的粉尘记录（Lambert et al.，2008），ODP 967 孔的粉尘记录（Larrasoaña et al.，2003a），659 孔的粉尘记录（Tiedemann et al.，1994），721 孔的粉尘记录（deMenocal et al.，1991）

1995；Yamazaki and Ioka，1997；Larrasoaña et al.，2003a，2008；Maher，2011）。但是，需要注意的是，大部分实验室中用来使样品获得 IRM 的仪器所加外磁场不能超过 1T，这种情况下，针铁矿几乎不能被磁化。因此，尽管地球化学指标和 DRS 证据都指示了针铁矿的存在（Köhler et al.，2008），但是几乎所有用来测量高矫顽力矿物含量的磁学参数都只记录了赤铁矿的含量。该情况的好处在于这些参数可以用来鉴别位于干热气候区域的粉尘源区（Maher，1986）。例如，Larrasoaña 等（2003a）利用气象学、卫星和地球化学数据识别出堆积在东部地中海的粉尘源区为撒哈拉分水岭北面的东撒哈拉地区（约 21°N）。粉尘源区的精确测定使得区域性干燥度变化的研究成为可能，干燥度的变化控制着风速或者大气环流模式的变化。尽管这些参数十分重要，但在风成粉尘输入的研究中通常忽略了这些参数的分离。

3. 河流搬运的陆源碎屑沉积物

尽管河流是海洋沉积物的主要供给，但是海洋沉积物中的河流成因沉积物并不是环境磁学的研究重点。这可能是因为河流搬运到海洋中的沉积物主要受自循环（如河道转位）和变周期（如潮汐和潮退控制的便利空间）的因素控制，而不是气候因素。所以，一些研究磁化率应用的实例认为随着碎屑颗粒含量或者粒径的增加，磁化率增加是由于陆源供给增加引起的（Weber et al.，2003），而这些陆源供给的主要动力学机制为从季风到高纬度控制的沉积，或者二者相互作用。尽管在海平面上升时期，陆源碎屑物质主要保存在三角洲地区，与气候控制的河流供给相比，这是主要的沉积记录，但是结合其他与含量和粒径有关的磁学参数推断，这可能是陆源供给或者源区的变化，比如亚马孙河（Maslin et al.，2000）和恒河-雅鲁藏布江（Prakash Babu et al.，2010）。在其他情况下，河流成因的海洋沉积物中记录的气候信息与河流的卸载无关，而是与源区干燥度变化有关。所以，在热带河流中，赤铁矿/针铁矿含量的比值与源区干燥度的变化有关，因为与针铁矿相比，赤铁矿形成于更干燥的环境中（Maher，1986）。Abrajevitch 等（2009）利用岩石磁学方法得到这两种矿物含量的比值，以此来推断季风控制的恒河-雅鲁藏布江的河流卸载的周期性变化。另外，Colin 等（1998）也提出恒河-雅鲁藏布江和伊洛瓦底江源区的干燥度变化限制着这些河流搬运的磁铁矿的含量及粒径。

4. 底层流对沉积物的再次改造

海洋沉积物一旦沉积，底层流便会对其进行改造，影响其初始的物理特征和沉积信息。这会导致所谓的等深流积层或者漂流沉积，其特征和分布与纬度无关。尽管底层流的活动与气候变化之间的联系并不是完全清楚，但是第四纪漂流沉积物中与含量和粒径有关的磁学参数可用来检测底层流的强度变化，主要是在北大西洋（Kissel et al.，2009）和南极洲周围（Mazaud et al.，2007，2010）。底层流不仅影响漂流沉积物中粒径的分选，而且也会影响颗粒的空间分布。这会引起初始沉积物磁组构的增强，根据沉积物磁组构（磁化率各向异性，AMS）的方向性质（Parés et al.，2007）以及各向异性的形状和角度可以推断出底层流的动力学机制。大部分关于漂流沉积物的岩石磁学和 AMS 研究重点分析了高纬度地区如北大西洋和环南极洲盆地等的底层流动力学机制。

5. 混合陆源沉积物信息

尽管在一些特定的纬度地区，海洋陆源碎屑沉积物是由不同的源区控制，但是在这些纬度之间的区域陆源碎屑沉积却是混合信息。在低纬度的东北大西洋（图 43-2）（Bloemendal et al.，1988；Just et al.，2012）和南中国海（Kissel et al.，2003）的海洋沉积记录中就发现了风成粉尘和河流搬运的混合陆源沉积物。暖期较高的 S 比值（水平标尺指示了氧同位素的 1～6 阶）表明主要的载磁矿物为河流相磁铁矿，但是其含量（根据 ARM 曲线）在 HL1～HL6 期间气候变得冷干时减小。但是在 HL1～HL6 期间，HIRM 和 κ 的增加以及较低的 S 比值表明，富含赤铁矿的撒哈拉沙漠粉尘输入增加。由于陆源沉积中的河流和风搬运主要受纬度控制，所以 ARM 和 HIRM 分别在最南和最北端的钻孔中达到最大值，钻孔 GeoB 9506-1 和 GeoB 9527-5 在 70～120ka 时，HIRM 缓慢降低，ARM 和 S 比值明显降低，证明在 MIS 5 期间，磁铁矿大量溶解，而赤铁矿只是部分溶解。很明显，不同的参数反映了不同的古气候过程。总之，这些研究提出了粉尘和河流供给的反相关关系。一个研究混合陆源信息的典型例子是从伊比利亚半岛搬运形成的 IRD 层中识别出来自撒哈拉沙漠的风成赤铁矿（Robinson，1986；Thouveny et al.，2000）。富含风成物质和 IRD 的沉积物通常综合了高低纬的背景信息。不同陆源源区的沉积物共存表明气候变化可以改变这些物质的纬度分布。与南极冰芯粉尘沉积物的地球化学记录一致，根据环南极洲海洋沉积物的磁化率记录可以推断出风成粉尘和 IRD 记录的混合信息。

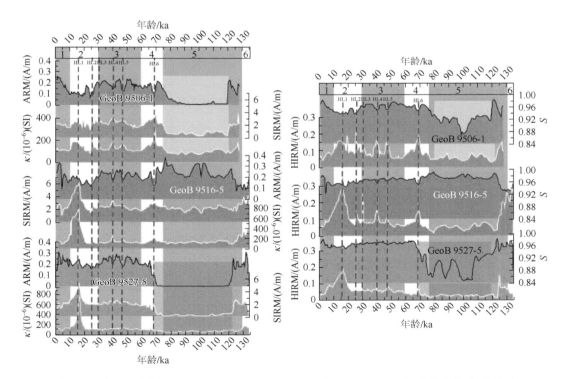

图 43-2　海洋沉积钻孔 GeoB 9506-1、GeoB 9516-5 和 GeoB 9527-5 的磁学参数-年龄曲线
（Itambi et al.，2009）（后附彩图）

这表明磁化率记录与粉尘供给有关，不论是来自巴塔哥尼亚还是澳大利亚的粉尘。这是十分重要的，因为海洋沉积物和冰芯记录之间的联系可以为那些很难确定年龄的沉积物建立详细的年龄模型（Pugh et al.，2009）。但是，其他研究则将环南极洲的海洋沉积物的磁化率记录作为 IRD 的信息（Pirrung et al.，2002）。另外，南极绕极流对环南极海洋沉积物的再改造使得 IRD 和粉尘的信息更为复杂（Parés et al.，2007；Mazaud et al.，2007，2010）。在西北太平洋存在同样的复杂情况，IRD 和风成粉尘，还有火山灰共同影响沉积物的磁学性质（Bailey et al.，2011）。

第44章 沉积后磁学信号

1. 成土作用与土壤

土壤的形成，即成土过程，是母质在成土因素的综合作用下所经历的一系列物理化学改造的过程。这里所指的成土因素包括气候、有机质、地形、母质和成土时间（Jenny，1941）。自然界中，土壤剖面表现出水平层状构造，称为土壤发生层，反映了土壤形成过程中物质的迁移、转化和累积的特点。A 层（腐殖质层）有机质含量最高，但可溶性组分（例如硅酸盐黏土、铁、铝和腐殖质）会由于淋溶作用在 B 层（淀积层）聚集。而 C 层（母质层）则主要代表了未受改造的土壤母质。以往的研究表明，土壤剖面 A、B 层中，含铁黏土矿物和铁镁质硅酸盐可作为铁源（Spassov et al.，2003），产生纳米级亚铁磁性矿物（Zhou et al.，1990；Maher，1998），导致磁化率显著增强（Maher，1998）。因此，土壤的磁学性质携带了成土过程（Zhou et al.，1990；Singer et al.，1996）和磁学性质与气候之间关系的重要信息（Maher et al.，1994）。

通常情况下，风成碎屑物质和土壤母质的磁性较弱且均一，例如亚洲和欧洲的黄土沉积，尤其是中国黄土高原的黄土沉积。然而，在黄土/古土壤序列中，古土壤却因为大量成土磁铁矿/磁赤铁矿的生成而磁性较强。迄今为止，关于古土壤中磁赤铁矿的生成机制主要有两种假设：直接析出和作为水铁矿转化的中间产物。直接析出机制实际上是一种发酵作用，有机质和铁还原细菌将三价铁还原为二价铁，形成纳米级磁铁矿，之后再被氧化为磁赤铁矿（Mullins，1977）。第二种机制中，弱磁性的水铁矿在添加了吸附配体如磷酸盐、柠檬酸盐的条件下向赤铁矿转化，转化过程中会生成强磁性的水铁矿中间产物（磁赤铁矿）（Barrón and Torrent，2002；Barrón et al.，2003；Michel et al.，2010）。事实上，之所以关于成土过程中磁性矿物的转化过程很难有定论，主要是因为转化过程的中间产物很少能够被保存，我们所能观察和测量到的都是最终产物。即使如此，我们仍然能够从土壤中强磁性磁赤铁矿、弱磁性赤铁矿和针铁矿的含量得到有用的启示。研究表明，土壤中只有赤铁矿和纳米级磁赤铁矿有固有的内在联系（Ji et al.，2001；Lyons et al.，2010）。Liu 等（2010）在西班牙年代序列土壤剖面中，观察到成土成因的磁赤铁矿的解阻温度（与磁性矿物的大小有关）和其含量存在正相关关系。然而，在黄土高原剖面的古土壤中，磁性颗粒的粒径分布统一并存在一个 25nm 的峰值，且不随成土作用的改变而改变，因此代表了成土过程的第二阶段，即较成熟的阶段（Liu et al.，2005c，2007a）。这说明，黄土高原古土壤中成土磁赤铁矿演化为一个成熟的阶段从而显示出颗粒大小的均一性。

虽然成土过程中磁性矿物的形成受到多种因素的控制，例如温度、降水量、有机碳含量、pH、E_h 值等，但统计分析显示现代土壤的磁学性质，尤其是磁化率大小，主要受控于降水量。这就为重建过去降水量的时间和空间分布提供了可能性（Maher et al.，1994；Maher and Thompson，1995）。然而，土壤磁化率和降水量之间的关系是非线性的。当降水量超过一个临界值（约 550~600mm/a）时，亚铁磁性矿物的含量就会受到溶解作用而降低（Han et al.，1996；Balsam et al.，2004）。前人研究认为，磁性矿物的形成和气候之间的关系非常复杂（Guo et al.，2001；Bloemendal and Liu，2005）。Liu 等（2007a）建立一个概念模型，该模型中提出赤铁矿和磁铁矿/磁赤铁矿的含量比值相比磁化率，是更好地评估古降水的指标，因为该参数和降水量的相关关系更加单调（Torrent et al.，2006）。

Orgeira 和 Compagnucci（2006）认为是潜在蓄水量（potential water storage，PWS）而不是总降水量影响了成土过程中磁性矿物的生成。PWS 代表了年降水量的纯盈余，定义为总降水量和总蒸发量的差值。当 PWS 为负时，即蒸发量大于降水量（例如在黄土高原和俄罗斯大草原），还原作用被抑制，因此风成成因的磁性物质被保存，有利于成土过程中纳米级磁性矿物的生成。相反，当 PWS 为正时（例如阿根廷黄土），有利于磁性矿物的溶解。磁学古气候转换公式为半定量评估轨道尺度和区域尺度上古气候的变化提供了有力的工具，但前提是在研究区域中，沉积后磁性矿物的溶解作用影响很小且土壤的母质和磁性矿物含量相对均一（Maher and Thompson，1995）。

黄土高原和俄罗斯大草原土壤一致表现为磁性增强；中国黄土/古土壤序列中磁化率的变化和深海氧同位素的变化显示出明显的正相关，证明了区域气候（如亚洲季风系统）和全球气候在轨道、亚轨道（Liu，1985；Liu and Ding，1998），甚至是千年尺度上的遥相关（Porter and An，1995；Chen et al.，1997）（图 44-1）。不仅如此，阿拉伯半岛粉尘记录和黄土高原粉尘记录的对比揭示出在过去 5 个冰期循环中，大气循环在轨道、亚轨道和千年尺度上也存在遥相关（Roberts et al.，2011c）。Chen 等（1997）研究了黄土高原西部三个马兰黄土剖面（<75ka），发现其磁学和非磁学参数的变化和格陵兰以及南极冰芯的气候记录非常相似。Deng 等（2006）研究了黄土高原北缘靖边黄土/古土壤序列，发现 2.6Ma 以来，受到全球变冷及其他因素的影响，亚洲内陆持续干旱化。而 Guo 等（2002）证明了中国黄土/古土壤序列可以延伸至约 22Ma。这就说明从早中新世以来，亚洲内陆的粉尘源区和亚洲冬季风系统就已经存在，而它们的存在很有可能是受到青藏高原持续隆升和全球变冷所导致的干旱化的影响。Hao 等（2008）的研究显示，中新世黄土序列的磁学性质在轨道和亚轨道尺度上变化，但其变化行为要比年轻的风尘序列复杂得多。

样品的磁化率受到多种因素的控制，磁化率绝不仅仅是一个简单的古气候指标（刘青松和邓龙，2009；Guo et al.，2001）。除了磁化率外，Banerjee 等（1993）用低温磁学技术分离了黄土高原样品所承载的局地和区域古气候信号。无独有偶，Hunt 等（1995a）使用多种磁学参数来研究黄土中磁性矿物的含量、组成和粒径。许多研究表明，磁学参数的变化并不能直接与亚洲夏季风的强度相联系（Sun et al.，2006）。不同剖面间磁学信号的时间差异主要是受季风、降水时间和降水量影响。为了更好地理解这个问题，Hao 和 Guo（2005）建立了 600ka 以来中国黄土磁化率变化的空间分布图。在这些等值线图中，有许多磁化率低值的聚集点，即所谓的"公牛眼"，它们与局部的地形息息相关。在典型的情况下，亚洲夏季风在黄土高原西部是减弱的。然而，当解释单个剖面在长尺度上的磁学变化时必须格外注意。例如，黄土高原 L8 的磁化率非常低，磁性矿物粒度非常粗。然而，在塔吉克斯坦的黄土剖面中，同样的 L8 磁性矿物粒径却只是平均值水平。

这就意味着，黄土高原上 L8 的特征是一个局地效应，极有可能与粉尘物源区的扩张有关（Yang et al.，2006）。然而，总体来说，环境磁学的研究在季风、古降水及黄土和其他粉尘的沉积过程中取得了丰硕的成果。

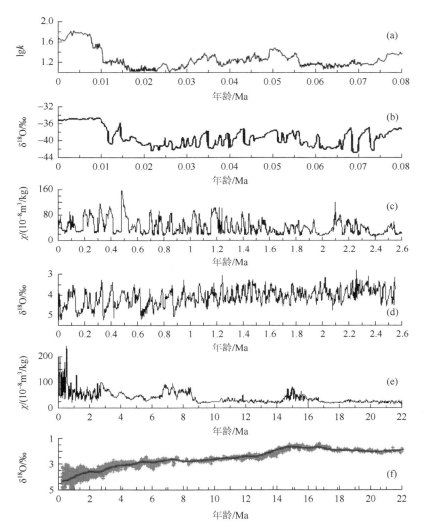

图 44-1　不同时间尺度上，中国黄土/古土壤的磁化率与深海氧同位素之间的比较

（a~b）时间尺度小于 0.08Ma；（c~d）时间尺度小于 2.6Ma；（e~f）时间尺度小于 22Ma。其中（a~b）数据来源于（Chen et al.，1997），（c~d）数据来源于（Ding et al.，2005），（e）数据来源于（Guo et al.，2002），（f）数据来源于（Zachos et al.，2001）

2. 成岩作用

成岩过程中的化学反应也是影响海洋和湖泊沉积物磁学性质的主导因素。成岩作用对沉积物的影响程度取决于有机质的类型和供给，以及底层水和沉积物孔隙水的含氧量。大陆架和大陆坡上的海洋沉积物有大量陆源的输入和有机碳（表 43-1）。在这些剖面中，表层沉积物通过与含氧量较高的底层水接触而被氧化，但下层的沉积物却由于强烈的微

生物活动和快速的沉积阻断了氧气的扩散而处于缺氧环境。这就导致了海洋沉积物的分带：上层有氧带，利于保存原始的陆源碎屑磁性矿物；次氧化带，磁铁矿开始被溶解；缺氧带，绝大部分碎屑磁性矿物被溶解。早期的成岩作用伴随有自生胶黄铁矿的生成，首先是在过渡带生成 SP 胶黄铁矿，最终在缺氧的底层带形成 SD 胶黄铁矿（Rey et al.，2005；Roberts and Weaver，2005；Rowan et al.，2009）。随着沉积的继续，这些条带向上层迁移，通过缺氧带的沉积物最终会形成碎屑磁性矿物被溶解，以及 SP、SD 胶黄铁矿出现的特点。这种情形在浅海沉积（Rey et al.，2005；Roberts et al.，2011a）和沉积速率较快的深海沉积中非常常见（Roberts and Turner，1993；Florindo and Sagnotti，1995；Horng et al.，1998；Roberts and Weaver，2005；Rowan et al.，2009；Roberts et al.，2011a），这也是海洋沉积物经历了成岩作用还原后缺乏真正的沉积古地磁信号的原因。

　　硫酸盐的还原溶解形成过量铁，抑制了黄铁矿化的进行，从而有利于自生胶黄铁矿的保存。铁和硫酸盐的含量以及活动性则受控于动态化学梯度，也与沉积物的母质、有机碳供给的变化有关。因此，胶黄铁矿存在的环境学意义不在于它的含量变化而在于它代表着缺氧的环境。自生胶黄铁矿的生成与陆源供给以及底层水透气性相关就是很好的例子（Vigliotti，1997；Larrasoaña et al.，2003b）。然而，尽管还原成岩作用常常改变河流和粉尘沉积物的陆源沉积信号，但冰和底层水所带来的陆源沉积信号却很少被还原成岩作用所掩盖。很多研究报道了海洋沉积物中还原成岩作用改变了与河流相关的磁性信号，甚至影响磁性矿物所携带的古环境信息（Abrajevitch and Kodama，2011）。然而，当海洋沉积物中有粉尘沉积时，还原成岩作用并没有阻碍分离富含赤铁矿的粉尘沉积信号，可能是由于研究的沉积环境含氧量较高或者是赤铁矿在还原环境下抗溶解性更好导致的（Bloemendal et al.，1992；Larrasoaña et al.，2003a；Abrajevitch and Kodama，2011）。硫化物络合作用是驱动还原溶解的最终动力，因此，不同矿物的表面性质对硫化物络合作用的影响可能是海洋沉积物中赤铁矿抗溶解性更强的原因。此外，铝铁替代作用也会降低赤铁矿和针铁矿与硫化物的反应性（Liu et al.，2004c）。

　　另外产生可溶硫酸盐并促进自生胶黄铁矿生长的过程是甲烷的厌氧氧化作用（Larrasoaña et al.，2007；Roberts et al.，2011a）和渗流中烃类的降解（Reynolds et al.，1991）。当这些过程对沉积物的影响时间较长时（例如持续到成岩作用早期的末端），还会形成单斜磁黄铁矿。天然气水合物是碳循环中的关键因素，而它们早期的形成是研究的难点。富含天然气水合物的海洋沉积物中含有成岩作用胶黄铁矿和磁黄铁矿，因此，这些磁性矿物也为古老沉积物中天然气水合物的探测提供了标志（Larrasoaña et al.，2007；Roberts et al.，2010）。

　　在那些水深较深（大于 1km）、沉积速率较慢的地区，陆源输入和有机碳含量都会减少。上层有氧层厚度增加，而下层缺氧层厚度减小，且常出现在沉积物和水交界面以下几十米甚至几百米。有时候，由于有机物的缺乏，沉积速率较慢，会导致上层水中的氧向下扩散，从而使得缺氧层缺失。在这种情况下，有可能形成针铁矿和赤铁矿，并且和已存在的磁性矿物共存（Channell et al.，1982；Mamet and Préat，2006）。但这时赤铁矿和针铁矿的环境意义是不确定的，因为它们有可能是在沉积后几千年甚至几百万年的范围内产生的。不过它们的出现还是与沉积物堆积过程中底层水的氧化作用相关。

在慢速堆积的深海沉积物中，氧化环境比较流行，但可以被有机物供给的增加和底层水氧化突然中断。Tarduno（1994）认为冰期增加的有机碳供给导致了沉积层中磁铁矿的还原溶解。不稳定的还原成岩环境和底层水氧化的关系也被东地中海沉积物中广泛出现的磁铁矿还原溶解和胶黄铁矿的自生所证实，原因正是轨道周期控制的腐泥层的降解。腐泥层形成后氧气的渗入导致了古氧化边界处自生磁铁矿的生成（Passier et al.，2001；Passier and Dekkers，2002；Larrasoaña et al.，2003b）。磁学数据和地化数据的对比显示，腐泥层所指示的还原成岩环境及其导致的磁学特征与增强的有机碳供给和底层水透气性减弱息息相关，且底层水透气性减弱是影响磁学性质的最终因素（Larrasoaña et al.，2003b）。全钻孔测量技术的应用，使得长时间尺度沉积物高精度磁学性质的研究成为可能，并成功应用于东地中海长尺度气候调谐的底层水透气性变化的研究中。

湖泊沉积物的磁性变化也会受到还原成岩作用的影响。湖泊中的有机质，尤其是生物活动产生的有机质，稀释了物源磁性矿物的含量，导致磁学参数之间的负相关性。此外，物源磁性矿物在有机碳丰富、缺氧的还原成岩环境下的淡水沉积物中部分或者全部溶解，其机制与海洋沉积物中相似，都是以微生物活动为媒介（Snowball and Thompson，1990；Roberts et al.，1996；Reynolds et al.，1999）。这种还原环境受控于湖面高度、沉积速率、有机碳含量、铁和硫化物的可用性、含铁矿物的粒度和组成。例如，湖面高度和层理强烈影响湖泊的沉积环境和磁性矿物的保存。Williamson 等（1998）研究了马达加斯加热带玛珥湖的沉积物。其中，高矫顽力的氧化物在湖面水位较低的干旱时期被保存，而在湖水稳定、分层时期的薄层富菱铁矿沉积物中缺失。在硫化/非硫化环境下，自生菱铁矿可以形成并与胶黄铁矿和黄铁矿在硫化环境中共存（Oldfield，1992；Roberts and Weaver，2005）。这时，全样磁化强度的增强或者减弱取决于最终产物是胶黄铁矿还是非亚铁磁性矿物。Stockhausen 和 Thouveny（1999）研究了末次冰消期法国 Lac du Bouchet 湖及其相邻两个玛珥湖沉积物的磁学性质。研究发现，即使是可以很好代表古气候变化的 Lac du Bouchet 湖磁化率记录也因为沉积后磁铁矿的溶解而部分减弱。三个湖之间磁化率记录的弱相关证明了局地因素（溶解和稀释）对原始气候调谐的物源记录的影响。

第 45 章 生物来源的磁性矿物

在许多动物体，例如鸟类、蝙蝠、蜜蜂、鱼类、白蚁和人类中都发现了生物成因的磁性矿物（Kirschvink et al.，1992；Maher，1998）。生物磁学材料（如铁蛋白）在医学方面有重要的作用。我们在此主要介绍与环境磁学研究相关的生物体。

生物过程主要通过两种方式产生磁性矿物，即生物控制矿化（biocontrol mineralization，BCM）和生物诱导矿化（bioinduced mineralization，BIM）（Kopp and Kirschvink，2008）。生物诱导矿化可以产生很多种铁氧化物，例如磁铁矿、针铁矿、纤铁矿和水铁矿，并且它们的粒径分布很宽（Egli，2004b，2004c）。细颗粒胶黄铁矿也可以通过生物诱导矿化过程产生，主要是 SP 颗粒和一小部分的 SD 颗粒。磁性颗粒粒径分布较宽意味着生物诱导矿化磁性矿物即使主导了磁性组分，也很难被识别。相反，生物控制矿化机制可以产生化学计量的且形态独特的 SD 磁铁矿（Stolz et al.，1986；Li et al.，2010）（图 45-1）

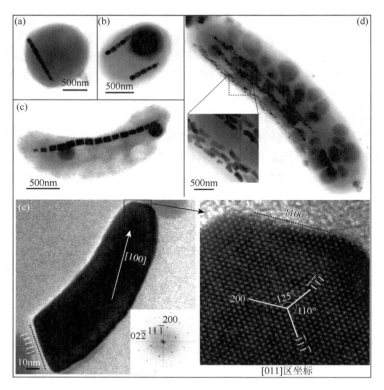

图 45-1 来自北京密云水库的趋磁细菌及它们细胞内的磁小体

（a）棱镜状磁小体单链构成的趋磁球菌；（b）双链趋磁球菌；（c）单链趋磁弧菌；（d）子弹头形磁小体构成的多链趋磁杆菌（MYR-1）；（e）MYR-1 中子弹头磁小体的高分辨率投射电子显微镜。不像棱镜状和立方八面体磁铁矿磁小体沿[111]面拉长定向，子弹头磁小体主要沿磁铁矿的[100]面拉长（Li et al.，2010）

或者胶黄铁矿颗粒（Bazylinski et al.，1995；Kasama et al.，2006）。这些颗粒被趋磁细菌用于沿着地磁场线在好氧-缺氧过渡区周围和以下寻找氧化还原边界（Bazylinski et al.，1995；Kopp and Kirschvink，2008；Moskowitz et al.，2008）。关于趋磁细菌的最初研究起源于探索磁小体化石作为沉积物中天然剩磁的载体（Stolz et al.，1986；Snowball，1994）。鉴于趋磁细菌和特定氧化还原条件的关系，磁小体化石可以记录环境的变化和过去生物的活动（Oldfield et al.，1992；Yamazaki and Kawahata，1998；Kopp and Kirschvink，2008；Li et al.，2010；Roberts et al.，2011b；Yamazaki，2012）。

　　海洋沉积物中，从浅海一直到 4500m 深处都可以发现趋磁细菌的踪迹（Stoltz et al.，1986；Bazylinski and Frankel，2004；Housen and Moskowitz，2006；Kopp and Kirschvink，2008）。除了现代海洋沉积物中磁小体有较大潜在含量外，关于磁小体化石主导古海洋沉积物磁性的报道并不多见，因为小颗粒极有可能在埋藏过程中被溶解（Kopp and Kirschvink，2008）。对第四纪海洋沉积物的研究显示，磁铁矿的粒径和含量变化可以携带冰期-间冰期循环中真正的同生沉积信号。在冰期时，底层水氧化作用的降低和有机碳供给的增加可能导致冰期孔隙水中含氧量的降低，生物成因磁铁矿也会随之降低（Yamazaki，2012）。大量研究也表明，相对于拉长型的磁小体，等轴的磁小体更适应于有机碳供给降低的时期，然而也有研究显示出相反的结果。总体来说，生物磁铁矿是在沉积物-水界面或其上生成的。然而，一些研究显示，如果还原环境使得有氧-缺氧过渡带移至沉积物-水界面之下，生物成因磁铁矿也可以生成。在这种情况下，磁小体化石可以携带比寄主沉积物更年轻的生物（地球）化学剩磁（Tarduno et al.，1998；Abrajevitch and Kodama，2011）。生物磁铁矿的保存指示了成岩环境，在这种环境中，生物磁铁矿可以在不间断的沉积中得到保存，并通常指示了沉积速率的增加或者是第四纪冰期-间冰期循环中古生产力的变化（Tarduno et al.，1998；Abrajevitch and Kodama，2011）。即便如此，解释磁小体化石信息最主要的障碍仍是将磁小体化石的生成和保存信号分开。

　　通常，在第四纪以前的沉积物中都缺乏生物成因的磁铁矿，但古新世—始新世最暖期（PETM）沉积物是一个例外。PETM 是早期全球变暖的最好代表（Zachos et al.，2001）。许多研究人员证实了在美国东部边缘海 PETM 沉积物中广泛存在着生物成因的磁铁矿（Kopp et al.，2007；Kopp，2009）。Kopp 等（2009）推测，由于全球温度和湿度的增加，大陆架有机碳供给和陆源供给随之增加，有利于趋磁细菌的增殖，因而磁小体化石更容易在大型热带河流的河口处累积。磁小体化石和 PETM 的联系指示了一个次氧化成岩环境的厚层所建立的对磁小体化石的保存效应，而这种保存效应的建立正是由于沉积速率短暂增加将 PETM 沉积物和上覆硫化沉积物分离（Kopp et al.，2009）。如果事实真是如此，磁小体化石的丰度就不能作为细菌生产力的可靠指标。相反，它们更像是代表了特定的、短暂的成岩环境。在较深的沉积中，铁元素是浮游植物主要受限制的营养元素。粉尘所携带的铁元素为磁铁矿磁小体化石保存提供了最适宜的环境（Roberts et al.，2011b；Larrasoaña et al.，2012）。这种铁肥可以增加初级生产力和对海底有机碳的输出，因而创造一个温和的铁还原环境，将铁从粉尘最活跃的组分中释放，从而保障磁小体化石的生长和保存。关于磁小体化石与风成粉尘相联系的众多报道（Bloemendal et al.，1992；Yamazaki and Ioka，1997；Yamazaki，2009；Abrajevitch and Kodama，2011），说明在趋磁细菌和粉尘所供应的铁肥之间存在一个广泛的联系，虽然这种机制仅仅适用于缺少铁的海洋环境中（Roberts et al.，2011b）。

在缺氧-有氧带以下的缺氧环境中，有大量关于胶黄铁矿磁小体的报道（Bazylinski et al.，1995；Kopp and Kirschvink，2008）。但在地质记录中，关于胶黄铁矿磁小体化石的报道却很少。胶黄铁矿磁小体化石被认为会产生延时的生物（地球）化学剩磁，但在快速沉积的沉积物中，缺氧-有氧过渡带存在于水体中或者沉积物上层，这时，这种延时作用是很小的。

以往的研究表明在全球的湖泊和沼泽沉积物-水界面边界都有趋磁细菌存在。在温带或半干旱气候带的大多数湖泊中，由于生物生产率和沉积速率通常都比较高，沉积过程中的缺氧环境阻碍了磁小体化石的保存。而对于许多高纬度湖泊，其集水区较小，地势低平，植被覆盖面积小，季节性冰盖小，这些因素限制了陆源的输入，为晚更新世和全新世沉积物中磁小体化石的形成和保存提供了有利的条件（Snowball et al.，2002；Paasche and Lovlie，2011）。因此，这些湖泊中磁小体化石的变化携带了重要的冰期-间冰期季节尺度的古环境信息，但迄今为止，关于气候和磁小体化石丰度之间联系的机制还有待进一步研究（Paasche and Lovlie，2011）。

第46章 人类污染

在过去的 20 年随着新技术的发展，环境磁学也日趋成熟。相关的应用已不仅仅局限于对沉积物的分析，而是专注于一系列的问题。环境磁学方法已广泛应用于工业生产或者其他人类活动引起的环境污染程度、污染来源、污染范围以及随时间的演化（Oldfield et al.，1985；Muxworthy and McClelland，2000；Evans and Heller，2003）。磁学方法在污染研究中有两个主要的方向，具体内容如下。

该项研究的基本原理建立于 20 世纪 80 年代，包括探究重金属含量与磁学性质之间的联系，以及人类污染产生的磁性颗粒的特殊形态（Oldfield et al.，1985；Maher and Thompson，1999）。例如，化石燃料燃烧和钢铁生产过程中产生的磁小球形状与自然界中的磁性颗粒形状明显不同。通常，工业来源的磁性矿物比自然界中的磁性矿物粒径大，所以 ARM/SIRM 值较低。由于在搬运过程中大颗粒矿物逐渐沉降，所以往下风向 ARM/SIRM 的值逐渐上升。对于大部分化石燃料燃烧的情况，污染区磁性矿物含量与重金属含量（例如，Pb，Zn，Cu，Co，Ni）呈正相关关系（Heller et al.，1998）。磁性矿物通过吸附重金属或者重金属进入矿物晶格结构中等方式而成为污染物的携带者。

在过去 10 年，污染的磁学研究飞速发展，其中一个主要原因就是该研究的材料很容易得到。但是早期的研究主要集中于湖泊、河流的表层沉积物（Oldfield et al.，1985），而近年来的研究则慢慢地扩展到更大的研究范围，包括树叶、树轮、树皮、树根、草、空气过滤器、公路及路边降尘、铁路灰尘、飞灰、土壤等（Jordanova et al.，2003；Zhang et al.，2008，2011）。例如，树叶由于具有较大的全表面积并且分布范围广而成为颗粒收集的良好介质。同时，树叶还提供了一个无磁背景，叶蜡也可以帮助树叶黏附保存这些污染颗粒。此外，同年代、同树种的树叶具有很好的一致性（Maher et al.，2010）。

对于人类污染，尽管人们已经做了大量的大尺度研究，但是在季节（或者年）时间尺度上的区域性研究还是极大推动了污染环境磁学的发展。与湖泊和海洋沉积物的复杂性相比，污染物的来源以及传播路径更容易追踪。另外，由于利用磁学手段来鉴别及定量化污染程度的方法已经建立，所以对国内或者国际土壤数据库的研究主要是利用统计方法测定大尺度污染模式（Blundell et al.，2009）。这些大尺度研究利用成土作用产生的区域性差异将污染信号从强磁性土壤背景中鉴别出来（Dearing et al.，1996）。该研究的另一个方向是建立环境监控的时间序列来测定污染模式的时空变化（Kim et al.，2007）。污染产生的最大磁异常很容易被检测出来，但是污染的精确信息需要通过其他更精确的方法来进一步测定。

利用磁学方法鉴别污染的优点是快捷、经济及对影响人类健康的颗粒范围（微粒物质尺寸≤10μm，即所谓的 PM_{10} 灵敏度高，然而磁学方法的一个弊端是和有毒物质（Pb）含量之间没有必然联系，所以，环境磁学可用来探测大范围的污染物，最适于检测对呼吸系统有害的微粒，这是该领域未来研究的一个重要方向。在其他情况下，可先用磁学方法检测出污染严重的区域，然后再选择费时但更直观的技术来探测污染对人类健康的影响。为了促进污染磁学监测的发展，必须进行多学科结合，包括毒理学、流行病学、地理信息系统、环境统计学等，另外还需当地政府的介入来制定更为有效的策略降低污染的影响。

第 47 章　环境磁学研究的未来

1. 综合环境磁学

所有材料在外磁场作用下都会产生磁响应，所以磁学参数可用来研究许多天然材料和自然过程（如气候和环境变化以及许多地质过程）。但是，正如前面讨论的，磁学参数的解释很复杂，所以磁学对气候和环境研究的贡献会随环境、地点和研究重点而变化。例如，在中国黄土/古土壤序列研究中，磁学参数在理解亚洲季风的时空演化过程中起到了主导作用。为了提高环境磁学的重要性和目的性，必须清楚什么情况下磁学性质可以为环境过程提供有用的指标，而什么情况只是作为一种辅助方法为其他方法提供一个证据。尽管在复杂的环境系统中，因果的区分并不都是明确的，但是在很多情况下比较恰当的思路是，先利用最有效的指标（如稳定同位素、动物群、植物群等）来重建气候，然后利用磁学方法来确定气候变化的影响。

在研究新的环境、应用、时间尺度和沉积记录时，需要将磁学参数和其他环境气候参数同时研究。鉴于湖泊沉积物为复杂的磁性矿物混合，并且经历了一系列会影响磁学参数的环境气候过程，所以多参数指标结合对于湖泊沉积物的研究十分重要。所以，未来的环境磁学研究应该注重多学科结合。例如，在研究海洋沉积物的粉尘输入时，剩磁的硬磁组分、漫反射光谱（DRS）、地球化学指标（如 Ti/Al）、非磁性组分的矿物分析（如黏土矿物、石英）等各参数的有机结合可以有效地分析粉尘物质并追踪其物源。另外，建立新的分析和统计方法也是十分必要的。对于针铁矿和赤铁矿的研究，除非它们的物源和固有磁学性质是稳定的，否则硬磁组分含量的指标是变化的。DRS 方法可以对这两种矿物进行有效的定性和定量研究，但是 DRS 会受到铝替代的严重影响（Liu et al.，2011），所以在利用 DRS 对赤铁矿和针铁矿进行定量研究时，需要特别注意这种影响。

未来的研究包含不同生物气候带之间的转换位置。为了加深对环境的理解，物源分析是十分必要的。那么，采点位置的选取需要更加精确以使源区的环境变化达到最小，这样才能更好地解释气候变量的环境信息。

2. 黄土/古土壤的研究展望

未来黄土/古土壤序列的环境磁学研究需要解决两个重要问题：首先，深入探索成土作用过程磁性矿物的形成和转化机制；其次，黄土磁学的古气候意义需要更详细的研究，尤其是对于全球气候变化和区域性变化的解释。关于第一个问题，基本问题是为什么季节性干燥的土壤会保持足够长时间的湿润环境来生成 Fe^{2+}，进而产生少量的磁铁矿或磁赤铁矿。没有完全干燥的地中海土壤（Fe^{2+}形生于冬季）含有大量的针铁矿，但是几乎没有赤铁矿和磁赤铁矿。所以，成土作用过程中磁性矿物的转化需要深入研究。由于成土作用形成的中间磁性矿物矿物相并不存在，所以结合实验测量或者数值模拟得到的矿物学、磁学以及气候参数（Hm/Gt、Hm/Mag 随温度和降水量的变化）共同分析，可以得到磁性矿物的形成机制。关于第二个问题，尽管将黄土和全球的其他粉尘记录进行比较只能帮助我们区分全球的和区域性的动力学机制，但是可以加深我们对全球尺度上大气变化的理解（Roberts et al.，2011c）。另外，黄土的物源分析对于我们建立综合的传输和沉积后改造模型是十分必要的。

3. 其他陆内沉积物的研究展望

湖泊沉积物的优点在于可以记录反映人类活动历史的局部信息，应重点加强对古环境和古地磁的研究。由于河流相和冲积相沉积物可以提供陆内区域上（如半干旱气候带）和时间尺度上（如新近纪和第四纪）的环境变化记录，所以对它们的多指标研究变得越来越重要。另外，物源分析对于理解海洋和湖泊沉积物的沉积记录也是十分重要的。人烟稀少地区松散的表层沉积物和冰盖/冰川也是粉尘物源研究的良好介质，同时洞穴的环境磁学研究也是未来的一个重要领域。

4. 海洋沉积物研究展望

尽管河流在铁循环和碳循环中起到了很重要的作用，但是与其他陆源物源相比，对海洋沉积物中河流输入的研究是很匮乏的。对于沉积物运移的环境磁学研究为入海口温盐循环、地质结构的研究提供了重要的思路。由于河流的供给和底层流对沉积物的再改造，因此慎重选取研究位置、全面了解源区信息是十分重要的。关于冰川输入的陆源物质，环境磁学研究不仅需要解决新近纪和第四纪的冰盖的动力学机制，而且要提供"冰室"时期的冰盖信息和暖期小冰体存在的可能性。

大部分"冰室"时期的信息，尤其是古近纪之前的，主要是基于对粗粒混杂沉积物的研究。同时期 IRD 携带的粗粒沉积物的环境磁学研究为古代冰盖的范围和动力学机制提供了许多新思路。靠近南极的海洋沉积物中 IRD 层的信息表明（Williams et al.，2010），南极洲从最早的渐新世开始就已经永久冻结了（Zachos et al.，2001）。IRD 沉积记录恰好在现今极锋（大约 50°S）的南部，所以环南极的海洋沉积物环境磁学研究可以提供南极冰盖的动力学信息（Kanfoush et al.，2002）。

大气粉尘是气候变化的重要响应，但是第四纪期间我们对其在全球气候中的作用仍然知之甚少（Maher et al.，2010）。所以，对于海洋沉积物中风成粉尘的环境磁学研究变得越来越重要，尤其是考虑磁性矿物在识别风成粉尘及确定驱动其形成的环境变量的有效性。另外，前人研究表明风成粉尘也可以和生物成因的磁铁矿共存（Bloemendal et al.，1992；Yamazaki and Ioka，1997；Yamazaki，2009；Abrajevitch and Kodama，2011；Roberts et al.，2011b；Larrasoaña et al.，2012）。尽管对粉尘和趋磁细菌的可能联系并没有进行详细的研究，但是它们的共存说明它们之间可能存在一些因果关系，粉尘可能为生物矿化提供了反应铁（Roberts et al.，2011b；Larrasoaña et al.，2012）。鉴于生物成因的磁铁矿和氧化还原环境的短期变化，为了更好地理解控制海洋沉积物中生物成因磁铁矿的形成及保存因素，需要对瞬变性暖期的沉积物进行研究，如古近纪高热事件（PETM）和中生代大洋缺氧事件（OAEs）。

关于沉积后成岩作用的变化，磁性矿物的还原溶解、胶黄铁矿的保存更多地用来解释氧化还原条件的变化，尽管它们还和冰盖的变化（高纬度地区）、底层流的流动（尤其是半封闭盆地）、河流输入的变化以及其他因素有关。环境磁学另一个比较有前景的应用是，利用成岩作用形成的黄铁矿和胶黄铁矿来研究古海洋沉积物中天然气水合物的存在（Enkin et al.，2007；Larrasoaña et al.，2007；Roberts et al.，2010）。天然气水合物的稳定性在推动和响应某些气候事件中起了重要作用，而前人对于天然气水合物的研究为这些重要事件提供了新的思路，例如，PETM 事件，天然气水合物的突然解体导致碳循环的混乱，进而推动了全球变暖（Zachos et al.，2001）。

白垩纪的大洋红层是对有氧条件下沉积后成岩作用进行环境磁学研究的主要介质，主要为 OAEs 事件之间的海洋沉积岩。这些沉积物记录了中白垩与晚白垩期间全球变冷的主要气候变化，但目前对于这些沉积物并没有详细的研究（Wang et al.，2011）。白垩纪大洋红层的主要载磁矿物为早期成岩作用形成的赤铁矿和针铁矿，随洋底有机碳供给和底层流氧化情况的变化而变化（Li et al.，2011），所以很适合做环境磁学分析。

5. 生物成因磁性矿物的研究展望

未来生物矿化研究主要集中于一些基本问题：生物成因磁性矿物的可靠鉴别、生物矿化过程和生物成因磁性矿物的环境信息提取。前人提出了一些鉴别生物成因磁铁矿的磁学标准，如低温的 Moskowitz-test（Moskowitz et al.，1993），以及 FORC 图中典型的无相互作用的 SD 磁铁矿（Egli et al.，2010），但是这些标准并不能准确鉴别生物成因磁铁矿，在某种程度上是因为磁小体链会断开或者被氧化（Li et al.，2010；Kind et al.，2011）。测量生物成因和非生物成因的磁性矿物的铁同位素信息可以帮助鉴别这两种成因的磁性矿物。确定环境因素对磁小体形成的控制对于理解生物矿化过程的动力学机制是十分必要的。同样地，利用不同形状的磁小体化石来研究古环境记录也需要对现今环境中不同氧化还原梯度下趋磁细菌种类的空间分布进行深入研究。生物矿化研究的另外一个应用在于其对基础岩石磁学的贡献。Cao 等（2010）利用重组的人类 H 链铁蛋白合成了理想的无相互作用的纳米级铁蛋白。这种材料加深了对超顺磁系统的研究，对环境磁学研究具有十分重要的作用。

6. 结束语

在过去的 40 年，环境磁学取得了飞速发展，已成为一门复杂的定量化学科。随着该学科的逐渐成熟，先进的实验和数据分析技术的出现，以及对越来越多磁性材料磁学性质的深入理解，环境磁学已被用于解决许多重要问题。尽管在磁学性质的解释中仍存在不确定性，甚至在解决一些复杂环境问题中仍存在挑战，但是解决这些难题的方法会逐渐增多。总之，我们对多学科结合的环境磁学的未来充满希望，其必将增强磁学在环境科学中的重要性。

参 考 文 献

邓成龙，刘青松，潘永信，等，2007. 中国黄土环境磁学[J]. 第四纪研究，27（2）：193-209.

邓成龙，袁宝印，胡守云，等，2000. 环境磁学某些研究进展评述[J]. 海洋地质与第四纪地质，20（2）：93-101.

方大钧，沈忠月，谈晓冬，2000. 等温剩磁各向异性及其在磁倾角校正中的应用[J]. 地球物理学报，43（5）：719-724.

胡鹏翔，刘青松，2014. 磁性矿物在成土过程中的生成转化机制及其气候意义[J]. 第四纪研究，34（3）：458-473.

姜兆霞，刘青松，2011. 上新世末期-更新世早期西北太平洋 ODP882A 孔沉积物的磁学特征及其古气候意义[J]. 中国科学：地球科学，41（9）：1242-1252.

刘青松，邓成龙，2009. 磁化率及其环境意义[J]. 地球物理学报，52（4）：1041-1048.

刘青松，邓成龙，潘永信，2007. 磁铁矿和磁赤铁矿磁化率的温度和频率特性及其环境磁学意义[J]. 第四纪研究，27（6）：955-962.

曾昭权，2008. 同步辐射光源及其应用研究综述[J]. 云南大学学报（自然科学版），30（5）：477-483.

Abrajevitch A，der Voo R V，Rea D K，2009. Variations in relative abundances of goethite and hematite in Bengal Fan sediments：Climatic vs. diagenetic signals[J]. Marine Geology，267（3）：191-206.

Abrajevitch A，Kodama K，2011. Diagenetic sensitivity of paleoenvironmental proxies：A rock magnetic study of Australian continental margin sediments[J]. Geochemistry，Geophysics，Geosystems，12（5）：Q05Z24.

Aguiló-Aguayo N，Inestrosa-Izurieta M J，García-Céspedes J，et al.，2010. Morphological and magnetic properties of superparamagnetic carbon-coated Fe nanoparticles produced by arc discharge[J]. Journal of Nanoscience and Nanotechnology，10（4）：2646-2649.

Akimoto S，Nagata T，Katsura T，1957. The $TiFe_2O_5-Ti_2FeO_5$ solid solution series[J]. Nature，179：37-38.

Ao H，Deng C L，Dekkers M J，et al.，2010. Magnetic mineral dissolution in Pleistocene fluvio-lacustrine sediments，Nihewan Basin（North China）[J]. Earth and Planetary Science Letters，292（1-2）：191-200.

Appel E，Crouzet C，Schill E，2012. Pyrrhotite remagnetizations in the Himalaya：A review[J]. Geological Society，London，Special Publications，371：163-180.

Bailey I，Liu Q S，Swann G E A，et al.，2011. Iron fertilisation and biogeochemical cycles in the sub-Arctic northwest Pacific during the late Pliocene intensification of northern hemisphere glaciation[J]. Earth and Planetary Science Letters，307（3-4）：253-265.

Balsam W L，Otto-Bliesner B L，Deaton B C，1995. Modern and last glacial maximum eolian sedimentation patterns in the Atlantic Ocean interpreted from sediment iron oxide content[J]. Paleoceanography，10（3）：493-507.

Balsam W，Ji J F，Chen J，2004. Climatic interpretation of the Luochuan and Lingtai loess sections，China，based on changing iron oxide mineralogy and magnetic susceptibility[J]. Earth and Planetary Science Letters，223（3）：335-348.

Balsley J R，Buddington A F，1960. Magnetic susceptibility anisotropy and fabric of some Adirondack granites and orthogneisses[J]. American Journal of Science，258A：6-20.

Banerjee S K，Hunt C P，Liu X M，1993. Separation of local signals from the regional paleomonsoon record of the Chinese Loess Plateau: A rock-magnetic approach[J]. Geophysical Research Letters, 20(9): 843-846.

Banerjee S K, King J, Marvin J, 1981. A rapid method for magnetic granulometry with applications to environmental studies[J]. Geophysical Research Letters, 8 (4): 333-336.

Barrón V, Torrent J, 2002. Evidence for a simple pathway to maghemite in Earth and Mars soils[J]. Geochimica et Cosmochimica Acta, 66 (15): 2801-2806.

Barrón V, Torrent J, de Grave E, 2003. Hydromaghemite, an intermediate in the hydrothermal transformation of 2-line ferrihydrite into hematite[J]. American Mineralogist, 88 (11-12): 1679-1688.

Bazylinski D A, Frankel R B, 2005. Magnetic iron oxide and iron sulfide minerals within microorganisms: Potential biomarkers[M]//Bäuerlein E. Biomineralization: From Biology to Biotechnology and Medical Application. 2nd ed. Weinheim: Wiley-VCH Verlag GmbH & Co. KGaA: 15-43.

Bazylinski D A, Frankel R B, Heywood B R., et al., 1995. Controlled biomineralization of magnetite (Fe_3O_4) and greigite (Fe_3S_4) in a magnetotactic bacterium[J]. Applied And Environmental Microbiology, 61 (9): 3232-3239.

Bloemendal J, Demenocal P, 1989. Evidence for a change in the periodicity of tropical climate cycles at 2.4 Myr from whole-core magnetic susceptibility measurements[J]. Nature, 342: 897-900.

Bloemendal J, King J, Hall F, et al., 1992. Rock magnetism of Late Neogene and Pleistocene deep-sea sediments: Relationship to sediment source, diagenetic processes, and sediment lithology[J]. Journal of Geophysical Research: Solid Earth, 97 (B4): 4361-4375.

Bloemendal J, Lamb B, King J, 1988. Paleoenvironmental implications of rock-magnetic properties of Late Quaternary sediment cores from the eastern equatorial Atlantic[J]. Paleoceanography, 3 (1): 61-87.

Bloemendal J, Liu X M, 2005. Rock magnetism and geochemistry of two plio-pleistocene Chinese loess-palaeosol sequences : Implications for quantitative palaeoprecipitation reconstruction[J]. Palaeogeography, Palaeoclimatology, Palaeoecology, 226 (1-2): 149-166.

Blundell A, Dearing J A, Boyle J F, et al., 2009. Controlling factors for the spatial variability of soil magnetic susceptibility across England and Wales[J]. Earth-Science Reviews, 95 (3-4): 158-188.

Boily J F, Lützenkirchen J, Balmès O, et al., 2001. Modeling proton binding at the goethite (α-FeOOH) - water interface[J]. Colloids and Surfaces A: Physicochemical and Engineering Aspects, 179 (1): 11-27.

Brachfeld S A, Banerjee S K, Guyodo Y, et al., 2002. A 13 200 year history of century to millennial-scale paleoenvironmental change magnetically recorded in the Palmer Deep, western Antarctic Peninsula[J]. Earth and Planetary Science Letters, 194 (3): 311-326.

Brachfeld S A, Hammer J, 2006. Rock-magnetic and remanence properties of synthetic Fe-rich basalts: Implications for Mars crustal anomalies[J]. Earth and Planetary Science Letters, 248 (3-4): 599-617.

Brice-Profeta S, Arrio M A, Tronc E, et al., 2005. Magnetic order in γ-Fe_2O_3 nanoparticles: A XMCD study[J]. Journal of Magnetism & Magnetic Materials, 288: 354-365.

Cao C Q, Tian L X, Liu Q S, et al., 2010. Magnetic characterization of noninteracting, randomly oriented, nanometer-scale ferrimagnetic particles[J]. Journal of Geophysical Research: Solid Earth, 115: B07103.

Carter-Stiglitz B, Banerjee S K, Gourlan A, et al., 2006. A multi-proxy study of Argentina loess: Marine oxygen isotope stage 4 and 5 environmental record from pedogenic hematite[J]. Palaeogeography, Palaeoclimatology, Palaeoecology, 239 (1-2): 45-62.

Carvallo C, Sainctavit P, Arrio M A, et al., 2008. Biogenic vs. abiogenic magnetite nanoparticles: A XMCD study[J]. American Mineralogist, 93 (5-6): 880-885.

Casey W H, Rustad J R, 2007. Reaction dynamics, molecular clusters, and aqueous geochemistry[J]. Annual Review of Earth & Planetary Sciences, 35: 21-46.

Chang L，Heslop D，Roberts A P，et al.，2016. Discrimination of biogenic and detrital magnetite through a double Verwey transition temperature[J]. Journal of Geophysical Research，121（1）：3-14.

Chang L，Roberts A P，Rowan C J，et al.，2009. Low-temperature magnetic properties of greigite（Fe_3S_4）[J]. Geochemistry，Geophysics，Geosystems，10（1）：Q01Y04.

Chang L，Roberts A P，Tang Y，et al.，2008. Fundamental magnetic parameters from pure synthetic greigite（Fe_3S_4）[J]. Journal of Geophysical Research：Solid Earth，113（B6）：B06104.

Channell J E T，Freeman R，Heller F，et al.，1982. Timing of diagenetic haematite growth in red pelagic limestones from Gubbio（Italy）[J]. Earth and Planetary Science Letters，58（2）：189-201.

Channell J E T，Xuan C，Hodell D A，2009. Stacking paleointensity and oxygen isotope data for the last 1.5 Myr（PISO-1500）[J]. Earth and Planetary Science Letters，283（1-4）：14-23.

Chen F H，Bloemendal J，Wang J M，et al.，1997. High-resolution multi-proxy climate records from Chinese loess：Evidence for rapid climatic changes over the last 75 kyr[J]. Palaeogeography，Palaeoclimatology，Palaeoecology，130（1-4）：323-335.

Chou Y-M，Jiang X Y，Liu Q S，et al.，2018. Multidecadally resolved polarity oscillations during a geomagnetic excursion[J]. Proceedings of the National Academy of Sciences，115（36）：8913-8918.

Cisowski S，1981. Interacting vs. non-interacting single domain behavior in natural and synthetic samples[J]. Physics of the Earth and Planetary Interiors，26（1-2）：56-62.

Cogné J，Halim N，Chen Y，et al.，1999. Resolving the problem of shallow magnetizations of Tertiary age in Asia: insights from paleomagnetic data from the Qiangtang，Kunlun，and Qaidam blocks（Tibet，China），and a new hypothesis[J]. Journal of Geophysical Research：Biogeosciences，104（B8）：17715-17734.

Colin C，Kissel C，Blamart D，et al.，1998. Magnetic properties of sediments in the Bay of Bengal and the Andaman Sea: Impact of rapid North Atlantic Ocean climatic events on the strength of the Indian monsoon[J]. Earth and Planetary Science Letters，160（3-4）：623-635.

Colman S M，Peck J A，Karabanov E B，et al.，1995. Continental climate response to orbital forcing from biogenic silica records in Lake Baikal[J]. Nature，378（6559）：769-771.

Cornell R，Schwertmann U，2003. The Iron Oxides: Structure，Properties，Reactions，Occurrences and Uses[M]. Darmstadt：John Wiley & Sons.

Dankers P H M，1978. Magnetic properties of dispersed natural iron-oxides of known grain size[D]. Utrecht：Rijksuniversiteit te Utrecht.

Day R，Fuller M，Schmidt V A，1977. Hysteresis properties of titanomagnetites: Grain-size and compositional dependence[J]. Physics of the Earth and Planetary Interiors，13（4）：260-267.

Dearing J A，Flower R J，1982. The magnetic susceptibility of sedimenting material trapped in Lough Neagh，Northern Ireland，and its erosional significance[J]. Limnology and Oceanography，27（5）：969-975.

Dearing J，Dann R J L，Hay K L，et al.，1996. Frequency-dependent susceptibility measurements of environmental materials[J]. Geophysical Journal International，124（1）：228-240.

Dearing J，Hu Y Q，Doody P，et al.，2001. Preliminary reconstruction of sediment-source linkages for the past 6000 yr at the Petit Lac d'Annecy，France，based on mineral magnetic data[J]. Journal of Paleolimnology，25（2）：245-258.

Dekkers M J，1989a. Magnetic properties of natural goethite-I. Grain-size dependence of some low-and high-field related rockmagnetic parameters measured at room temperature[J]. Geophysical Journal International，97（2）：323-340.

Dekkers M J，1989b. Magnetic properties of natural pyrrhotite. II. High- and low-temperature behaviour of Jrs and TRM as function of grain size[J]. Physics of the Earth and Planetary Interiors，57（3-4）：266-283.

Dekkers M J, 1997. Environmental magnetism: An introduction[J]. Geologie en Mijnbouw, 76 (1): 163-182.

Dekkers M J, Mattéi J L, Fillion G, et al., 1989. Grain-size dependence of the magnetic behavior of pyrrhotite during its low-temperature transition at 34 K[J]. Geophysical Research Letters, 16 (8): 855-858.

Dekkers M J, Passier H F, Schoonen M A A, 2000. Magnetic properties of hydrothermally synthesized greigite(Fe$_3$S$_4$)—II. High- and low-temperature characteristics[J]. Geophysical Journal International, 141 (3): 809-819.

deMenocal P, Bloemendal J, King J, 1991. A rock-magnetic record of monsoonal dust deposition to the Arabian Sea: Evidence for a shift in the mode of deposition at 2.4 Ma[J]. Proceedings of the Ocean Drilling Program, Scientific Results, 177: 389-407.

Deng C L, Shaw J, Liu Q S, et al., 2006. Mineral magnetic variation of the Jingbian loess/paleosol sequence in the northern Loess Plateau of China: Implications for Quaternary development of Asian aridification and cooling[J]. Earth and Planetary Science Letters, 241 (1-2): 248-259.

Deng C L, Zhu R X, Jackson M, et al., 2001. Variability of the temperature-dependent susceptibility of the Holocene eolian deposits in the Chinese loess plateau: A pedogenesis indicator[J]. Physics and Chemistry of the Earth, Part A: Solid Earth and Geodesy, 26 (11-12): 873-878.

Ding Z L, Derbyshire E, Yang S L, et al., 2005. Stepwise expansion of desert environment across northern China in the past 3.5Ma and implications for monsoon evolution[J]. Earth and Planetary Science Letters, 237 (1-2): 45-55.

Ding Z L, Yang S L, Sun J M, et al., 2001. Iron geochemistry of loess and red clay deposits in the Chinese Loess Plateau and implications for long-term Asian monsoon evolution in the last 7.0 Ma[J]. Earth and Planetary Science Letters, 185 (1-2): 99-109.

Doubrovine P V, Tarduno J A, 2006. Alteration and self-reversal in oceanic basalts[J]. Journal of Geophysical Research: Solid Earth, 111 (B12): 335-360.

Dräger G, Frahm R, Materlik G, et al., 2010. On the multipole character of the X-ray transitions in the pre-edge structure of Fe K absorption spectra. An experimental study[J].Physica Status Solidi (b), 146 (1): 287-293.

Duan Z Q, Liu Q S, Qin H F, et al., 2020. Behavior of greigite-bearing marine sediments during AF and thermal demagnetization and its significance[J]. Geochemistry, Geophysics, Geosystems, 21 (7): e2019GC008635.

Dunlop D J, 1973. Superparamagnetic and single-domain threshold sizes in magnetite[J]. Journal of Geophysical Research (1896-1977), 78 (11): 1780-1793.

Dunlop D J, 1986. Coercive forces and coercivity spectra of submicron magnetites[J]. Earth and Planetary Science Letters, 78 (2-3): 288-295.

Dunlop D J, 2002a. Theory and application of the Day plot (M_{rs}/M_s versus H_{cr}/H_c) 1. Theoretical curves and tests using titanomagnetite data[J]. Journal of Geophysical Research: Solid Earth, 107 (B3): EPM4-1-EPM4-15.

Dunlop D J, 2002b. Theory and application of the Day plot (M_{rs}/M_s versus H_{cr}/H_c) 2. Application to data for rocks, sediments, and soils[J]. Journal of Geophysical Research: Solid Earth, 107 (B3): EPM5-1-EPM5-15.

Dunlop D J, Argyle K S, 1997. Thermoremanence, anhysteretic remanence and susceptibility of submicron magnetites: Nonlinear field dependence and variation with grain size[J]. Journal of Geophysical Research: Solid Earth, 102 (B9): 20199-20210.

Dunlop D J, Özdemir Ö, 1997. Rock Magnetism: Fundamentals and Frontiers[M]. Cambridge: Cambridge

University Press.

Dunlop D J, West G F, 1969. An experimental evaluation of single domain theories[J]. Reviews of Geophysics, 7 (4): 709-757.

Egli R, 2004a. Characterization of individual rock magnetic components by analysis of remanence curves, 1. Unmixing natural sediments[J]. Studia Geophysica Et Geodaetica, 48 (2): 391-446.

Egli R, 2004b. Characterization of individual rock magnetic components by analysis of remanence curves, 3. Bacterial magnetite and natural processes in lakes[J]. Physics and Chemistry of the Earth, Parts A/B/C, 29 (13-14): 869-884.

Egli R, 2004c. Characterization of individual rock magnetic components by analysis of remanence curves, 2. Fundamental properties of coercivity distributions[J]. Physics and Chemistry of the Earth, Parts A/B/C, 29 (13-14): 851-867.

Egli R, 2009. Magnetic susceptibility measurements as a function of temeperature and freqeuncy I: Inversion theory[J]. Geophysical Journal International, 177 (2): 395-420.

Egli R, Chen A P, Winklhofer M, et al., 2010. Detection of noninteracting single domain particles using first-order reversal curve diagrams[J]. Geochemistry, Geophysics, Geosystems, 11 (1): Q01Z11.

Egli R, Lowrie W, 2002. Anhysteretic remanent magnetization of fine magnetic particles[J]. Journal of Geophysical Research: Solid Earth, 107 (B10): EPM 2-1-EPM 2-21.

Eldrett J S, Harding I C, Wilson P A, et al., 2007. Continental ice in Greenland during the Eocene and Oligocene[J]. Nature, 446 (7132): 176-179.

Enkin R J, Baker J, Nourgaliev D, et al., 2007. Magnetic hysteresis parameters and Day plot analysis to characterize diagenetic alteration in gas hydrate-bearing sediments[J]. Journal of Geophysical Research: Solid Earth, 112 (B6): B06S90-1-B06S90-13.

Evans M E, Heller F, 2003. Environmental magnetism: Principles and applications of enviromagnetics[M]. New York: Academic Press.

Fleisch J, Grimm R, Grübler J, et al., 1980. Determination of the aluminum content of natural and synthetic alumogoethites using Mössbauer spectroscopy[J]. Le Journal de Physique Colloques, 41 (C1): C1-169-C161-170.

Florindo F, Sagnotti L, 2010. Palaeomagnetism and rock magnetism in the upper Pliocene Valle Ricca (Rome, Italy) section[J]. Geophysical Journal of the Royal Astronomical Society, 123 (2): 340-354.

France D E, Oldfield F, 2000. Identifying goethite and hematite from rock magnetic measurements of soils and sediments[J]. Journal of Geophysical Research: Solid Earth, 105 (B2): 2781-2795.

Frank M, Schwarz B, Baumann S, et al., 1997. A 200 kyr record of cosmogenic radionuclide production rate and geomagnetic field intensity from [10]Be in globally stacked deep-sea sediments[J]. Earth and Planetary Science Letters, 149 (1-4): 121-129.

Franke C, Frederichs T, Dekkers M J, 2007. Efficiency of heavy liquid separation to concentrate magnetic particles[J]. Geophysical Journal International, 170 (3): 1053-1066.

Fredrickson J K, Zachara J M, Kennedy D W, et al., 2000. Reduction of U (VI) in goethite (α-FeOOH) suspensions by a dissimilatory metal-reducing bacterium[J]. Geochimica et Cosmochimica Acta, 64 (18): 3085-3098.

Ge K P, Liu Q S, 2014. Effects of the grain size distribution on magnetic properties of magnetite: constraints from micromagnetic modeling[J]. Chinese Science Bulletin, 59 (34): 4763-4773.

Gillingham D E W, Stacey F D, 1971. Anhysteretic remanent magnetization (ARM) in magnetite grains[J]. Pure & Applied Geophysics, 91 (1): 160-165.

Grousset F E, Labeyrie L, Sinko J A, et al., 1993. Patterns of Ice-Rafted Detritus in the Glacial North Atlantic (40-55°N) [J]. Paleoceanography and Paleocimatology, 8 (2): 175-192.

Grousset F E, Pujol C, Labeyrie L, et al., 2000. Were the North Atlantic Heinrich events triggered by the behavior of the European ice sheets? [J]. Geology, 28 (2): 123-126.

Guo B, Zhu R X, Roberts A P, et al., 2001. Lack of correlation between paleoprecipitation and magnetic susceptibility of Chinese Loess/Paleosol Sequences[J]. Geophysical Research Letters, 28(22): 4259-4262.

Guo Z T, Ruddiman W F, Hao Q Z, et al., 2002. Onset of Asian desertification by 22 Myr ago inferred from loess deposits in China[J]. Nature, 416 (6877): 159-163.

Guyodo Y, Banerjee S K, Lee Penn R, et al., 2006. Magnetic properties of synthetic six-line ferrihydrite nanoparticles[J]. Physics of the Earth and Planetary Interiors, 154 (3-4): 222-233.

Guyodo Y, Sainctavit P, Arrio M A, et al., 2012. X-ray magnetic circular dichrosm provides strong evidence for tetrahedral iron in ferrihydrite[J]. Geochemistry, Geophysics, Geosystems, 13 (6): Q06Z44.

Guyodo Y, Valet J P, 1996. Relative variations in geomagnetic intensity from sedimentary records: The past 200,000 years[J]. Earth and Planetary Science Letters, 143 (1-4): 23-36.

Guyodo Y, Valet J P, 1999. Global changes in intensity of the Earth's magnetic field during the past 800kyr[J]. Nature, 399: 249-252.

Han J M, Lü H Y, Wu N Q, et al., 1996. The magnetic susceptibility of modern soils in China and its use for paleoclimate reconstruction[J]. Studia Geophysica et Geodaetica, 40 (3): 262-275.

Hao Q Z, Guo Z T, 2005. Spatial variations of magnetic susceptibility of Chinese loess for the last 600 kyr: Implications for monsoon evolution[J]. Journal of Geophysical Research: Solid Earth, 110 (B12): B12101-1-B12101-10.

Hao Q Z, Oldfield F, Bloemendal J, et al., 2008. The magnetic properties of loess and paleosol samples from the Chinese Loess Plateau spanning the last 22 million years[J]. Palaeogeography, Palaeoclimatology, Palaeoecology, 260 (3-4): 389-404.

Hartstra R L, 1982. Some rock magnetic parameters for natural iron—titanium oxides[D]. Utrecht: State University of Utrecht.

Hatfield R G, Maher B A, 2009. Fingerprinting upland sediment sources: particle size-specific magnetic linkages between soils, lake sediments and suspended sediments[J]. Earth Surface Processes and Landforms, 34 (10): 1359-1373.

Haug G H, Sigman D M, Tiedemann R, et al., 1999. Onset of permanent stratification in the subarctic Pacific Ocean[J]. Nature, 401 (6755): 779-782.

Hauptraan Z, 1974. High temperature oxidation, range of non-stoichiometry and curie point variation of cation deficient titanomagnetite $Fe_{2.4}Ti_{0.6}O_{4+\gamma}$[J]. Geophysical Journal of the Royal Astronomical Society, 38 (1): 29-37.

Heinrich H, 1988. Origin and consequences of cyclic ice rafting in the northeast Alantic Ocean during the past 130,000 years[J]. Quaternary Research, 29: 142-152.

Heller F, Liu T S, 1982. Magnetostratigraphical dating of loess deposits in China[J]. Nature, 300: 431-433.

Heller F, Liu T S, 1986. Palaeoclimatic and sedimentary history from magnetic susceptibility of loess in China[J]. Geophysical Research Letters, 13 (11): 1169-1172.

Heller F, Strzyszcz Z, Magiera T, 1998. Magnetic record of industrial pollution in forest soils of Upper Silesia, Poland[J]. Journal of Geophysical Research: Solid Earth, 103 (B8): 17767-17774.

Heslop D, 2009. On the statistical analysis of the rock magnetic S-ratio[J]. Geophysical Journal International, 178 (1): 159-161.

Heslop D, Dekkers M J, Kruiver P P, et al., 2002. Analysis of isothermal remanent magnetization acquisition curves using the expectation-maximization algorithm[J]. Geophysical Journal International, 148 (1): 58-64.

Heslop D, Dillon M, 2007. Unmixing magnetic remanence curves without a priori knowledge[J]. Geophysical Journal International, 170: 556-566.

Heslop D, Roberts A P, 2012a. Estimating best fit binary mixing lines in the Day plot[J]. Journal of Geophysical Research: Solid Earth, 117 (B1): B01101-1-B01101-9.

Heslop D, Roberts A P, 2012b. A method for unmixing magnetic hysteresis loops[J]. Journal of Geophysical Research: Solid Earth, 117: B03103-1-B03103-13.

Heywood B R, Mann S, Frankel R B, 1990. Structure, morphology and growth of biogenic greigite (Fe$_3$S$_4$) [C]//Alper M, Calvert P D, Frankel R, et al. Marterials Synthesis Based on Biological Processes, 218: 93-108.

Hofmann D I, Fabian K, 2009. Correcting relative paleointensity records for variations in sediment composition: Results from a South Atlantic stratigraphic network[J]. Earth and Planetary Science Letters, 284 (1-2): 34-43.

Horng C S, Huh C A, 2011. Magnetic properties as tracers for source-to-sink dispersal of sediments: A case study in the Taiwan Strait[J]. Earth and Planetary Science Letters, 309 (1-2): 141-152.

Horng C S, Roberts A P, 2006. Authigenic or detrital origin of pyrrhotite in sediments? : Resolving a paleomagnetic conundrum[J]. Earth and Planetary Science Letters, 241 (3): 750-762.

Horng C-S, Torii M, Shea K S, et al., 1998. Inconsistent magnetic polarities between greigite- and pyrrhotite/magnetite-bearing marine sediments from the Tsailiao-chi section, southwestern Taiwan[J]. Earth and Planetary Science Letters, 164 (3-4): 467-481.

Housen B A, Moskowitz B, 2006. Depth distribution of magnetofossils in near-surface sediments from the Blake/Bahama Outer Ridge, western North Atlantic Ocean, determined by low-temperature magnetism[J]. Journal of Geophysical Research: Biogeosciences, 111 (G01005): 1-10.

Hu P X, Zhao X, Roberts A P, et al., 2018. Magnetic domain state diagnosis in soils, loess, and marine sediments from multiple first-order reversal curve-type diagrams[J]. Journal of Geophysical Research: Solid Earth, 123 (2): 998-1017.

Hunt C P, Banerjee S K, Han J, et al., 1995a. Rock-magnetic proxies of climate change in the loess-palaeosol sequences of the western Loess Plateau of China[J]. Geophysical Journal International, 123 (1): 232-244.

Hunt C P, Moskowitz B M, Banerjee S K, 1995b. Magnetic Properties of Rocks and Minerals, Global Earth Physics[M]//Ahrens T J. Rock Physics & Phase Relations: A Handbook of Physical Constants. Washington DC.: American Geophysical Union: 189-204.

Hunt C P, Singer M J, Kletetschka G, et al., 1995c. Effect of citrate-bicarbonate-dithionite treatment on fine-grained magnetite and maghemite[J]. Earth and Planetary Science Letters, 130 (1-4): 87-94.

Ising G, 1943. On the magnetic properties of varved clay[J]. Arkiv for Matematik Astronomi Och Fysik, 29: 1-37.

Itambi A C, von Dobeneck T, Mulitza S, et al., 2009. Millennial-scale northwest African droughts related to Heinrich events and Dansgaard-Oeschger cycles: Evidence in marine sediments from offshore Senegal[J]. Paleoceanography and Paleoclimatology, 24 (1): PA1205-1-PA1205-16.

Jackson M J, Banerjee S K, Marvin J A, et al., 1991. Detrital remanence, inclination errors, and anhysteretic remanence anisotropy: Quantitative model and experimental results[J]. Geophysical Journal International, 104 (1): 95-103.

Jackson M, Carter-Stiglitz B, Egli R, et al., 2006. Characterizing the superparamagnetic grain distribution $f(V, H_K)$ by thermal fluctuation tomography[J]. Journal of Geophysical Research: Solid Earth, 111 (B12): B12S07-1-B12S07-33.

Jaep W F, 1971. Role of interactions in magnetic tapes[J]. Journal of Applied Physics, 42 (7): 2790-2794.

Jelinek V, 1981. Characterization of the magnetic fabric of rocks[J]. Tectonophysics, 79 (3-4): T63-T67.

Jenny H, 1941. Factors of soil formation: A system of quantitative pedology[M]. New York: McGraw-Hill.

Ji J F, Balsam W, Chen J, 2001. Mineralogic and climatic interpretations of the Luochuan loess section (China) based on diffuse reflectance spectrophotometry[J]. Quaternary Research, 56 (1): 23-30.

Jiang Z X, Liu Q S, Barrón V, et al., 2012. Magnetic discrimination between Al-substituted hematites synthesized by hydrothermal and thermal dehydration methods and its geological significance[J]. Journal of Geophysical Reasearch: Solid Earth, 117 (B2): B02102-1-B02102-15.

Jiang Z X, Liu Q S, Colombo C, et al., 2014a. Quantification of Al-goethite from diffuse reflectance spectroscopy and magnetic methods[J]. Geophysical Journal International, 196 (1): 131-144.

Jiang Z X, Liu Q S, Dekkers M J, et al., 2014b. Ferro and antiferromagnetism of ultrafine-grained hematite[J]. Geochemistry, Geophysics, Geosystems, 15 (6): 2699-2712.

Jiang Z X, Liu Q S, Dekkers M J, et al., 2015. Acquisition of chemical remanent magnetization during experimental ferrihydrite–hematite conversion in Earth-like magnetic field: Implications for paleomagnetic studies of red beds[J]. Earth and Planetary Science Letters, 428: 1-10.

Johnson E A, Murphy T, Torreson O W, 1948. Pre-history of the Earth's magnetic field[J]. Terrestrial Magnetism and Atmospheric Electricity, 53 (4): 349-372.

Jordanova N V, Jordanova D V, Veneva L, et al., 2003. Magnetic response of soils and vegetation to heavy metal pollution: A case study[J]. Environmental Science & Technology, 37 (19): 4417-4424.

Just J, Dekkers M J, von Dobeneck T, et al., 2012. Signatures and significance of aeolian, fluvial, bacterial and diagenetic magnetic mineral fractions in Late Quaternary marine sediments off Gambia, NW Africa[J]. Geochemistry, Geophysics, Geosystems, 13 (9): Q0AO02-1-Q0AO02-23.

Kanfoush S L, Hodell D A, Charles C D, et al., 2002. Comparison of ice-rafted debris and physical properties in ODP Site 1094 (South Atlantic) with the Vostok ice core over the last four climatic cycles[J]. Palaeogeography, Palaeoclimatology, Palaeoecology, 182 (3-4): 329-349.

Karlin R, Levi S, 1983. Diagenesis of magnetic minerals in recent haemipelagic sediments[J]. Nature, 303 (5915): 327-330.

Karlin R, Lyle M, Heath G R, 1987. Authigenic magnetite formation in suboxic marine sediments[J]. Nature, 326 (6112): 490-493.

Kasama T, Pósfai M, Chong R K K, et al., 2006. Magnetic properties, microstructure, composition, and morphology of greigite nanocrystals in magnetotactic bacteria from electron holography and tomography[J]. American Mineralogist, 91 (8-9): 1216-1229.

Kent D V, Zeng X S, Zhang W Y, et al., 1987. Widespread late Mesozoic to Recent remagnetization of Paleozoic and lower Triassic sedimentary rocks from South China[J]. Tectonophysics, 139 (1-2): 133-143.

Kim W, Doh S-J, Park Y-H, et al., 2007. Two-year magnetic monitoring in conjunction with geochemical and electron microscopic data of roadside dust in Seoul, Korea[J]. Atmospheric Environment, 41 (35): 7627-7641.

Kind J, Gehring A U, Winklhofer M, et al., 2011. Combined use of magnetometry and spectroscopy for identifying magnetofossils in sediments[J]. Geochemistry, Geophysics, Geosystems, 12 (8): Q08008.

King J W, Banerjee S K, Marvin J, et al., 1982. A comparison of different magnetic methods for determining the relative grain size of magnetite in natural materials: Some results from lake sediments[J]. Earth and Planetary Science Letters, 59 (2): 404-419.

King J W, Banerjee S K, Marvin J, 1983. A new rock-magnetic approach to selecting sediments for geomagnetic paleointensity studies: Application to paleointensity for the last 4000 years[J]. Journal of Geophysical Research: Solid Earth, 88 (B7): 5911-5921.

King J W, Channell J, 1991. Sedimentary magnetism, environmental magnestism and magnestostratigraphy[J]. Reviews of Geophysics, 29 (S1): 358-370.

King R F, 1955. The remanent magnetism of artificially deposited sediments[J]. Geophysical Journal International, 7 (s3): 115-134.

Kirschvink J L, Kobayashi-Kirschvink A, Woodford B J, 1992. Magnetite biomineralization in the human brain[J]. Proceedings of the National Academy of Sciences, 89 (16): 7683-7687.

Kissel C, Laj C, Clemens S, et al., 2003. Magnetic signature of environmental changes in the last 1.2 Myr at ODP Site 1146, South China Sea[J]. Marine Geology, 201 (1-3): 119-132.

Kissel C, Laj C, Mulder T, et al., 2009. The magnetic fraction: A tracer of deep water circulation in the North Atlantic[J]. Earth and Planetary Science Letters, 288 (3-4): 444-454.

Kleiven H K F, Kissel C, Laj C, et al., 2008. Reduced North Atlantic deep water coeval with the glacial Lake Agassiz freshwater outburst[J]. Science, 319 (5859): 60-64.

Kletetschka G, Wasilewski P J, Taylor P T, 2000a. Hematite vs. magnetite as the signature for planetary magnetic anomalies? [J]. Physics of the Earth and Planetary Interiors, 119 (3-4): 259-267.

Kletetschka G, Wasilewski P J, Taylor P T, 2000b. Unique thermoremanent magnetization of multidomain sized hematite: Implications for magnetic anomalies[J]. Earth and Planetary Science Letters, 176 (3-4): 469-479.

Kodama K, 1997. A successful rock magnetic technique for correctng paleomagnetic inclination shallowing: case study of the nacimiento formation, New Mexico[J]. Journal of Geophysical Research: Solid Earth, 102 (B3): 5193-5205.

Köhler C M, Heslop D, Dekkers M J, et al., 2008. Tracking provenance change during the late Miocene in the eastern Mediterranean using geochemical and environmental magnetic parameters[J]. Geochemistry, Geophysics, Geosystems, 9 (12): Q12018.

Kopp R E, 2009. An appalachian amazon? Magnetofossil evidence for the development of a tropical river-like system in the mid-Atlantic United States during the Paleocene-Eocene thermal maximum[J]. Paleoceanography, 24 (4): PA4211.

Kopp R E, Kirschvink J L, 2008. The identification and biogeochemical interpretation of fossil magnetotactic bacteria[J]. Earth-Science Reviews, 86 (1-4): 42-61.

Kopp R E, Raub T D, Schumann D, et al., 2007. Magnetofossil spike during the Paleocene-Eocene thermal maximum: Ferromagnetic resonance, rock magnetic, and electron microscopy evidence from Ancora, New Jersey, United States[J]. Paleoceanography, 22: PA4103.

Kopp R E, Schumann D, Raub T D, et al., 2009. An appalachian Amazon? Magnetofossil evidence for the development of a tropical river-like system in the mid-Atlantic United States during the Paleocene-Eocene thermal maximum[J]. Paleoceanography and Paleoclimatology, 24 (4): PA4211.

Kozłowski A, Metcalf P, Kąkol Z, et al., 1996. Electrical and magnetic properties of $Fe_{3-z}Al_zO_4$ ($z<0.06$) [J]. Physical Review B: Condensed Matter, 53 (22): 15113-15118.

Kruiver P P, Dekkers M J, Heslop D, 2001. Quantification of magnetic coercivity components by the analysis of acquisition curves of isothermal remanent magnetisation[J]. Earth and Planetary Science Letters,

189（3-4）：269-276.

Lagroix F，Banerjee S K，2004. The regional and temporal significance of primary aeolian magnetic fabrics preserved in Alaskan loess [J]. Earth and Planetary Science Letters，225（3）：379-395.

Lagroix F，Banerjee S K，Jackson M J，2004. Magnetic properties of the Old Crow tephra：Identification of a complex iron titanium oxide mineralogy[J]. Journal of Geophysical Research：Solid Earth，109（B1）：B01104.

Laj C，Kissel C，Mazaud A，et al.，2000. North Atlantic Palaeointensity Stack since 75 ka（NAPIS-75）and the duration of the Laschamp event[J]. Philosophical Transactions Mathematical Physical & Engineering Sciences，358（1768）：1009-1025.

Lam K P，Hitchcock A P，Obst M，et al.，2010. Characterizing magnetism of individual magnetosomes by X-ray magnetic circular dichroism in a scanning transmission X-ray microscope[J]. Chemical Geology，270（1-4）：110-116.

Lambert J，Simkovich G，Walker P，1998. The kinetics and mechanism of the pyrite-to-pyrrhotite transformation[J]. Metallurgical and Materials Transactions B，29（2）：385-396.

Lanci L，Delmonte B，Kent D V，et al.，2012. Magnetization of polar ice：A measurement of terrestrial dust and extraterrestrial fallout[J]. Quaternary Science Reviews，33：20-31.

Lanci L，Pares J M，Channell J E T，et al.，2004. Miocene magnetostratigraphy from Equatorial Pacific sediments（ODP Site 1218，Leg 199）[J]. Earth and Planetary Science Letters，226（1-2）：207-224.

Larrasoaña J C，Roberts A P，Chang L，et al.，2012. Magnetotactic bacterial response to Antarctic dust supply during the Palaeocene-Eocene thermal maximum[J]. Earth and Planetary Science Letters，333：122-133.

Larrasoaña J C，Roberts A P，Musgrave R J，et al.，2007. Diagenetic formation of greigite and pyrrhotite in gas hydrate marine sedimentary systems[J]. Earth and Planetary Science Letters，261（3-4）：350-366.

Larrasoaña J C，Roberts A P，Rohling E J，et al.，2003a. Three million years of monsoon variability over the northern Sahara[J]. Climate Dynamics，21（7）：689-698.

Larrasoaña J C，Roberts A P，Stoner J S，et al.，2003b. A new proxy for bottom-water ventilation in the eastern Mediterranean based on diagenetically controlled magnetic properties of sapropel-bearing sediments[J]. Palaeogeography，Palaeoclimatology，Palaeoecology，190：221-242.

Lascu I，Einsle J F，Ball M R，et al.，2018. The vortex state in geologic materials：A micromagnetic perspective[J]. Journal of Geophysical Research：Solid Earth，123（9）：7285-7304.

Lebreiro S M，Moreno J C，McCave I N，et al.，1996. Evidence for Heinrich layers off Portugal（Tore Seamount：39 °N，12 °W）[J]. Marine Geology，131（1-2）：47-56.

Levi S，Merrill R T，1976. A comparison of ARM and TRM in magnetite[J]. Earth and Planetary Science Letters，32（2）：171-184.

Li J H，Ge K P，Pan Y X，et al.，2013. A strong angular dependence of magnetic properties of magnetosome chains：Implications for rock magnetism and paleomagnetism[J]. Geochemistry，Geophysics，Geosystems，14（10）：3887-3907.

Li J H，Pan Y X，Chen G J，et al.，2009. Magnetite magnetosome and fragmental chain formation of *Magnetospirillum magneticum* AMB-1：Transmission electron microscopy and magnetic observations[J]. Geophysical Journal International，177（1）：33-42.

Li J H，Pan Y X，Liu Q S，et al.，2010. Biomineralization，crystallography and magnetic properties of bullet-shaped magnetite magnetosomes in giant rod magnetotactic bacteria[J]. Earth and Planetary Science Letters，293（3-4）：368-376.

Li J H，Wu W F，Liu Q S，et al.，2012. Magnetic anisotropy，magnetostatic interactions and identification of magnetofossils[J]. Geochemistry, Geophysics, Geosystems, 13（12）: Q10Z51.

Li X, Hu X M, Cai Y F, et al., 2011. Quantitative analysis of iron oxide concentrations within Aptian-Albian cyclic oceanic red beds in ODP Hole 1049C, North Atlantic[J]. Sedimentary Geology, 235（1-2）: 91-99.

Liu C Y, Ge K P, Zhang C X, et al., 2011. Nature of remagnetization of Lower Triassic red beds in southwestern China[J]. Geophysical Journal International, 187（3）: 1237-1249.

Liu J X, Liu Q S, Zhang X H, et al., 2016. Magnetostratigraphy of a long Quaternary sediment core in the South Yellow Sea[J]. Quaternary Science Reviews, 144: 1-15.

Liu J X, Mei X, Shi X F, et al., 2018. Formation and preservation of greigite（Fe_3S_4）in a thick sediment layer from the central South Yellow Sea[J]. Geophysical Journal International, 213（1）: 135-146.

Liu J X, Shi X F, Liu Q S, et al., 2014. Magnetostratigraphy of a greigite-bearing core from the South Yellow Sea: Implications for remagnetization and sedimentation[J]. Journal of Geophysical Research: Solid Earth, 119（10）: 7425-7441.

Liu Q S, Banerjee S K, Jackson M J, et al., 2002. A new method in mineral magnetism for the separation of weak antiferromagnetic signal from a strong ferrimagnetic background[J]. Geophysical Research Letters, 29（12）: 6-1-6-4.

Liu Q S, Banerjee S K, Jackson M J, et al., 2003a. An integrated study of the grain-size-dependent magnetic mineralogy of the Chinese loess/paleosol and its environmental significance[J]. Journal of Geophysical Research, 108（B9）: 1-14.

Liu Q S, Banerjee S K, Jackson M J, et al., 2004a. Determining the climatic boundary between the Chinese loess and palaeosol: Evidence from aeolian coarse-grained magnetite[J]. Geophysical Journal International, 156（2）: 267-274.

Liu Q S, Banerjee S K, Jackson M J, et al., 2004b. Grain sizes of susceptibility and anhysteretic remanent magnetization carriers in Chinese loess/paleosol sequences[J]. Journal of Geophysical Reasearch: Solid Earth, 109（B3）: B03101.

Liu Q S, Barrón V, Torrent J, et al., 2008. Magnetism of intermediate hydromaghemite in the transformation of 2-line ferrihydrite into hematite and its paleoenvironmental implications[J]. Journal of Geophysical Research, 113（B1）: B01103-1-B01103-12.

Liu Q S, Deng C L, Torrent J, et al., 2007a. Review of recent developments in mineral magnetism of the Chinese loess[J]. Quaternary Science Reviews, 26（3-4）: 368-385.

Liu Q S, Deng C L, Yu Y, et al., 2005a. Temperature dependence of magnetic susceptibility in an argon environment: implications for pedogenesis of Chinese loess/palaeosols[J]. Geophysical Journal International, 161（1）: 102-112.

Liu Q S, Jackson M J, Banerjee S K, 2003b. Determination of magnetic carriers of the characteristic remanent magnetization of Chinese loess by low-temperature demagnetization[J]. Earth and Planetary Science Letters, 216（1-2）: 175-186.

Liu Q S, Roberts A P, Torrent J, et al., 2007b. What do the HIRM and S-ratio really measure in environmental magnetism? [J]. Geochemistry, Geophysics, Geosystems, 8（9）: Q09011.

Liu Q S, Torrent J, Barron V, et al., 2011. Quantification of hematite from the visible diffuse reflectance spectrum: Effects of aluminium substitution and grain morphology[J]. Clay Minerals, 46（1）: 137-147.

Liu Q S, Torrent J, Maher B A, et al., 2005c. Quantifying grain size distribution of pedogenic magnetic 3 particles in Chinese loess and its significance 4 for pedogenesis[J]. Journal of Geophysical Reaearch: Solid Earth, 110（B11）: B11102-1-b11102-7.

Liu Q S, Torrent J, Morrás H, et al., 2010. Superparamagnetism of two modern soils from the northeastern

Pampean region, Argentina and its paleoclimatic indications[J]. Geophysical Journal International, 183 (2): 695-705.

Liu Q S, Torrent J, Yu Y, et al., 2004c. Mechanism of the parasitic remanence of aluminous goethite [α-(Fe, Al)OOH] [J]. Journal of Geophysical Research: Solid Earth, 109 (B12): B12106.

Liu Q S, Yu Y J, Torrent J, et al., 2006. Characteristic low-temperature magnetic properties of aluminous goethite [α-(Fe, Al)OOH] explained[J]. Journal of Geophysical Research: Solid Earth, 111 (B12): B12S34-1-B12S34-12.

Liu Q S, Yu Y, Pan Y X, et al., 2005b. Partial anhysteretic remanent magnetization (pARM) of synthetic single-and multidomain magnetites and its paleoenvironmental significance[J]. Chinese Science Bulletin, 50 (20): 2381-2384.

Liu T S, 1985. Loess and the Environment[M]. Beijing: China Ocean Press.

Liu T S, Ding Z L, 1998. Chinese loess and the paleomonsoon[J]. Annual Review of Earth and Planetary Sciences, 26 (1): 111-145.

Liu X M, Hesse P, Beget J, et al., 2001. Pedogenic destruction of ferrimagnetics in Alaskan loess deposits[J]. Soil Research, 39 (1): 99-115.

Love S G, Brownlee D E, 2010. A direct measurement of the terrestrial mass accretion rate of cosmic dust[J]. Science, 262 (5133): 550-553.

Løvlie R, Torsvik T, Jelenska M, et al., 1984. Evidence for detrital remanent magnetization carried by hematite in Devonian red beds from Spitsbergen; palaeomagnetic implications[J]. Geophysical Journal International, 79 (2): 573-588.

Lowrie W, 1990. Identification of ferromagnetic minerals in a rock by coercivity and unblocking temperature properties[J]. Geophysical Research Letters, 17 (2): 159-162.

Lyons R, Oldfield F, Williams E, 2010. Mineral magnetic properties of surface soils and sands across four North African transects and links to climatic gradients[J]. Geochemistry, Geophysics, Geosystems, 11 (8): Q08023.

Maher B A, 1986. Characterisation of soils by mineral magnetic measurements[J]. Physics of the Earth and Planetary Interiors, 42 (1): 76-92.

Maher B A, 1988. Magnetic properties of some synthetic sub-micron magnetites[J]. Geophysical Journal, 94 (1): 83-96.

Maher B A, 1998. Magnetic properties of modern soils and Quaternary loessic paleosols: Paleoclimatic implications[J]. Palaeogeography, Palaeoclimatology, Palaeoecology, 137 (1-2): 25-54.

Maher B A, 2011. The magnetic properties of Quaternary aeolian dusts and sediments, and their palaeoclimatic significance[J]. Aeolian Research, 3 (2): 87-144.

Maher B A, Karloukovski V V, Mutch T J, 2004. High-field remanence properties of synthetic and natural submicrometre haematites and goethites: Significance for environmental contexts[J]. Earth and Planetary Science Letters, 226 (3-4): 491-505.

Maher B A, Mutch T J, Cunningham D, 2009. Magnetic and geochemical characteristics of Gobi Desert surface sediments: Implications for provenance of the Chinese Loess Plateau[J]. Geology, 37 (3): 279-282.

Maher B A, Prospero J M, Mackie D, et al., 2010. Global connections between aeolian dust, climate and ocean biogeochemistry at the present day and at the last glacial maximum[J]. Earth-Science Reviews, 99 (1-2): 61-97.

Maher B A, Thompson R, 1995. Paleorainfall reconstructions from pedogenic magnetic susceptibility variations in the Chinese loess and paleosols[J]. Quaternary Research, 44 (3): 383-391.

Maher B A, Thompson R, 1999. Palaeomonsoons I: the magnetic record of palaeoclimate in the terrestrial loess and palaeosol sequences[C]//Dylan B. Quaternary climates, environments and magnetism. Cambridge: Cambridge University Press: 81-125.

Maher B A, Thompson R, Zhou L P, 1994. Spatial and temporal reconstructions of changes in the Asian palaeomonsoon: A new mineral magnetic approach[J]. Earth and Planetary Science Letters, 125 (1-4): 461-471.

Maillot F, Morin G, Wang Y H, et al., 2011. New insight into the structure of nanocrystalline ferrihydrite: EXAFS evidence for tetrahedrally coordinated iron(III)[J]. Geochimica et Cosmochimica Acta, 75(10): 2708-2720.

Mamet B, Préat A, 2006. Iron-bacterial mediation in Phanerozoic red limestones: State of the art[J]. Sedimentary Geology, 185 (3-4): 147-157.

Maslin M A, Durham E, Burns S J, et al., 2000. Palaeoreconstruction of the Amazon River freshwater and sediment discharge using sediments recovered at Site 942 on the Amazon Fan[J]. Journal of Quaternary Science, 15 (4): 419-434.

Mazaud A, Kissel C, Laj C, et al., 2007. Variations of the ACC-CDW during MIS3 traced by magnetic grain deposition in midlatitude South Indian Ocean cores: Connections with the northern hemisphere and with central Antarctica[J]. Geochemistry, Geophysics, Geosystems, 8 (5): Q05012.

Mazaud A, Michel E, Dewilde F, et al., 2010. Variations of the Antarctic Circumpolar Current intensity during the past 500 ka[J]. Geochemistry, Geophysics, Geosystems, 11 (8): Q08007.

McCabe C, Elmore R D, 1989. The occurrence and origin of Late Paleozoic remagnetization in the sedimentary rocks of North America[J]. Reviews of Geophysics, 27 (4): 471-494.

Mehra O P, Jackson M L, 1958. Iron oxide removal from soils and clays by a dithionite-citrate system buffered with sodium bicarbonate[J]. Clays and Clay Mineral, 7 (1): 317-327.

Michel F M, Barrón V, Torrent J, et al., 2010. Ordered ferrimagnetic form of ferrihydrite reveals links among structure, composition, and magnetism[C]// Proceedings of the National Academy of Sciences of the United States of America, 107 (7): 2787-2792.

Michel F M, Ehm L, Antao S M, et al., 2007. The structure of ferrihydrite, a nanocrystalline material[J]. Science, 316 (5832): 1726-1729.

Mikhaylova A, Davidson M, Toastmann H, et al., 2005. Detection, identification and mapping of iron anomalies in brain tissue using X-ray absorption spectroscopy[J]. Journal of the Royal Society Interface, 2 (2): 33-37.

Milliman J D, Syvitski J P M, 1992. Geomorphic/tectonic control of sediment discharge to the ocean: The importance of small mountainous rivers[J]. The Journal of Geology, 100 (5): 525-544.

Morin F J, 1950. Magnetic susceptibility of αFe_2O_3 and αFe_2O_3 with added Titanium[J]. Physical Review, 78 (6): 819-820.

Morrish A, 1994. Canted Antiferromagnetism: Hematite[M]. 5 Toh Tuck Link: World Scientific Pub Co Pte. Ltd.

Moskowitz B M, Bazylinski D A, Egli R, et al., 2008. Magnetic properties of marine magnetotactic bacteria in a seasonally stratified coastal pond （Salt Pond, MA, USA）[J]. Geophysical Journal International, 174 (1): 75-92.

Moskowitz B M, Frankel R B, Bazylinski D A, 1993. Rock magnetic criteria for the detection of biogenic magnetite[J]. Earth and Planetary Science Letters, 120 (3-4): 283-300.

Moskowitz B M, Frankel R B, Flanders P J, et al., 1988. Magnetic properties of magnetotactic bacteria[J].

Journal of Magnetism and Magnetic Materials，73（3）：273-288.

Moskowitz B M，Jackson M，Kissel C，1998. Low-temperature magnetic behavior of titanomagnetites[J]. Earth and Planetary Science Letters，157（3-4）：141-149.

Mullins C E，1977. Magnetic susceptibility of the soil and its significance in soil science：A review[J]. Journal of Soil Science，28（2）：223-246.

Muxworthy A R，Heslop D，2011. A Preisach method for estimating absolute paleofield intensity under the constraint of using only isothermal measurements：1. Theoretical framework[J]. Journal of Geophysical Research：Solid Earth，116（B4）：B04102-1-B04102-13.

Muxworthy A R，Heslop D，Paterson G A，et al.，2011. A Preisach method for estimating absolute paleofield intensity under the constraint of using only isothermal measurements：2. Experimental testing[J]. Journal of Geophysical Research：Solid Earth，116（B4）：B04103-1-B04103-20.

Muxworthy A R，Heslop D，Williams W，2004. Influence of magnetostatic interactions on first-order-reversal-curve（FORC）diagrams：A micromagnetic approach[J]. Geophysical Journal International，158（3）：888-897.

Muxworthy A R，King J G，Heslop D，2005. Assessing the ability of first-order reversal curve（FORC）diagrams to unravel complex magnetic signals[J]. Journal of Geophysical Reasearch：Solid Earth，110（B1）：B01105-1-B01105-11.

Muxworthy A R，McClelland E，2000. Review of the low-temperature magnetic properties of magnetite from a rock magnetic perspective[J]. Geophysical Journal International，140（1）：101-114.

Nagata T，1961. Rock Magnetism[M]. 2nd ed. Tokyo：Maruzen Co.

O'Reilly W，1984. Rock and Mineral Magnetism[M]. Glasgow：Blackie.

Oldfield F，1992. The source of fine-grained 'magnetite' in sediments[J]. The Holocene，2（2）：180-182.

Oldfield F，Hao Q Z，Bloemendal J，et al.，2009. Links between bulk sediment particle size and magnetic grain-size：General observations and implications for Chinese loess studies[J]. Sedimentology，56（7）：2091-2106.

Oldfield F，Maher B A，Donoghue J，et al.，1985. Particle-size related，mineral magnetic source sediment linkages in the Rhode River catchment，Maryland，USA[J]. Journal of the Geological Society，142（6）：1035-1046.

Oldfield F，Rummery T A，Thompson R，et al.，1979. Identification of suspended sediment sources by means of magnetic measurements：Some preliminary results[J]. Water Resources Research，15（2）：211-218.

Orgeira M J，Compagnucci R H，2006. Correlation between paleosol-soil magnetic signal and climate[J]. Earth，Planets and Space，58（10）：1373-1380.

Özdemir Ö，Banerjee S K，1982. A preliminary magnetic study of soil samples from west-central Minnesota[J]. Earth and Planetary Science Letters，59（2）：393-403.

Özdemir Ö，Dunlop D J，1996. Thermoremanence and Néel temperature of goethite[J]. Geophysical Research Letters，23（9）：921-924.

Özdemir Ö，Dunlop D J，2006. Magnetic memory and coupling between spin-canted and defect magnetism in hematite[J]. Journal of Geophysical Research：Solid Earth，111（B13）：B12S03-1-B12S03-13.

Özdemir O，Dunlop D J，Moskowitz B M，2002. Changes in remanence，coercivity and domain state at low temperature in magnetite[J]. Earth and Planetary Science Letters，194（3-4）：343-358.

Özdemir Ö，O'reilly W，1981. High-temperature hysteresis and other magnetic properties of synthetic monodomain titanomagnetites[J]. Physics of the Earth and Planetary Interiors，25（4）：406-418.

Ozima M，Larson E E，1970. Low- and high-temperature oxidation of titanomagnetite in relation to irreversible changes in the magnetic properties of submarine basalts[J]. Journal of Geophysical Research (1896-1977), 75 (5): 1003-1017.

Paasche O, Lovlie R, 2011. Synchronized postglacial colonization by magnetotactic bacteria[J]. Geology, 39 (1): 75.

Pan Y X, Petersen N, Davila A F, et al., 2005. The detection of bacterial magnetite in recent sediments of Lake Chiemsee (southern Germany) [J]. Earth and Planetary Science Letters, 232 (1-2): 109-123.

Pan Y X, Zhu R X, Shaw J, et al., 2001. Can relative paleointensities be determined from the normalized magnetization of the wind-blown loess of China? [J]. Journal of Geophysical Research: Solid Earth, 106 (B9): 19221-19232.

Parés J M, 2004. How deformed are weakly deformed mudrocks? Insights from magnetic anisotropy, magnetic fabric: Methods and applications[J]. Geological Society, London, Special Publications, 238: 193-203.

Parés J M, Hassold N J C, Rea D K, et al., 2007. Paleocurrent directions from paleomagnetic reorientation of magnetic fabrics in deep-sea sediments at the Antarctic Peninsula Pacific margin (ODP sites 1095, 1101) [J]. Marine Geology, 242 (4): 261-269.

Parés J M, Martín-Hernández F, Lüneburg C M, et al., 2004. How deformed are weakly deformed mudrocks? Insights from magnetic anisotropy[J]. Geological Society of London, Special Publications, 238 (1): 191-203.

Passier H F, de Lange G J, Dekkers M J, 2001. Magnetic properties and geochemistry of the active oxidation front and the youngest sapropel in the eastern Mediterranean Sea[J]. Geophysical Journal International, 145 (3): 604-614.

Passier H F, Dekkers M J, 2002. Iron oxide formation in the active oxidation front above sapropel S1 in the eastern Mediterranean Sea as derived from low-temperature magnetism[J]. Geophysical Journal International, 150 (1): 230-240.

Peters C, Dekkers M J, 2003. Selected room temperature magnetic parameters as a function of mineralogy, concentration and grain size[J]. Physics and Chemistry of the Earth, Parts A/B/C, 28 (16-19): 659-667.

Petersen N, von Dobeneck T, Vali H, 1986. Fossil bacterial magnetite in deep-sea sediments from the South Atlantic Ocean[J]. Nature, 320 (6063): 611-615.

Pike C R, Roberts A P, Dekkers M J, et al., 2001. An investigation of multi-domain hysteresis mechanisms using FORC diagrams[J]. Physics of the Earth and Planetary Interiors, 126 (1-2): 11-25.

Pike C R, Roberts A P, Verosub K L, 1999. Characterizing interactions in fine magnetic particle systems using first order reversal curves[J]. Journal of Applied Physics, 85 (9): 6660-6667.

Pillans B, Wright I, 1990. 500,000-year paleomagnetic record from New Zealand loess[J]. Quaternary Research, 33 (2): 178-187.

Pirrung M, Fütterer D, Grobe H, et al., 2002. Magnetic susceptibility and ice-rafted debris in surface sediments of the Nordic Seas: implications for Isotope Stage 3 oscillations[J]. Geo-marine Letters, 22 (1): 1-11.

Pollard R J, Pankhurst Q A, Zientek P, 1991. Magnetism in aluminous goethite[J]. Physics and Chemistry of Minerals, 18 (4): 259-264.

Porter S C, An Z S, 1995. Correlation between climate events in the Northe-Atlantic and China during last glaciation [J]. Nature, 375 (6529): 305-308.

Prakash Babu C, Pattan J N, Dutta K, et al., 2010. Shift in detrital sedimentation in the eastern Bay of Bengal during the late Quaternary[J]. Journal of Earth System Science, 119 (3): 285-295.

Pugh R S, McCave I N, Hillenbrand C D, et al., 2009. Circum-Antarctic age modelling of Quaternary marine cores under the Antarctic Circumpolar Current: Ice-core dust-magnetic correlation[J]. Earth and Planetary Science Letters, 284 (1-2): 113-123.

Rahman A A, Parry L G, 1978. Titanomagnetites prepared at different oxidation conditions: Hysteresis properties[J]. Physics of the Earth & Planetary Interiors, 16 (3): 232-239.

Raiswell R, Tranter M, Benning L G, et al., T., 2006. Contributions from glacially derived sediment to the global iron (oxyhydr) oxide cycle: Implications for iron delivery to the oceans[J]. Geochimica et Cosmochimica Acta, 70 (11): 2765-2780.

Rey D, Mohamed K J, Bernabeu A, et al., 2005. Early diagenesis of magnetic minerals in marine transitional environments: Geochemical signatures of hydrodynamic forcing[J]. Marine Geology, 215 (3): 215-236.

Reynolds R L, Fishman N S, Hudson M R, 1991. Sources of aeromagnetic anomalies over Cement oil field (Oklahoma), Simpson oil field (Alaska), and the Wyoming-Idaho-Utah thrust belt[J]. Geophysics, 56 (5): 606-617.

Reynolds R L, Rosenbaum J G, van Metre P, et al., 1999. Greigite (Fe$_3$S$_4$) as an indicator of drought: The 1912-1994 sediment magnetic record from White Rock Lake, Dallas, Texas, USA[J]. Journal of Paleolimnology, 21 (2): 193-206.

Roberts A P, 1995. Magnetic properties of sedimentary greigite (Fe$_3$S$_4$) [J]. Earth and Planetary Science Letters, 134 (3-4): 227-236.

Roberts A P, Chang L, Rowan, C J, et al., 2011a. Magnetic properties of sedimentary greigite (Fe$_3$S$_4$): An update[J]. Reviews of Geophysics, 49 (1): RG1002.

Roberts A P, Cui Y L, Verosub K L, 1995. Wasp-waisted hysteresis loops: Mineral magnetic characteristics and discrimination of components in mixed magnetic systems[J]. Journal of Geophysical Research: Solid Earth, 100 (B9): 17909-17924.

Roberts A P, Florindo F, Larrasoaña J C, et al., 2010. Complex polarity pattern at the former Plio-Pleistocene global stratotype section at Vrica (Italy): Remagnetization by magnetic iron sulphides[J]. Earth and Planetary Science Letters, 292 (1-2): 98-111.

Roberts A P, Florindo F, Villa G, et al., 2011b. Magnetotactic bacterial abundance in pelagic marine environments is limited by organic carbon flux and availability of dissolved iron[J]. Earth and Planetary Science Letters, 310 (3-4): 441-452.

Roberts A P, Liu Q S, Rowan C J, et al., 2006. Characterization of hematite(α-Fe$_2$O$_3$), goethite(α-FeOOH), greigite(Fe$_3$S$_4$), and pyrrhotite(Fe$_7$S$_8$) using first-order reversal curve diagrams[J]. Journal of Geophysical Research: Solid Earth, 111 (B12): B12S35.

Roberts A P, Pike C R, Verosub K L, 2000. First-order reversal curve diagrams: a new tool for characterizing the magnetic properties of natural samples[J]. Journal of Geophysical Research: Solid Earth, 105 (B12): 28461-28475.

Roberts A P, Reynolds R L, Verosub K L, et al., 1996. Environmental magnetic implications of greigite(Fe$_3$S$_4$) formation in a 3 m.y. lake sediment record from Butte Valley, northern California[J]. Geophysical Research Letters, 23 (20): 2859-2862.

Roberts A P, Rohling E J, Grant K M, et al., 2011c. Atmospheric dust variability from Arabia and China over the last 500,000 years[J]. Quaternary Science Reviews, 30 (25): 3537-3541.

Roberts A P, Tauxe L, Heslop D, et al., 2018a. A critical appraisal of the 'Day' diagram[J]. Journal of Geophysical Research: Solid Earth, 123 (4): 2618-2644.

Roberts A P, Turner G M, 1993. Diagenetic formation of ferrimagnetic iron sulphide minerals in rapidly deposited marine sediments, South Island, New Zealand[J]. Earth and Planetary Science Letters,

115 （1-4）：257-273.

Roberts A P，Weaver R，2005. Multiple mechanisms of remagnetization involving sedimentary greigite(Fe_3S_4)[J]. Earth and Planetary Science Letters，231（3-4）：263-277.

Roberts A P，Zhao X，Harrison R J，et al.，2018b. Signatures of reductive magnetic mineral diagenesis from unmixing of first-order reversal curves[J]. Journal of Geophysical Research：Solid Earth，123（6）：4500-4522.

Robertson D J，France D E，1994. Discrimination of remanence-carrying minerals in mixtures，using isothermal remanent magnetisation acquisition curves[J]. Physics of the Earth and Planetary Interiors，82（3-4）：223-234.

Robinson S G，1986. The late Pleistocene palaeoclimatic record of North Atlantic deep-sea sediments revealed by mineral-magnetic measurements[J]. Physics of the Earth and Planetary Interiors，42（1-2）：22-47.

Rochette P，1987. Magnetic susceptibility of the rock matrix related to magnetic fabric studies[J]. Journal of Structural Geology，9（8）：1015-1020.

Rochette P，Fillion G，1989. Field and temperature behavior of remanence in synthetic goethite：Paleomagnetic implications[J]. Geophysical Research Letters，16（8）：851-854.

Rochette P，Fillion G，Mattéi J-L，et al.，1990. Magnetic transition at 30-34 Kelvin in pyrrhotite：Insight into a widespread occurrence of this mineral in rocks[J]. Earth and Planetary Science Letters，98（3-4）：319-328.

Rochette P，Mathé P-E，Esteban L，et al.，2005. Non-saturation of the defect moment of goethite and fine-grained hematite up to 57 Teslas[J]. Geophysical Research Letters，32（22）：L22309.

Rohling E J，Grant K，Hemleben C，et al.，2008. High rates of sea-level rise during the last interglacial period[J]. Nature Geoence，1（1）：38-42.

Rosenbaum J G，Reynolds R L，2004. Basis for paleoenvironmental interpretation of magnetic properties of sediment from Upper Klamath Lake（Oregon）：Effects of weathering and mineralogical sorting[J]. Journal of Paleolimnology，31（2）：253-265.

Rowan C J，Roberts A P，2006. Magnetite dissolution，diachronous greigite formation，and secondary magnetizations from pyrite oxidation：Unravelling complex magnetizations in Neogene marine sediments from New Zealand[J]. Earth and Planetary Science Letters，241（1-2）：119-137.

Rowan C J，Roberts A P，Broadbent T，2009. Reductive diagenesis，magnetite dissolution，greigite growth and paleomagnetic smoothing in marine sediments：A new view[J]. Earth and Planetary Science Letters，277（1-2）：223-235.

Salomé A-L，Meynadier L，2004. Magnetic properties of rivers sands and rocks from Martinique Island：Tracers of weathering？[J]. Physics and Chemistry of the Earth，Parts A/B/C，29（13-14）：933-945.

Schmidbauer E，Schembera N，1987. Magnetic hysteresis properties and anhysteretic remanent magnetization of spherical Fe_3O_4 particles in the grain size range 60–160 nm[J]. Physics of the Earth and Planetary Interiors，46（1-3）：77-83.

Schüler D，Baeuerlein E，1996. Iron-limited growth and kinetics of iron uptake in Magnetospirillum gryphiswaldense[J]. Archives of Microbiology，166（5）：301-307.

Shaw J，1974. A new method of determining the magnitude of the paleomagnetic field[J]. Geophysical Journal of the Royal Astronomical Society，39：133.

Singer M J，Verosub K L，Fine P，et al.，1996. A conceptual model for the enhancement of magnetic susceptibility in soils[J]. Quaternary International，34-36：243-248.

Snowball I F，1994. Bacterial magnetite and the magnetic properties of sediments in a Swedish lake[J]. Earth and Planetary Science Letters, 126 (1-3): 129-142.

Snowball I, Thompson R, 1990. A stable chemical remanence in Holocene sediments[J]. Journal of Geophysical Research: Solid Earth, 95 (B4): 4471-4479.

Snowball I, Zillén L, Gaillard M-J, 2002. Rapid early-Holocene environmental changes in northern Sweden based on studies of two varved lake-sediment sequences[J]. The Holocene, 12 (1): 7-16.

Spassov S, Heller F, Kretzschmar R, et al., 2003. Detrital and pedogenic magnetic mineral phases in the loess/palaeosol sequence at Lingtai(Central Chinese Loess Plateau)[J]. Physics of the Earth and Planetary Interiors, 140 (4): 255-275.

Stacey F D, 1960. Magnetic anisotropy of igneous rocks[J]. Journal of Geophysical Research, 65 (8): 2429-2442.

Stacey F D, 1963. The physical theory of rock magnetism[J]. Advances in Physics, 12 (45): 45-133.

Stacey F D, Banerjee S K, 1974. The Physical Principles of Rock Magnetism[M]. Amsterdam: Elsevier.

Stockhausen H, Thouveny N, 1999. Rock-magnetic properties of Eemian maar lake sediments from Massif Central, France: A climatic signature? [J]. Earth and Planetary Science Letters, 173 (3): 299-313.

Stokking L B, Tauxe L, 1987. Acquisition of chemical remanent magnetization by synthetic iron oxide[J]. Nature, 327 (18): 610-612.

Stolz J F, Chang S-B R, Kirschvink J L, 1986. Magnetotactic bacteria and single-domain magnetite in hemipelagic sediments[J]. Nature, 321 (6073): 849-851.

Straub S M, Schmincke H U, 1998. Evaluating the tephra input into Pacific Ocean sediments: Distribution in space and time[J]. Geologische Rundschau, 87 (3): 461-476.

Sugimoto T, Muramatsu A, Sakata K, et al., 1993. Characterization of hematite particles of different shapes[J]. Journal of Colloid and Interface Science, 158 (2): 420-428.

Sugiura N, 1979. ARM, TRM and magnetic interactions: Concentration dependence[J]. Earth and Planetary Science Letters, 42 (3): 451-455.

Sun Y B, Tada R, Chen J, et al., 2008. Tracing the provenance of fine-grained dust deposited on the central Chinese Loess Plateau[J]. Geophysical Research Letters, 35 (1): L01804.

Sun Y, Chen J, Clemens S C, et al., 2006. East Asian monsoon variability over the last seven glacial cycles recorded by a loess sequence from the northwestern Chinese Loess Plateau[J]. Geochemistry, Geophysics, Geosystems, 7 (12): Q12Q02.

Tan X D, Kodama K P, 2003. An analytical solution for correcting palaeomagnetic inclination error[J]. Geophysical Journal International, 152 (1): 228-236.

Tarduno J A, 1994. Temporal trends of magnetic dissolution in the pelagic realm: Gauging paleoproductivity? [J]. Earth and Planetary Science Letters, 123 (1-3): 39-48.

Tarduno J A, Tian W L, Wilkison S, 1998. Biogeochemical remanent magnetization in pelagic sediments of the western equatorial Pacific Ocean[J]. Geophysical Research Letters, 25 (21): 3987-3990.

Tarduno J A, Wilkison S L, 1996. Non-steady state magnetic mineral reduction, chemical lock-in, and delayed remanence acquisition in pelagic sediments[J]. Earth and Planetary Science Letters, 144 (3-4): 315-326.

Tauxe L, 1993. Sedimentary records of relative paleointensity of the geomagnetic field: Theory and practice[J]. Reviews of Geophysics, 31 (3): 319-354.

Tauxe L, 2010. Essentials of Paleomagnetism[M]. Oakland: University of California Press.

Tauxe L, Bertram H, Seberino C, 2002. Physical interpretation of hysteresis loops: Micromagnetic modelling of fine particle magnetite[J]. Geochemistry, Geophysics, Geosystem, 3 (10): 1-22.

Tauxe L, Kent D V, 1984. Properties of a detrital remanence carried by haematite from study of modern river deposits and laboratory redeposition experiments[J]. Geophysical Journal of the Royal Astronomical Society, 76 (3): 543-561.

Tauxe L, Kent D V, 2004. A simplified statistical model for the geomagnetic field and the detection of shallow bias in paleomagnetic inclinations: Was the ancient magnetic field dipolar? [C]//Channell J E T, Kent D V, Lowrie W, et al. Timescales of the Paleomagnetic Field, Volume 145. Washington DC.: American Geophysical Union.

Tauxe L, Kent D V, Opdyke N D, 1980. Magnetic components contributing to the NRM of Middle Siwalik red beds[J]. Earth and Planetary Science Letters, 47 (2): 279-284.

Tauxe L, Kylstra N J, Constable C, 1991. Bootstrap statistics for paleomagnetic data[J]. Journal of Geophysical Research: Solid Earth, 96 (B7): 11723-11740.

Tauxe L, Steindorf J L, Harris A, 2006. Depositional remanent magnetization: Toward an improved theoretical and experimental foundation[J]. Earth and Planetary Science Letters, 244 (3-4): 515-529.

Tauxe L, Wu G P, 1990. Normalized remanence in sediments of the western equatorial Pacific: Relative paleointensity of the geomagnetic field? [J]. Journal of Geophysical Research: Solid Earth, 95 (B8): 12337-12350.

Thellier E, Thellier O, 1959. Sur l'intensite du champ magnetique terrestre dans le passe historique et geologique[J]. Annals of Geophysics, 15: 285-376.

Thompson R, Battarbee R W, O'sullivan P, et al., 1975. Magnetic susceptibility of lake sediments[J]. Limnology and Oceanography, 20 (5): 687-698.

Thompson R, Oldfield F, 1986. Environmental Magnetism[M]. London: Allen und Unwin.

Thouveny N, de Beaulieu J-L, Bonifay E, et al., 1994. Climate variations in Europe over the past 140kyr deduced from rock magnetism[J]. Nature, 371 (6497): 503-506.

Thouveny N, Moreno E, Delanghe D, et al., 2000. Rock magnetic detection of distal ice-rafted debries: Clue for the identification of Heinrich layers on the Portuguese margin[J]. Earth and Planetary Science Letters, 180 (1-2): 61-75.

Tiedemann R, Haug G H, 1995. Astronomical calibration of cycle stratig raphy for site 882 in the northwest Pacific[C]//Rea D K, Basov I A, Scholl D W, et al. Proceedings of the Ocean Drilling Program, Scientific Results, 145: 283-292.

Tiedemann R, Sarnthein M, Shackleton N J, 1994. Astronomic timescale for the Pliocene Atlantic $\delta^{18}O$ and dust flux records of Ocean Drilling Program Site 659[J]. Paleoceanography, 9 (4): 619-638.

Till J, Jackson M, Rosenbaum J, et al., 2011. Magnetic properties in an ash flow tuff with continuous grain size variation: A natural reference for magnetic particle granulometry[J]. Geochemistry, Geophysics, Geosystems, 12 (7): Q07Z26.

Torrent J, Barrón V, Liu Q S, 2006. Magnetic enhancement is linked to and precedes hematite formation in aerobic soil[J]. Geophysical Research Letters, 33 (2): L02401.

Tucker P, 1981. Low-temperature magnetic hysteresis properties of multidomain single-crystal titanomagnetite[J]. Earth and Planetary Science Letters, 54 (1): 167-172.

Valet J-P, 2003. Time variations in geomagnetic intensity[J]. Reviews of Geophysics, 41 (1): 4-1-4-44.

Valet J-P, Meynadier L, 1993. Geomagnetic field intensity and reversals during the past four million years[J]. Nature, 366 (6452): 234-238.

Valet J-P, Meynadier L, 1998. A comparison of different techniques for relative paleointensity[J]. Geophysical Research Letters, 25 (1): 89-92.

Valet J-P, Meynadier L, Guyodo Y, 2005. Geomagnetic dipole strength and reversal rate over the past two million years[J]. Nature, 435 (7043): 802-805.

Van der Voo R, Torsvik T H, 2012. The history of remagnetization of sedimentary rocks: Deceptions, developments and discoveries[J]. Geological Society, London, Special Publications, 371 (1): 23-53.

Venuti A, Florindo F, Caburlotto A, et al., 2011. Late Quaternary sediments from deep-sea sediment drifts on the Antarctic Peninsula Pacific margin: Climatic control on provenance of minerals[J]. Journal of Geophysical Research: Solid Earth, 116 (B6): B06104.

Verosub K L, Fine P, Singer M J, et al., 1993. Pedogenesis and paleoclimate: Interpretaion of the magnetic susceptibility record of Chinese loess-paleosol sequences[J]. Geology, 21 (11): 1011-1014.

Verwey E, 1939. Electronic conduction of magnetite (Fe_3O_4) and its transition point at low temperatures[J]. Nature, 144 (3642): 327-328.

Vigliotti L, 1997. Magnetic properties of light and dark sediment layers from the Japan Sea: Diagenetic and paleoclimatic implications[J]. Quaternary Science Reviews, 16 (10): 1093-1114.

Wanamaker B J, Moskowitz B M, 1994. Effect of nonstoichiometry on the magnetic and electrical properties of synthetic single crystal $Fe_{2.4}Ti_{0.6}O_4$[J]. Geophysical Research Letters, 21 (11): 983-986.

Wang C S, Hu X M, Huang Y J, et al., 2011. Cretaceous oceanic red beds as possible consequence of oceanic anoxic events[J]. Sedimentary Geology, 235 (1-2): 27-37.

Waychunas G A, 1991. Crystal chemistry of oxides and oxyhydroxides[J]. Reviews in Mineralogy and Geochemistry, 25 (1): 11-68.

Weber M E, Wiedicke-Hombach M, Kudrass H R, et al., 2003. Bengal Fan sediment transport activity and response to climate forcing inferred from sediment physical properties[J]. Sedimentary Geology, 155 (3-4): 361-381.

Williams T, van de Flierdt T, Hemming S R, et al., 2010. Evidence for iceberg armadas from East Antarctica in the Southern Ocean during the late Miocene and early Pliocene[J]. Earth and Planetary Science Letters, 290 (3-4): 351-361.

Williamson D, Jelinowska A, Kissel C, et al., 1998. Mineral-magnetic proxies of erosion/oxidation cycles in tropical maar-lake sediments (Lake Tritrivakely, Madagascar): Paleoenvironmental implications[J]. Earth and Planetary Science Letters, 155 (3-4): 205-219.

Woodcock N H, 1977. Specification of fabric shapes using an eigenvalue method[J]. GSA Bulletin, 88 (9): 1231-1236.

Worm H-U, 1998. On the superparamagnetic: Stable single domain transition for magnetite, and frequency dependence of susceptibility[J]. Geophysical Journal International, 133 (1): 201-206.

Yamazaki T, 2009. Environmental magnetism of Pleistocene sediments in the North Pacific and Ontong-Java Plateau: Temporal variations of detrital and biogenic components[J]. Geochemistry, Geophysics, Geosystems, 10 (7): Q07Z04.

Yamazaki T, 2012. Paleoposition of the intertropical convergence zone in the eastern Pacific inferred from glacial-interglacial changes in terrigenous and biogenic magnetic mineral fractions[J]. Geology, 40 (2): 151-154.

Yamazaki T, Ioka N, 1997. Cautionary note on magnetic grain-size estimation using the ratio of ARM to magnetic susceptibility[J]. Geophysical Research Letters, 24 (7): 751-754.

Yamazaki T, Kanamatsu T, Mizuno S, et al., 2008. Geomagnetic field variations during the last 400 kyr in the western equatorial Pacific: Paleointensity-inclination correlation revisited[J]. Geophysical Research Letters, 35 (20): L20307.

Yamazaki T, Kawahata H, 1998. Organic carbon flux controls the morphology of magnetofossils in marine sediments[J]. Geology，26（12）：1064-1066.

Yan M D，VanderV R，Fang X M，et al.，2006. Paleomagnetic evidence for a mid-Miocene clockwise rotation of about 25° of the Guide Basin area in NE Tibet[J]. Earth and Planetary Science Letters，241（1-2）：234-247.

Yang S，Ding F，Ding Z，2006. Pleistocene chemical weathering history of Asian arid and semi-arid regions recorded in loess deposits of China and Tajikistan[J]. Geochimica et Cosmochimica Acta，70（7）：1695-1709.

Yu Y J，Dunlop D J，Özdemir Ö，2002. Partial anhysteretic remanent magnetization in magnetite 1. Additivity[J]. Journal of Geophysical Research：Solid Earth，107（B10）：EPM 7-1-EPM 7-9.

Yu Y J，Dunlop D J，Özdemir Ö，2003. Testing the independence law of partial ARMs：Implications for paleointensity determination[J]. Earth and Planetary Science Letters，208（1-2）：27-39.

Zachos J，Pagani M，Sloan L，et al.，2001. Trends，rhythms，and aberrations in global climate 65 Ma to present[J]. Science，292（5517）：686-693.

Zhang C X，Huang B C，Piper J D A，et al.，2008. Biomonitoring of atmospheric particulate matter using magnetic properties of Salix matsudana tree ring cores[J]. Science of the Total Environment，393（1）：177-190.

Zhang C X，Qiao Q Q，Piper J D A，et al.，2011. Assessment of heavy metal pollution from a Fe-smelting plant in urban river sediments using environmental magnetic and geochemical methods[J]. Environmental Pollution，159（10）：3057-3070.

Zhao X Y，Liu Q S，2010. Effects of the grain size distribution on the temperature-dependent magnetic susceptibility of magnetite nanoparticles[J]. Science China Earth Sciences，53（7）：1071-1078.

Zhao X，Roberts A P，Heslop D，et al.，2017. Magnetic domain state diagnosis using hysteresis reversal curves[J]. Journal of Geophysical Research：Solid Earth，122（7）：4767-4789.

Zhou L P，Oldfield F，Wintle A G，et al.，1990. Partly pedogenic origin of magnetic variations in Chinese loess[J]. Nature，346：737-739.

Zhu R X，Hoffman K A，Pan Y X，et al.，2003. Evidence for weak geomagnetic field intensity prior to the Cretaceous normal superchron[J]. Physics of the Earth and Planetary Interiors，136（3-4）：187-199.

彩　图

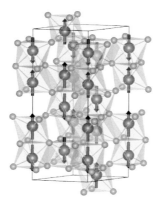

图 1-2　赤铁矿的晶体结构

其中红色球为铁原子，蓝色球为氧原子

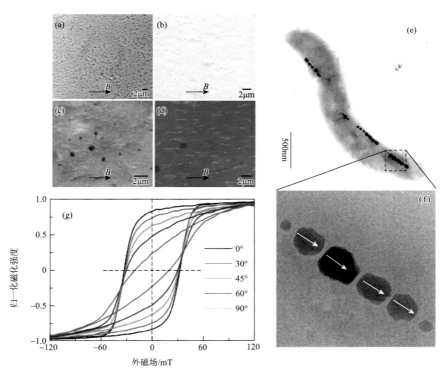

图 11-3　（a）～（d）定向排列的趋磁细菌；（e）单个磁细菌形态；（f）趋磁细菌内定向排列的磁小体；
（g）沿着定向排列的趋磁细菌不同方向测量的磁滞回线（Li et al.，2013）

（a）～（d）中的箭头指向外磁场方向，（f）中的箭头指向磁小体的磁化强度方向；（g）中的角度为测量方向与定向排列方
向夹角的大小

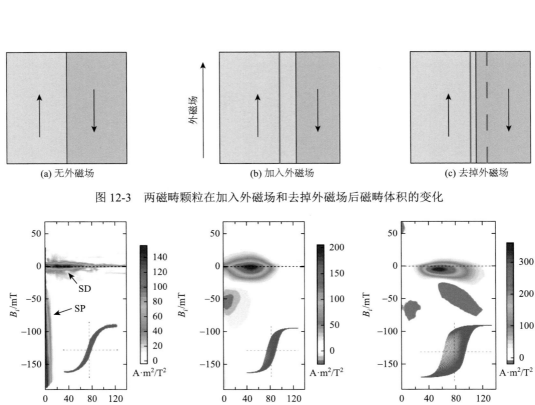

(a) 无外磁场   (b) 加入外磁场   (c) 去掉外磁场

图 12-3 两磁畴颗粒在加入外磁场和去掉外磁场后磁畴体积的变化

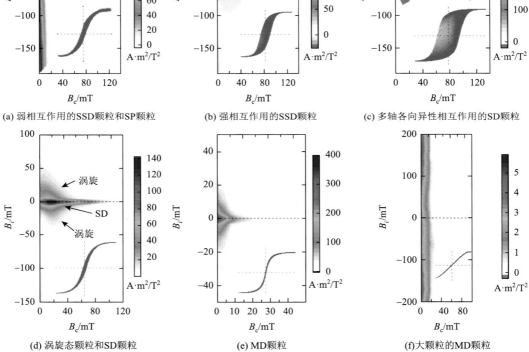

(a) 弱相互作用的SSD颗粒和SP颗粒   (b) 强相互作用的SSD颗粒   (c) 多轴各向异性相互作用的SD颗粒

(d) 涡旋态颗粒和SD颗粒   (e) MD颗粒   (f) 大颗粒的MD颗粒

图 14-4 不同磁畴状态磁性颗粒的 FORC 图（Roberts et al.，2018b）

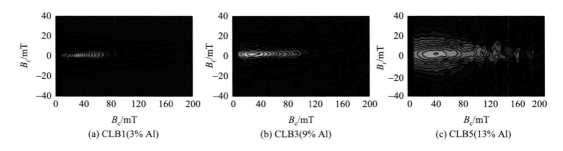

(a) CLB1(3% Al)   (b) CLB3(9% Al)   (c) CLB5(13% Al)

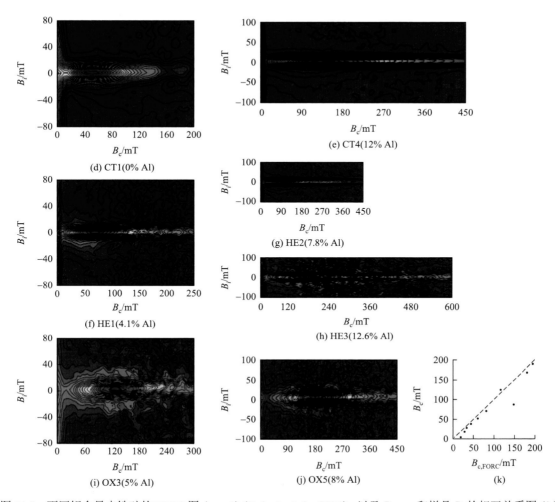

图 14-5　不同铝含量赤铁矿的 FORC 图（a ～ j）（Roberts et al.，2006），以及 $B_{c,FORC}$ 和样品 B_c 的相互关系图（k）

虚线代表着线性趋势

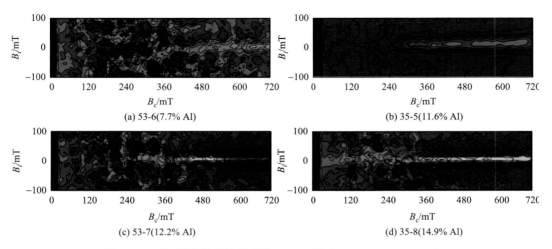

图 14-7　不同铝含量的针铁矿的 FORC 图（Roberts et al.，2006）

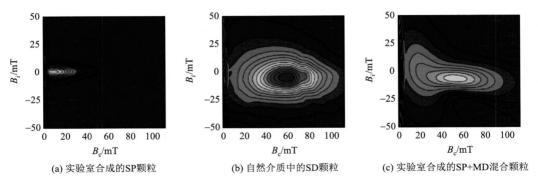

(a) 实验室合成的SP颗粒   (b) 自然介质中的SD颗粒   (c) 实验室合成的SP+MD混合颗粒

图 14-8　胶黄铁矿的 FORC 图

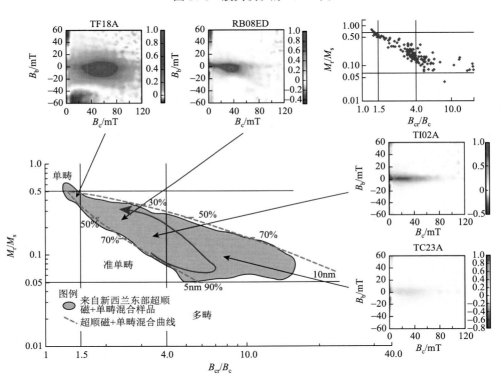

图 14-9　FORC 图和 Day 图联合使用实例（Roberts et al.，2011a）

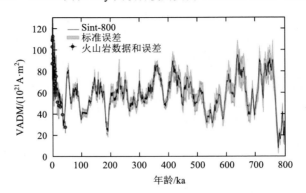

图 25-1　Sint-800 RPI 曲线（Guyodo and Valet，1999）

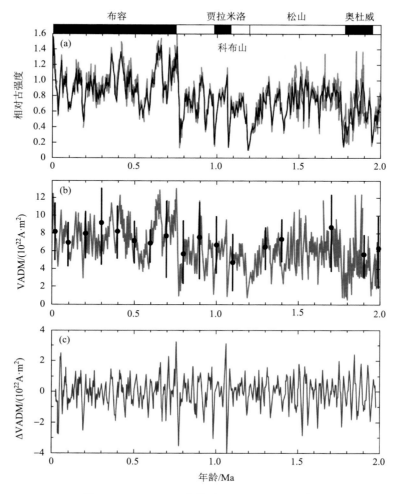

图 25-3　Sint-2000 曲线（Valet et al.，2005）

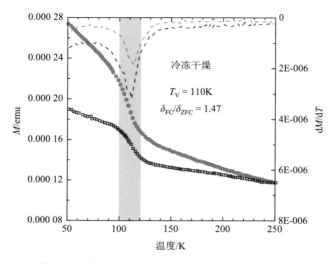

图 26-2　第二种 ZFC-FC 曲线（Pan et al.，2005）

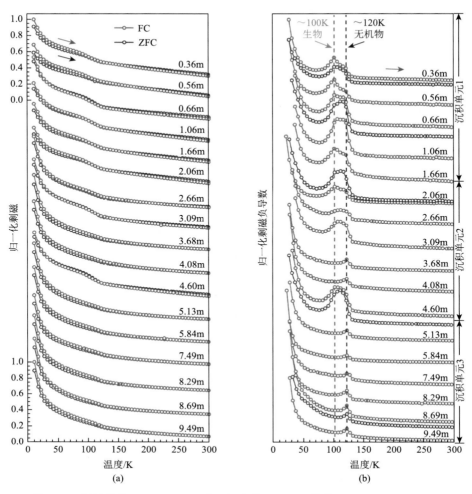

图 26-3　阿拉伯海 CD143-55705 岩心沉积物 ZFC-FC 曲线（Chang et al.，2016）

100K 和 120K 附近的 Verwey 转换行为可以分别反映生物成因和碎屑成因磁铁矿的存在

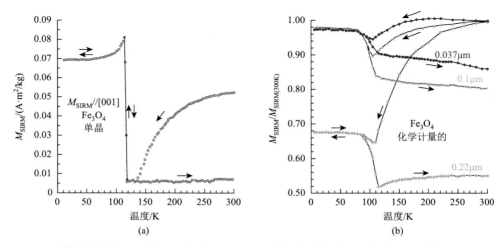

图 26-4　MD 磁铁矿室温 SIRM 的 LTC 行为（a）；不同粒径的磁铁矿 LTC 行为（b）（Özdemir et al.，2002）

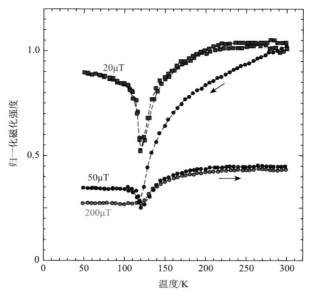

图 26-5　磁铁矿在不同 DC 场下获得的 ARM 的 LTC 行为

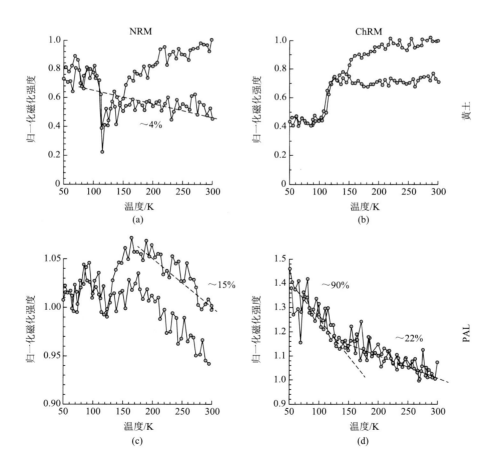

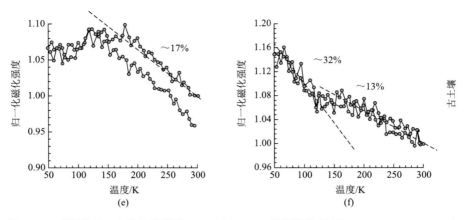

图 26-6　中国黄土 / 古土壤携带的 NRM 和 ChRM 的低温旋回行为（Liu et al.，2003b）

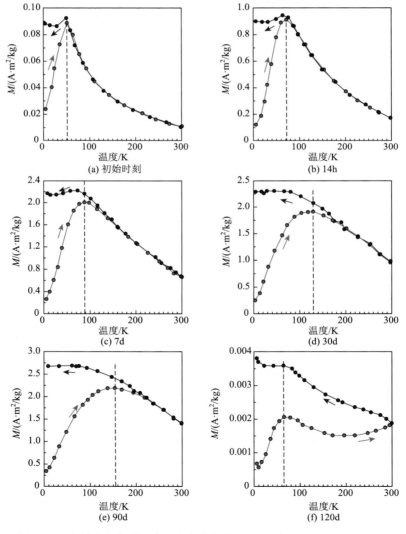

图 26-7　水铁矿老化过程中，中间产物的 LTC 行为（Liu et al.，2008）

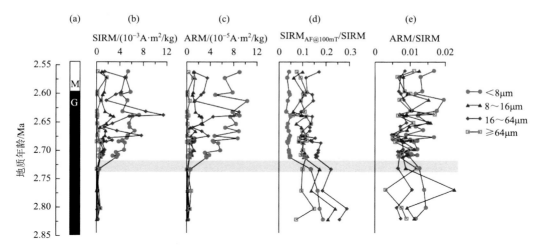

图 27-2　西北太平洋 ODP Hole 882A 岩心沉积物分粒级后磁学参数变化序列（姜兆霞和刘青松，2011）

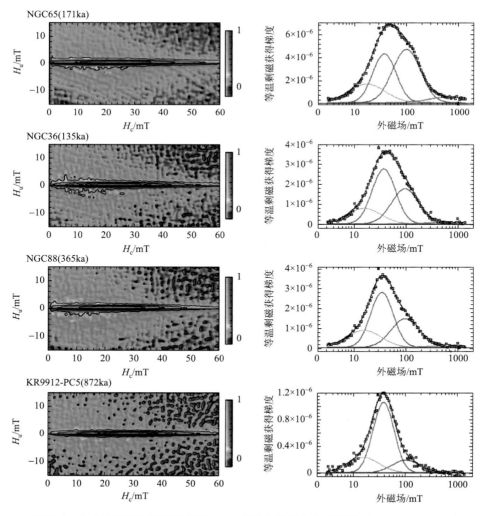

图 27-4　北太平洋深海沉积物基于 IRM 获得曲线组分分解图谱（Yamazaki，2009）

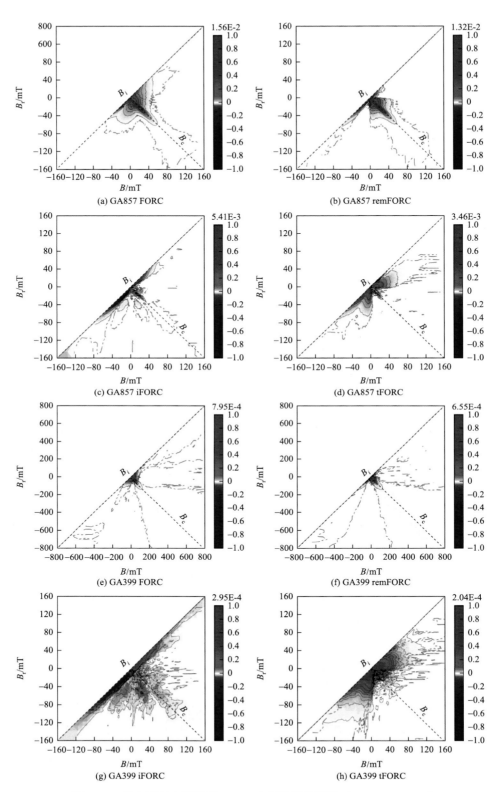

图 27-5　澳大利亚土壤基于 FORC 分解的组分图谱（Hu et al.，2018）

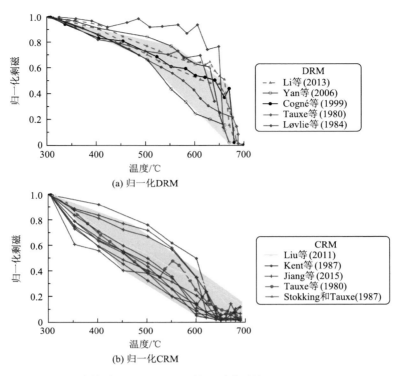

(a) 归一化DRM

(b) 归一化CRM

图 30-4　赤铁矿 CRM 和 DRM 热退磁谱对比（Jiang et al.，2015）

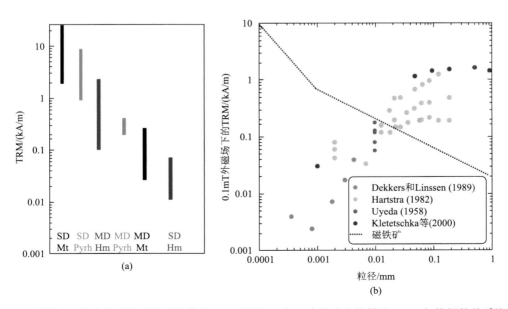

图 30-5　不同磁畴状态的磁性矿物所携带的 TRM 比较（a）；赤铁矿和针铁矿 TRM 与粒径的关系比较（b）
（Kletetschka et al.，2000a，2000b）

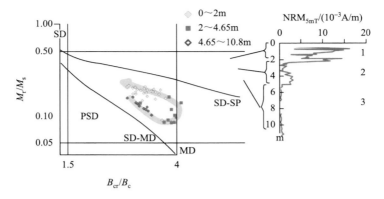

图 32-1 胶黄铁矿生成与原生磁铁矿溶解（Rowan et al.，2009）

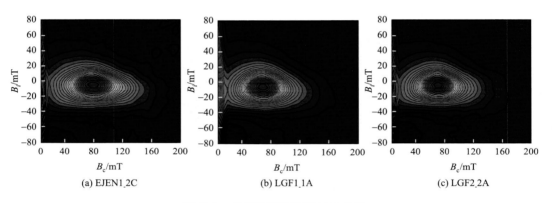

(a) EJEN1_2C   (b) LGF1_1A   (c) LGF2_2A

图 32-2 典型的胶黄铁矿 FORC 图

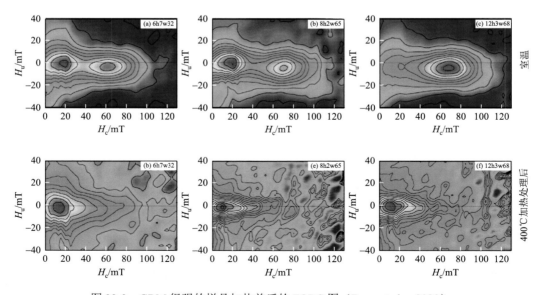

图 32-3 GRM 很强的样品加热前后的 FORC 图（Duan et al.，2020）

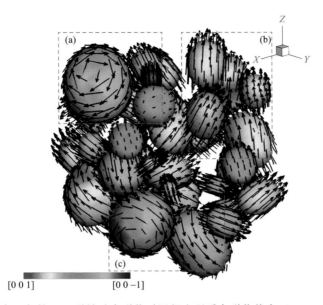

图 32-4　聚集在一起的 MD 磁铁矿在磁化时局部出现反向磁化状态（Ge and Liu，2014）

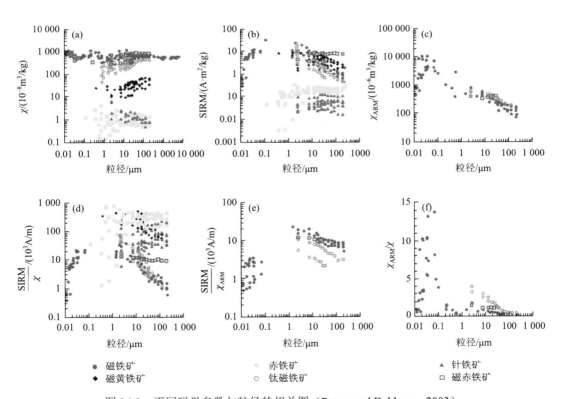

图 36-2　不同磁学参数与粒径的相关图（Peters and Dekkers，2003）

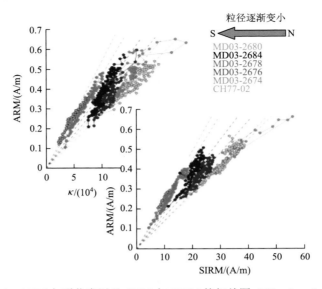

图 38-1　ARM 与磁化率以及 ARM 与 SIRM 的相关图（Kissel et al.，2009）

采样点在北大西洋

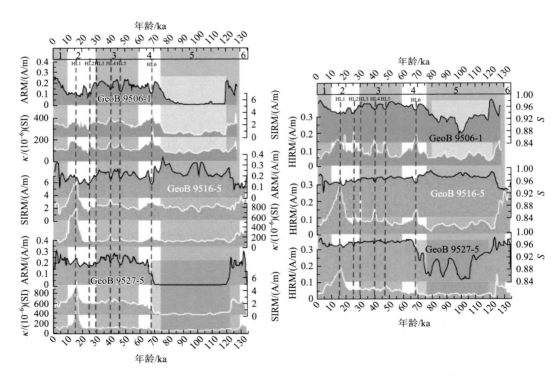

图 43-2　海洋沉积钻孔 GeoB 9506-1、GeoB 9516-5 和 GeoB 9527-5 的磁学参数 - 年龄曲线
（Itambi et al.，2009）